サンゴ礁の浅瀬に生息するイシナマコ *Holothuria nobilis*（石垣島）．棘が全くなく，乾燥ナマコとしては所謂「光参」として流通．本種は，2013年にIUCNのレッドリストに掲載された．

サンゴ礁の浅瀬に生息するシカクナマコ *Stichopus chloronotus*（沖縄県石垣島）．浅瀬に大量に生息するため，極めて簡単に漁獲されている．早急な資源管理が求められる．

瀬戸内海産アオナマコ（左），クロナマコ（中），アカナマコ（右）

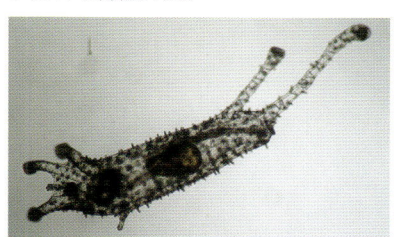

稚ナマコ

沖縄県石垣産シカクナマコ（上）と北海道宗谷産マナマコ（下）の乾燥ナマコ．両者とも所謂「棘参」として流通するが，色彩，疣の立ち方が大きく異なる．

香港で小売りされている関東ナマコ

佐渡で製造されている「くちこ」（生殖巣製品）

移植スゲアマモとマナマコ

生殖巣（能登）

図3・3　マナマコの触手
　口周辺にある，先端が楯状になっている20本の触手をそれぞれ動かしては砂泥をつかみ取って口（中央部）に運び込む．この写真は水槽中で触手を伸ばしている状態をガラス越しに撮影したものである．（撮影：戸梶裕樹）

図4・4　生殖巣を一部取り出した状態（雄のアオナマコ）

図4・5　切り出した精巣

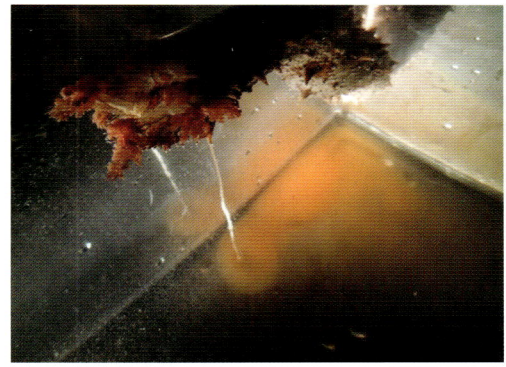

図4・7　放卵状況（アカナマコ）

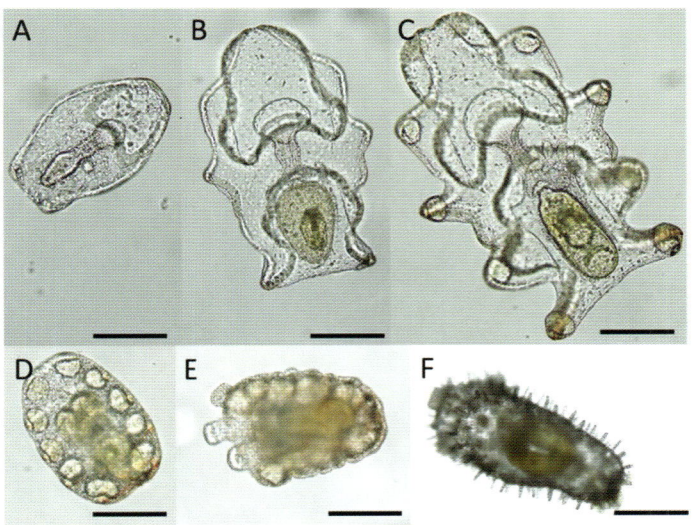

図4・8　マナマコ浮遊幼生の変態
A：初期アウリクラリア期（孵化後1日），B：アウリクラリア前期（孵化後4日），C：アウリクラリア後期（孵化後9日），D：ドリオラリア期（孵化後11日），E：ペンタクチュラ期（孵化後14日），F：稚ナマコ（孵化後16日），スケール・バーは200μm.

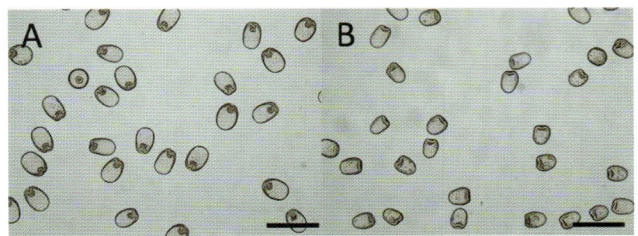

図4・9　孵化後数時間（囊胚期）の浮遊幼生
A：形態がよい群，B：形態異常が見られる群，スケール・バーは200μm.

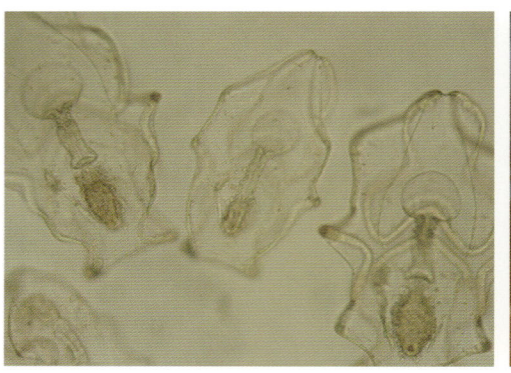 

図4・11　胃の萎縮症状がみられるアカナマコ浮遊幼生　　図4・16　採苗後10日目の稚ナマコ（白い点に見えるものが稚ナマコ）

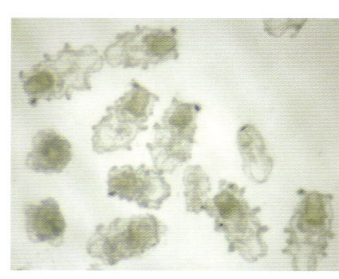 

図5・20　作成したモノクローナル抗体によって免疫染色したマナマコ
　　　　　染色前（左）のアウリクラリア幼生とその染色後（右）を示す．

図6・3　北海道での夏眠の例（北海道噴火湾にて，中原功太郎撮影）
　　　　成体のマナマコが夏季から秋季にかけて，岩陰に上向きに付着した状態を継続している
　　　　状態が観察される．これは，西日本などで夏眠期に観察される状態とも一致している．

図 6·6 幼稚仔と成体の摂餌環境の例（北海道日本海にて）
　　　幼稚仔（写真上段）は石の間隙に溜まった浮遊物など，成体（写真下段）は海底で底表の堆積物などを接餌することが多いが，それが具体的に何に由来するものかは不明である．

図 6·7 幼稚仔と野生のヒトデ類（北海道噴火湾にて）
　　　幼稚仔とヒトデが同じ転石下部に同居することは珍しくない（写真上段）．野生のヒトデに周囲の幼稚仔を与えてみても，ヒトデが興味を示す素振りは認められず，幼稚仔が忌避する素振りも認められない（写真下段）．

図 8·4　平坦な海底に散布した擬似ナマコとマナマコ

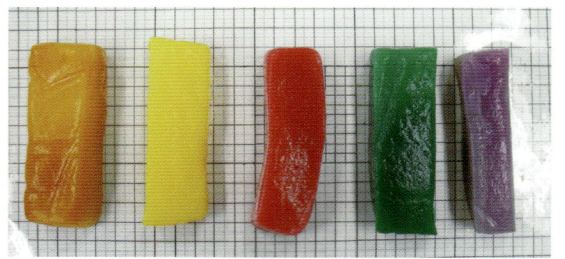

図8・9 着色したこんにゃく
左からターメリック，食用色素の黄色，紅色および緑色，
ゆかりにて染色．

図8・10 着色した擬似ナマコの，回収後の様子

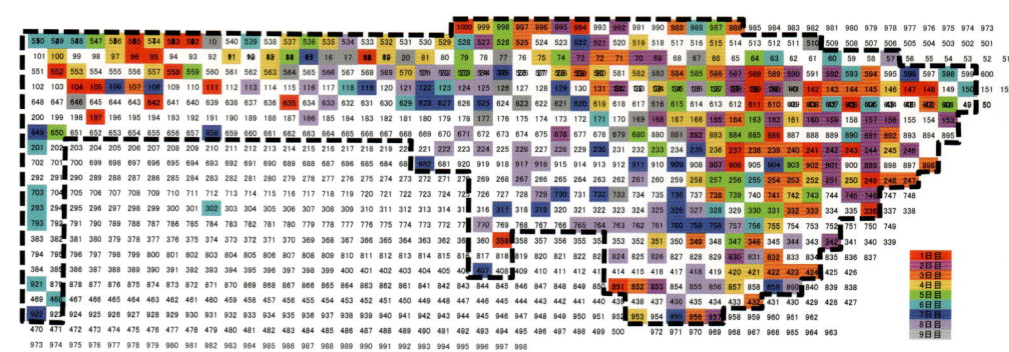

図8・21 操業日ごとの擬似ナマコ回収位置

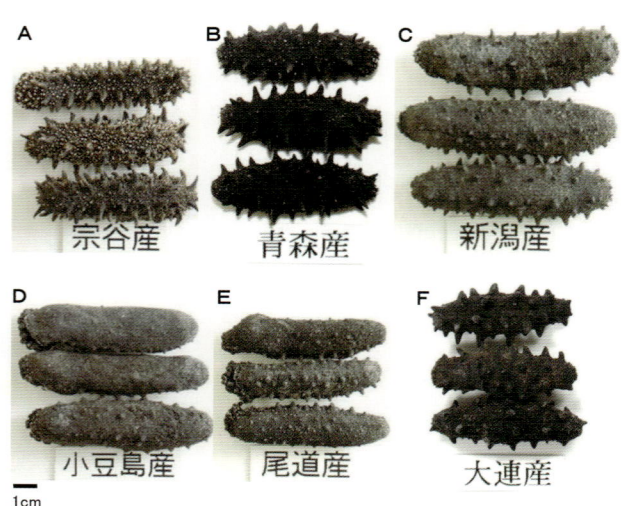

図9・1 産地の異なる乾燥ナマコ6種
A：北海道産（宗谷），B：青森県産（川内），C：新潟県産（不詳），D：香川県産（小豆島），E：広島県産（尾道），F：大連市産（不詳）．横棒は1cm．

図9・8 二番煮熟前後の乾燥ナマコ
(A)：二番煮熟前，(B)：二番煮熟後，
(C)：二番煮熟後，追加乾燥．
二番煮熟によって疣立ちが大きくなっているのがわかる．

図9・9 乾燥ナマコの変形個体
(A)：良好，(B)：そり，(C)：ねじれ，
(D)：扁平．

図10・8 外傷ナマコの回復実験
写真左は4月3日に手ぐり第3種（なまこけた）漁業で漁獲され，出荷規格外（擦れと疣立ち不鮮明）として蓄養に回されたナマコである．
写真右は利尻地区水産技術普及指導所が約4週間蓄養した後の写真．擦れも回復し，疣立ちもしっかりしている状態が見てわかる．

ナマコの卵及び幼生の写真は「北海道の漁業図鑑（北海道水産業改良普及職員協議会）」より転載

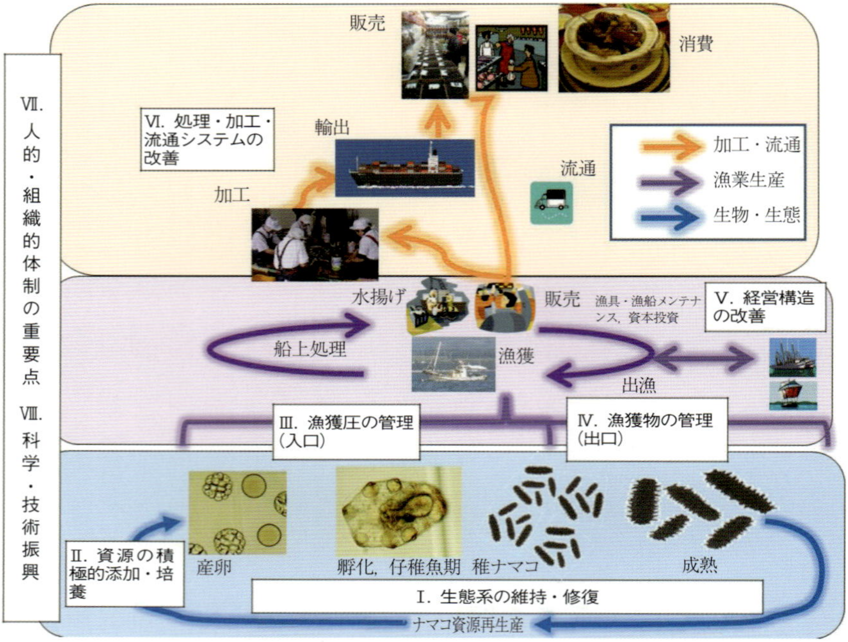

図 11･1　漁業管理施策の段階別 8 分類（どこに効くのか）

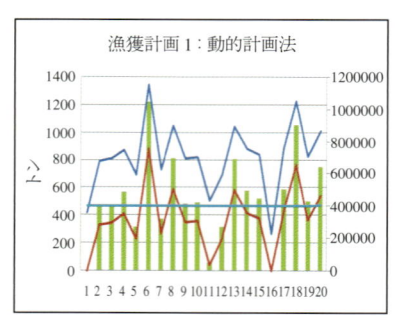

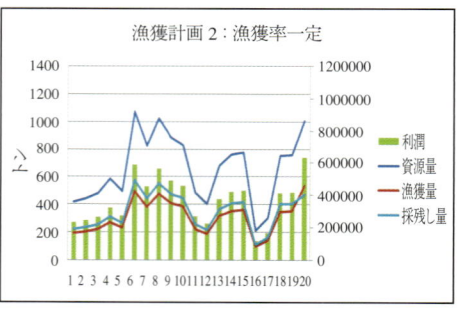

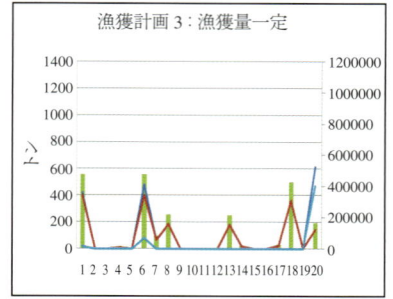

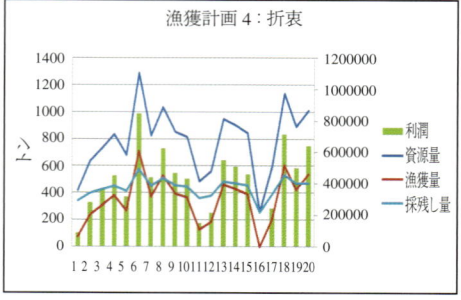

図 11･4　各漁獲計画の計算結果の例
（棒グラフで示された利潤：右軸（円），他の折れ線グラフ：左軸（トン））

水産総合研究センター叢書

# ナマコ漁業とその管理
資源・生産・市場

廣田将仁・町口裕二　編

恒星社厚生閣

# はじめに

　「干しナマコ」はかつて煎海鼠（いりこ）とも呼ばれ，干アワビ，干貝柱とともに俵物三品として日本にとって最も大切な水産資源のひとつであった．俵物とは，清国との貿易における日本からの重要な輸出品目のひとつであり江戸期において特に活発に取り扱われたという．その後，1世紀以上を経た1990年代に至り中国を中心にしてナマコ需要は急速な広がりを見せるようになった．中国でナマコは海参と呼ばれ，刺（疣）の高さや数の多さに価値が認められる．その刺（疣）の格好のよさが際立つ日本産乾燥ナマコは，古くから最高級品として珍重され，現代においても世界最高の品質を誇る大切な産品である．

　ナマコは主に北海道や陸奥湾，瀬戸内海で漁獲され，そのほか北陸や伊勢湾などが有名であるが，最近は東京湾や沖縄・八重山でも盛んに漁獲されるようになった．日本の沿岸漁業では1990年代以降，魚価が低迷していることもあり，単価が著しく上昇するナマコに大きな注目と期待が集まったことは記憶に新しい．その一方，資源の先行きに対する不安とともに，ナマコ漁業に将来を委ねることにためらう漁業者も多かったようである．そのような期待と不安が交錯しながらすでに約10年余が経過しようとしている．これを振り返れば，いわゆるナマコバブルや黒いダイヤなどの造語に伴う活況にはじまり，乾燥ナマコからボイル塩蔵へのシフトがあり，小型化や獲りすぎ，密漁という問題があり，そして今日ではIUCN（国際自然保護連合）レッド・リストへの掲載へと至っている．

　ナマコは文化的な価値と，経済的な価値という，精神的，物質的な価値を併せ持つ特別な水産物である．われわれ日本人は，海の恵みを利用しこれを糧として生き，心のあり方とともに生活様式の中にその価値を見出してきた．高く売れることは大切なことだが，世界最高の評価をもつ日本産ナマコのもつ文化的価値を守るという精神的な貢献，獲りやすく枯渇しやすい資源を将来的にも利用できるような，そういう努力も同じように大切に考えられなければならない．この約10年間，ナマコをめぐるそれぞれの人々の思いの交錯は，このような多様な価値とその利用の仕方をどのように捉えるべきかという方向性を明確にも

たないまま，ただ物質的な経済価値にのみ翻弄されてきたという反省はないだろうか．ならば，われわれに今できることは，文化に対する価値を心の中に置きながら，海の恵みを糧として生きる"人"にとってナマコはどのように利用され未来に繋がれていくべきかについての考えることかもしれない．本書は，ナマコに関わり糧を得る人々にとって価値ある資源を良く利用するためにはどのように管理していくべきかということを考えるために書かれたものである．ナマコの中に人々はどのように文化的価値を見出してきたか，また，人はどのように利用しているか，これを踏まえて，ナマコの資源はどのように管理・育成され将来に繋げていくべきかということを意識し，取りまとめた．いわば"人"がよく"利用"するためにはどう考えるべきかという趣旨のものである．

　本書において，第Ⅰ部は「社会編」として1章に「文化・歴史」，2章に「流通の現況」を配置した．これは，ナマコの価値の位置づけの高さ，その利用の歴史という人との関わりに注目するためであり，特に1章では，歴史的な食文化としての価値，そしてその文化圏の形成と広がりについて，また，種の分布という視点から中華を核とした広域的なネットワークの広がりをナマコの道として文化史的に丁寧に説明するものである．その上で，近年のナマコの食文化の変化と消費，食べられ方の多様性をファースト・フード化というキーワードを用いて慎重に説明する．

　2章では，近年の需要の高まりを支えてきた新たなナマコ利用と流通の実情について整理している．ここでは，伝統的な乾燥ナマコからボイル塩蔵ナマコ流通へと変化した理由，そしてこれが日本の浜値にどう影響しているかについて説明する．

　第Ⅱ部「資源編」では，このような人間の利用を踏まえて，ナマコ資源はどのように管理・育成努力が行われていくべきかについての技術的知見を基にして言及される．3章では資源管理方策や資源添加方策の基礎となるマナマコの生態について，分類上の問題から地理的分布や生息環境，摂餌行動や成長，ナマコ特有の行動である夏眠など，異種ナマコとの比較も交えて網羅的に解説している．

　4章ではナマコの人工種苗生産について，佐賀県の生産現場における実際の種

苗生産に関するノウハウと生産事例はもとより，全国各地の種苗生産施設の情報も交えて極めて詳細に解説している．

5章では西日本沿岸におけるナマコ資源増殖を，生息環境と色彩変異に焦点を当てて考察するとともに現状と課題について言及し，6章では生態情報が乏しい北日本沿岸における資源増殖について最新の研究事例をもとに考察し，北日本版の資源管理手法を提案している．

7章では天然資源を効率よく利用する方法として，安価で簡単に設置可能な稚ナマコの沈着に優れた竹林魚礁について詳細に解説している．本手法は西日本沿岸におけるマナマコの生態に合致しており，極めて合理的な手法と注目されている．

8章では現場におけるナマコ資源量推定方法について，青森県陸奥湾で行われている「こんにゃく」を用いた疑似ナマコ法を紹介している．本手法は既存の手法と比較しても精度が高く，しかも漁期前に資源量推定が可能なことから効果的な資源管理に資するものと期待されている．

第Ⅲ部「産業編」では，加工方法と品質維持，現場への技術普及の手順，そして漁業管理の手法をそれぞれ配置し，具体的に漁業の現場でナマコ漁業管理を実践するための方法を紹介する．9章では，日本産乾燥ナマコの品質を明らかにし，その上でそれぞれ異なる方法で製造されていることによって課題となる品質の不均一性についてこれを解消するための手がかりを考える．これは，日本産ナマコが世界最高品質としてブランドを維持していくために不可欠のものである．

10章では，文化的価値の維持，安心・安全のための透明性の高い流通に注目し，将来にわたって利用可能なナマコ漁業のあり方とはどのようなものか．漁業者自らが考え，実践した事例についてその経過を実体験に基づいて描写している．特に漁業者が協力してすすめていくことの大切さを説明している．

11章では，ナマコの漁業管理のためのより実践的な手法が紹介される．ここでは，ナマコ漁業管理を実施するための「ツール・ボックス」とその活用法が紹介される．ツール・ボックスとは，とられ得る漁業施策を資源の再生産段階から流通・消費に至る流れに沿って整理した実践的な漁業管理ツールである．本章では，どのようにナマコ漁業を管理すればよりよい成果を実現するのか，具

体的にこのツールを用いて説明されている．

　最後に終章として，我が国における近代ナマコ研究を振り返り，現在までのナマコ研究を俯瞰する．

　以上，各章を通した総括として強調したいことは，ナマコという水産資源が人にとってよりよく利用されていくためには，どのようにその漁業が具体的に管理されていくべきか，ということである．日本人は古より魚を食べてきた民族である．その日本人が将来にわたってどのように適切にナマコを巡る生業（なりわい）を管理していくかという問いを現場で働く担当者に向けて発信したいというのが本書の目的である．特にナマコは，文化的価値に支えられながら脈々と伝えられてきた水産物のひとつであるとともに，近年は資源的にも危惧されている種である．決して目先の利益やビジネスにのみ翻弄されてはならず，人間の良心によってこれを科学的に理解し見通していく努力が求められる．

　しかし，ナマコに関するあらゆる領域の研究知見もまた不明な部分がなお多い．資源・生態的な研究領域においても年齢査定をはじめ研究の根幹にかかわるところは現在も精力的にその解明のための努力が行われている．文化・流通などからのアプローチもまた，昨今の社会的な変化に翻弄されながら，数年後に起こりうることさえ見通しにくいというのが実情である．このような不明瞭な見通しながらも，これを明瞭なものにしていくためには，現場担当者の方々の日々の継続的な努力に負うところが，今後，より大きくなるであろう．本書は，ナマコの漁業管理に携わる現場担当者がより適切にナマコ漁業を考えていくためのきっかけになることを願って取りまとめたものである．

　なお，本書は，「乾燥ナマコ輸出促進のための計画的生産技術の開発事業（新たな農林水産政策を推進する実用技術開発事業）（2007 年度－2009 年度）」において得られた知見とその成果を元にして，2010 年度以降の新たな事象を加えて再整理したものとして執筆した．

　　　2014 年 7 月

廣田将仁
町口裕二

## 執筆者一覧（五十音順）

※は編者

赤嶺　淳　1967年生
　　　一橋大学大学院社会学研究科　教授

江口勝久　1981年生
　　　佐賀県生産振興部　水産課基盤整備担当副主査

五嶋聖治　1950年生
　　　北海道大学大学院水産科学研究院　特任教授

成田正直　1958年生
　　　北海道立総合研究機構網走水産試験場　加工利用部主任研究員

野口浩介　1979年生
　　　佐賀県玄海水産振興センター　普及加工担当

浜口昌巳　1961年生
　　　(独)水産総合研究センター瀬戸内海区水産研究所　主幹研究員

浜野龍夫　1959年生
　　　徳島大学大学院ソシオ・アーツ・アンド・サイエンス研究部　教授

※廣田将仁　1972年生
　　　(独)水産総合研究センター中央水産研究所経営経済研究センター
　　　漁業管理グループ主任研究員

堀　正和　1974年生
　　　(独)水産総合研究センター瀬戸内海区水産研究所　主任研究員

牧野光琢　1973年生
　　　(独)水産総合研究センター中央水産研究所　グループ長

※町口裕二　1957年生
　　　(独)水産総合研究センター北海道区水産研究所　生産環境部長

松尾みどり　1979年生
　　　青森県 東青地域県民局地域農林水産部 青森地方水産業改良普及所主査

山名裕介　1982年生
　　　和歌山県立自然博物館　学芸員

若林克典　1977年生
　　　北海道 宗谷総合振興局利尻地区水産技術普及指導所 専門普及指導員

吉田吾郎　1966年生
　　　(独)水産総合研究センター瀬戸内海区水産研究所　藻場・干潟グループ長

ナマコ漁業とその管理−資源・生産・市場−
目次

はじめに …………………………………………（廣田将仁・町口裕二）………  *iii*

# I部　社会編

## 1章　ファーストフード化するナマコ食 … （赤嶺　淳）………… *1*
　§1．ナマコを食べる………………………………………………………………  *2*
　§2．刺参文化圏と光参文化圏……………………………………………………  *3*
　§3．大連におけるナマコ食………………………………………………………  *8*
　§4．ソウルのナマコ食……………………………………………………………  *13*
　§5．ファーストフードとスローフード…………………………………………  *19*
　§6．おわりに………………………………………………………………………  *22*

## 2章　流通と消費 ……………………………………（廣田将仁）…………  *27*
　§1．ナマコ流通の基本的なかたち………………………………………………  *27*
　§2．2つのナマコ流通・消費のビジネスモデル（本乾と塩蔵ボイル）
　　　………………………………………………………………………………  *28*
　　　2-1　伝統的な乾燥ナマコの流通（*28*）　2-2　新しい塩蔵ボイルの流通（*30*）
　§3．ナマコ市場・流通のかたち…………………………………………………  *34*
　　　3-1　日本産本乾製品の市場・流通（伝統的流通）（*35*）
　　　3-2　日本産塩蔵ボイルの市場・流通（新しい流通）（*35*）
　　　3-3　ファーストフードの流通（中国のビジネスモデル）（*37*）
　§4．日本産ナマコ産地価格の価格形成−考察・検証−………………………  *38*
　　　4-1　分析を行うためのデータの問題（*38*）　4-2　本乾製品の原価構成（*39*）　4-3　塩蔵ボイルの原価構成（*40*）　4-4　輸出後の塩蔵ボイルの原価構成（*41*）　4-5　価格形成のメカニズム—塩蔵の加工の広がりの理由—（*43*）　4-6　塩蔵ボイルと中国産養殖との関係（*44*）

§5. 日本における産地のあるべき姿................................................44
　　5-1　資源と文化への危機（44）　5-2　自然と生活のリズムに合わせたナマコ流通（45）

## Ⅱ部　資源編

### 3章　マナマコの生態 ................................（五嶋聖治）........47
§1. マナマコの分類・学名................................................48
§2. マナマコの生活史................................................49
§3. マナマコの分布域と生息地特性................................................50
§4. マナマコの生息地利用................................................50
　　4-1　稚ナマコの生息場所（50）　4-2　成長にともなう生息場所の変化（52）
§5. 摂　食................................................53
　　5-1　ナマコ類の摂食法（53）　5-2　摂食量（54）　5-3　摂食活動が底質環境に及ぼす影響（56）
§6. 成　長................................................58
　　6-1　ナマコ類の体サイズ測定法（58）　6-2　成長パターン（59）
§7. 夏　眠................................................61
　　7-1　マナマコの夏眠（61）　7-2　なぜ夏眠するのか（62）　7-3　北海道産マナマコの夏眠（62）　7-4　夏眠とナマコ漁業の関係（63）
§8. 繁　殖................................................64
　　8-1　発生様式（64）　8-2　マナマコの繁殖（64）　8-3　個体数激減が引き起こす再生産力低下（66）
§9. マナマコの基本的な生態情報を漁業に活かす................................................66

### 4章　種苗生産技術の現状と課題 ................................（江口勝久）........72
§1. 我が国におけるマナマコ種苗生産の歴史................................................73
§2. マナマコ種苗生産手法................................................74
　　2-1　親養成（74）　2-2　採　卵（78）　2-3　浮遊幼生飼育（82）　2-4　付着珪藻培養（86）　2-5　採　苗（87）　2-6　稚ナマコ飼育（10日目の計数後～）（92）

§3. シオダマリミジンコ対策……………………………………… *103*
　　　　3-1　侵入防除（*104*）　3-2　増殖抑制（*106*）　3-3　減耗防除（*107*）
　　§4. おわりに………………………………………………………… *108*

**5章　西日本海域でのマナマコ資源増殖—生態や色彩変異から考える**
　　………………………………（堀　正和・吉田吾郎・浜口昌巳）……… *114*
　　§1. 西日本海域のマナマコの生活史とその生息環境の特性……… *114*
　　　　1-1　西日本のマナマコ生息環境（*114*）　1-2　西日本のマナマコの生活史特性（*115*）
　　§2. 西日本海域のマナマコ資源増殖に向けて残された課題……… *118*
　　§3. 生活史初期におけるマナマコ色彩変異と生息場所との関係… *121*
　　　　3-1　色彩形質の定量化（*121*）　3-2　野外調査と採苗器を用いた野外実験（*124*）
　　§4. 色彩変異のメカニズム………………………………………… *135*
　　　　4-1　ミトコンドリアDNAの解析（*135*）　4-2　体表に発現している遺伝子の比較（*141*）　4-3　遺伝子情報を活用した瀬戸内海マナマコの種判別技術（*143*）
　　§5. おわりに：西日本海域のマナマコの現状と今後の課題……… *145*

**6章　北日本の資源増殖**………………（山名裕介・五嶋聖治）……… *148*
　　§1. 北日本のマナマコの生息地…………………………………… *148*
　　§2. 北日本のマナマコの移動……………………………………… *151*
　　§3. 北日本のマナマコの夏眠……………………………………… *156*
　　§4. 北日本のマナマコの成長……………………………………… *157*
　　§5. 北日本のマナマコの餌料……………………………………… *161*
　　§6. 北日本のマナマコの死因……………………………………… *164*
　　§7. 北日本のマナマコの繁殖……………………………………… *167*
　　§8. 北日本のマナマコの資源管理………………………………… *169*
　　§9. 北日本のマナマコの資源添加………………………………… *171*

## 7章　天然発生資源を利用する安価な機動型魚礁
　　　　　　　　　　　　　　　　　　　　　　〈浜野龍夫〉……… *179*
- §1. 魚礁開発のポリシー………………………………………………… *180*
- §2. 基本構造…………………………………………………………… *180*
- §3. 竹林魚礁の設置方法……………………………………………… *183*
  - 3-1　設置場所の選定（*183*）　3-2　魚礁のレイアウト（*184*）
  - 3-3　竹材の確保（*185*）　3-4　設置作業―杭打ち（*186*）
  - 3-5　設置作業―鋼製杭への竹の固定（*187*）　3-6　設置作業―建材ブロックの設置（*188*）
- §4. 竹林魚礁のメンテナンス………………………………………… *189*
- §5. 竹林魚礁の移設・撤収…………………………………………… *190*
- §6. リサイクル魚礁…………………………………………………… *192*
- §7. 建材ブロックの配置や代替資材………………………………… *194*
- §8. 魚礁の生物増殖効果……………………………………………… *194*
- §9. おわりに…………………………………………………………… *196*

## 8章　こんにゃくを用いた資源量推定（こんにゃくを使ってナマコを数える）
　　　　　　　　　　　　　　　　　〈松尾みどり〉……… *199*
- §1. 擬似ナマコ法の定義・概略……………………………………… *199*
  - 1-1　定　義（*199*）　1-2　対象漁業（*199*）　1-3　擬似ナマコ法の概略（*200*）　1-4　既存の推定法との比較（*204*）
- §2. 擬似ナマコ法の実施方法………………………………………… *205*
  - 2-1　擬似ナマコの材料，実施に必要な道具（*205*）　2-2　擬似ナマコ法の準備手順（*209*）
- §3. 資源量推定の実例………………………………………………… *219*
  - 3-1　漁場の特徴（*219*）　3-2　結　果（*221*）
- §4. 結びに……………………………………………………………… *221*

## Ⅲ部　産業編

## 9章　乾燥ナマコの品質・加工　………………〈成田正直〉……… *223*
- §1. 国内産乾燥ナマコの品質………………………………………… *224*

1-1 国内産乾燥ナマコの疣足数(224) 1-2 乾燥ナマコの水戻し時間と物性(225) 1-3 乾燥ナマコの化学成分(226)
§2. 乾燥ナマコの加工……………………………………………………………232
2-1 乾燥ナマコの製造工程(232) 2-2 煮熟条件と乾燥ナマコの品質(233) 2-3 乾燥条件と乾燥ナマコの品質(236) 2-4 まとめ(240)
§3. 乾燥ナマコの今後の課題………………………………………………241

# 10章　ナマコの普及流通—透明性のある本乾ブランドを再考する—
……………………………………………………………………(若林克典)………244
§1. 流通における情報の大切さ……………………………………………244
§2. 消費地で起きている実態(情報)を浜へ伝える……………………245
2-1 ナマコ価格暴落のメカニズム(247) 2-2 漁業者の意識変容と行動喚起(248)
§3. ナマコの評価を求めた漁業者の取り組み……………………………249
3-1 "弱み"を"強み"に換えた漁業者の挑戦(250) 3-2 関係機関との連携,漁業者へのパイプ役(254) 3-3 試作品作り(255) 3-4 商社からの評価(262) 3-5 始動へ向けた改善(263) 3-6 地元加工業者との関係(265) 3-7 いざ,本格始動(265) 3-8 開始1年目の成果(266) 3-9 来年への目標(266)
§4. 日本産,北海道産,利尻産,鬼脇産ナマコとして売り込む…268
§5. 今後の方針…………………………………………………………………269
§6. おわりに………………………………………………………………………271

# 11章　ナマコ漁業の総合的管理　………………(牧野光琢)………273
§1. 本章の目的……………………………………………………………………273
§2. ナマコ漁業管理ツール・ボックス……………………………………276
2-1 様々な管理施策の整理とツール・ボックスの作成(276) 2-2 ナマコ漁業管理ツール・ボックスの活用法(280)
§3. ナマコ漁業管理モデルによる定量的検討……………………………282
3-1 モデルの構成と評価指標の定義(282) 3-2 シミュレーションによる管理施策の効果分析(286)

§4. 各海域の漁業特性に応じた漁業管理の考察·················· 292
§5. まとめ·················· 294

# 付章　近代日本におけるナマコ研究の歩み
·················（山名裕介）········· 297
§1. 研究の歩み·················· 297
　　1-1　1880〜1910年（黎明期）（297）　1-2　1910〜1950年（生物学研究発展期）（298）　1-3　1950〜1970年（水産学研究発展期）（300）　1-4　1970〜2000年（全国展開期）（302）　1-5　2000年以降（ナマコバブル期）（304）
§2. 資源増殖に向けた今後の課題·················· 309
§3. ナマコ研究の発展に向けた課題·················· 311

あとがき·················（廣田将仁・町口裕二）········ 317

# I部　社会編

## ファーストフード化するナマコ食

―― 赤嶺　淳

　大連が日本産マナマコの主要な消費地であるため，わたしたちは，つい大連を中心に中国のナマコ食慣行を考えがちである．

　しかし，ふりかえってみよう．直接的・間接的を問わず，大連市場の影響を日本で感じるようになったのは，ここ10年にすぎないはずだ．中国国内にあれだけの人口を擁し，かつ東南アジアをはじめとして世界各地に少なからぬ華人（華僑）を輩出している以上，ナマコ食文化とて，一枚岩であるはずがない．香港には香港の，上海には上海の，あるいはシンガポールにはシンガポールの食文化が存在している．こうした前提にたち，本章では，より長期的な時間軸とよりグローバルな視野から現在の大連におけるナマコ食文化を相対化してみよう[*1]．

　具体的には，中国のナマコ食文化に北方の刺参（ツーシェン）文化圏と南方の光参（クワンシェン）文化圏を設定したうえで，大連を中心とした刺参文化圏の特徴を整理してみたい．たしかに大連では，さまざまなナマコ製品が開発され，一見，多様性に富んでいるようにも思える．しかし，その一方で製品群の画一化・均質化も進んでもいる．多様性と画一性という矛盾する性質をあわせもつ現在の大連のナマコ消費の特質を，本章では，ナマコ食の「ファーストフード化」だととらえたい．注意すべきは，様相をかえながら，ナマコ食のファーストフード化は，隣国の韓国でも生じていることである．食の「ファースト」と「スロー」の問題を検討したのちに，能登島の事例から日本のナマコ生産地の歩むべき，ひとつの方向性を展望する．

---

[*1] 本章は，赤嶺[27, 28]をもとに構成した．グローバルなナマコの産業の現状は赤嶺[27]，能登のナマコ産業の可能性については赤嶺[28]を参照いただきたい．

## §1. ナマコを食べる

　古来，日本ではナマコをコと呼び，生のコをナマコ，煎って干したコをイリコ（煎海鼠）と呼びわけてきた．当時の調理法はさだかではないものの，奈良時代にはイリコが伊勢国や能登国，隠岐国から税として納められていたように[1]，日本にも乾燥ナマコを利用する文化は存在していた（現在の能登地方における乾燥ナマコの食習慣は後述する）．少なくとも江戸時代の茶会では，イリコのお澄ましや和え物などに人気があつまっていたほどに[2]，乾燥ナマコはわたしたちの食文化の一部なのである．

　中国ではナマコを薬効ゆたかな「海の（高麗）人参」と考え，海参（ハイシェン）と呼ぶ．高級な乾燥海産物を意味する「参鮑翅肚（シェンパオチイドオ）」なる成句にも収められている．鮑は干アワビ（鮑魚（パオユイ）），翅はフカヒレ（魚翅（ユイチイ）），肚は魚の浮き袋（魚肚（ユイドウ））である．これらの海産物は，四大海味（スーダアハイウェイ）と呼ばれることもある．

　シイタケと干シイタケが異なる食感をもつように，これら参鮑翅肚も，乾燥させることで独特な食感を呈するようになる．しかも四大海味のうち，参・翅・肚はゼラチンのかたまりである．それらの歯ざわりとともにゼラチンに吸収させたスープを堪能することとなる．つまり，中国料理のナマコ消費は，より広義のゼラチン食の一環としてとらえるべきであり，ナマコの歯触りだけを珍重する日本的なナマコ観とは異なっている[*2]．

　4000年の美食文化をほこる中国とはいえ，参鮑翅肚が普及したのは，17世紀以降のことである[3]．つまり，長く見積もっても400年ということになる．ナマコ食文化が花開いた時，もちろん大帝国であった清国でも生産されていたで

---

[*2] 中国料理では，乾燥食品を総称して「乾貨（ガンフオ）」と呼ぶ．日本における中国料理研究の第一人者で『乾貨の中国料理』の監修者である木村春子は，中国料理の特徴の1つに，①料理素材のなかに乾貨の占める割合が多いこと，②しかも生鮮素材がないため仕方なく乾貨で我慢するのではなく，積極的に乾貨料理としてその特性を生かして使いこなしていることをあげている．もともと乾貨は，乾燥させることによって，腐敗を防げるだけではなく，かさが減って運搬しやすくなるため，飢饉に備えた保存食の性格をもっていたものと察せられる．こうした機能のみならず，興味深いことは，乾燥させることによって，生鮮素材にはなかった別の旨味や感触が出てくることである．強靭で弾力性のある口ざわり，なめらかな舌ざわりなどは中国人の好む触感であり，料理に複雑な味わいをもたらすことになる[29]．

あろうが，今日のグローバリズムよろしく，清朝の人びとの胃袋を満たしていたのは，東南アジアや日本など近隣諸国からの輸入されたナマコであった．日本史で「俵物貿易」と称される，海外貿易を江戸幕府が統制していた頃のことである．ナマコは食文化の開花期から，グローバルな商品だったのである．

## §2. 刺参文化圏と光参文化圏

　わたしたちは，悠久な歴史を有する「中国」をひとつの文化として考え，中国には「中国語を話す中国人が住んでいる」とも想像しがちである．奇異に聞こえるかもしれないが，厳密に言えば，中国には，中国語は存在しない．わたしたちが日常的に使用する「中国語」という名称は，あくまでも日本的な俗称であり，言語学的には漢人（漢族）の言語という意味で「漢語」（汉语）と呼ぶ．それは，中国には，漢族以外にも，チワン族や満州族など固有の言語をもつ，中国政府によって公認された55の少数民族が存在するからである．当然ながら，漢語も，チワン語も，満州語も，中国の言語のひとつなのである．中国の言語として「中国語」を用いた場合，「中国語」は複数でしかありえない．

　料理も同様である．中国国内で，あるいは（少数民族をふくむ）中国の人びとによって調理されてきた料理を「中国料理」と呼ぶとしよう．より狭義に少数民族の料理をのぞいた漢料理を中華料理と呼ぶとしても，人口13億5千万の9割強を占める漢人のことである．地域バリエーションが容易に想像できるはずだ．実際，漢語は，広東語（粤方言），福建語（閩南方言），客家語などの，発音も文法も語彙も異なる多様な方言群を含む概念であり，それぞれの方言群ごとに，固有の地域文化が存在している．中国料理には，様々な分類が可能であるが，山東料理（北京料理），上海料理，四川料理，広東料理に4分類するのが一般的である[*3]．

　こうした中国料理の下位分類は，単なる分類のための分類ではありえない．生態環境によっても，料理は異なってくるからだ．たとえば，もともと米がとれなかった中国の北方地域では，小麦粉を中心とした麺や餃子を主食とする文化が，

---

[*3] 八大料理（八大菜系）として，山東料理，江蘇料理，安徽料理，福建料理，湖南料理，四川料理を分類することもできる．

また稲作のさかんな南方地域では，麺も米から作られるビーフンや河粉(フォーフェン)，餃子状の皮も米から作られるように，米を中心とした食文化が形成されている．アジアの食文化において，主食が異なることの意義は，決して小さくない．

もっとも本書の主題であるナマコ料理に関しては，中国料理の系統を細かく分類しても煩雑になるだけなので，本章では，便宜的に北と南の代表として山東省から大連市にかけての料理群を北方の食文化，広東省から福建省にかけての料理群を南方の食文化ととらえ，それぞれのナマコ料理の特徴を考えてみたい．

図1・1を参照してほしい．沿岸部だけを念頭においたモデルであるが，文化史的には，中国のナマコ食文化は北方の刺参(ツーシェン)文化圏と南方の光参(クワンシェン)文化圏の2つに分類される（なお，光参文化は，福建人や広東人の多い，現在の東南アジアの華人世界も包摂する概念である）．両者が交わるのは，現在の上海あたりである（ただし，伝統的には上海は光参文化圏に属す）．刺参は，読んでのとおり，

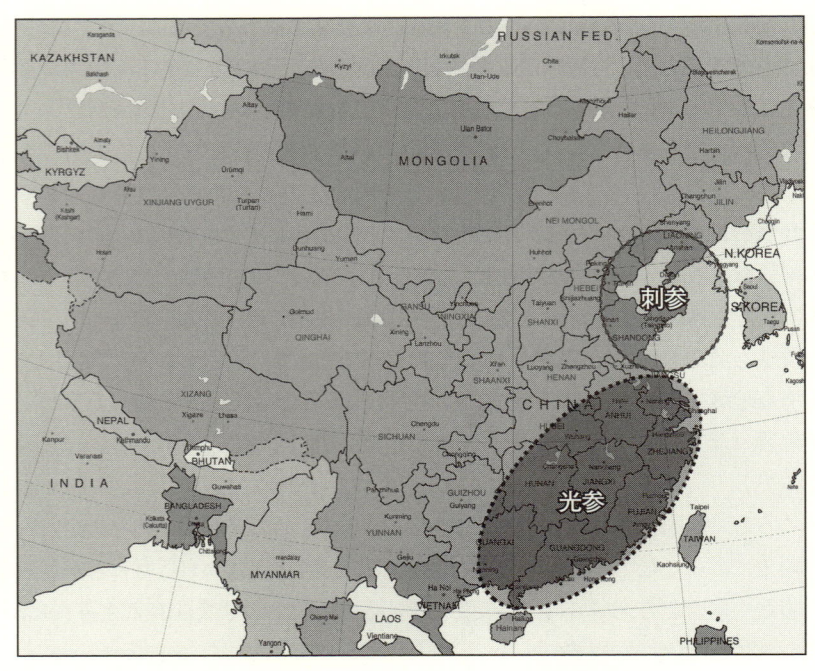

図1・1 中国における刺参文化圏と光参文化圏の分布

疣足(刺)がたったナマコであり，他方，光参は，疣足をもたず，ツルツルしたナマコを指す．

刺参と光参の差異は，ナマコの薬効を本格的に論じた初期の書物である『本草綱目拾遺』(1765)にも指摘されている[4]（以下，傍点と括弧内の説明は筆者）．

> 福建省あたりの海域には，白いナマコしかいない．大きさは手のひらぐらいである．それらは山東省・遼寧省海域に産するナマコと異なり，味が薄く，劣っている．薬として使用するには，遼海産のものがよい．刺のあるナマコを刺参といい，刺のないものを光参という．薬用には大きくて刺のあるナマコが適している．ナマコは海男子ともよび，粳（粘り気のないもの）と糯（モチモチしたもの）の二種類があり，黒くてモチモチしたナマコがもっともよい．強壮作用があり，腎臓に効く．

> 遼寧省あたりのナマコがもっともよい．（同海域産の）色が黒くて，肉がモチモチしていて，刺が多いものを遼参もしくは刺参という．広東省あたりのナマコは広参といい，黄色い．福建省産のものは白く，肉はかたく，きめがあらいうえ，厚く，刺もない．そのため，肥皀参もしくは光参と名づける．浙江省や寧波近海に産するナマコは大きくて肉がやわらかく，刺がないため，瓜皮参とよばれるが，品質はさらに劣る．

もっとも，刺参文化（圏）／光参文化（圏）なる分類は，わたしの造語である．したがって，『本草綱目拾遺』の編者・趙学敏（1719-1805）が，ナマコ食文化の下位分類にまで注意をはらっていなかったとしても不思議はない．しかし，中国でナマコ食文化が開花しはじめたこの時期に，すでに刺参と光参の区別がなされていたのは興味深い．というのも，当時の人びとが（現在の大連周辺を指す）遼東海域産のナマコ（刺参）の薬効がもっとも高いと考えていたことがわかるからである．こうした刺参言説が，今日の大連に継承されているものと思われる．

以下，今日における刺参と光参の差異について掘りさげてみよう．

刺参の代表は，いうまでもなくマナマコ（*Apostichpus japonicus*）であり，その産地は「遼東」とくくられる渤海湾から朝鮮半島沿岸，沿海州沿岸，日本

列島沿岸である．他方，光参は熱帯域で産出される．しかし，太平洋から東南アジアにかけて産出する熱帯産ナマコのすべてが光参に分類されるわけではない．バイカナマコ（*Thelenota ananas*，梅花参<sup>メイファーシェン</sup>）とシカクナマコ（*S. chloronotus*，方刺参<sup>ファンツーシェン</sup>）は刺参に分類される．また，南米のガラパゴス諸島近海に産するフスクスナマコ（*Isostichopus fuscus*）も刺参である．

　北京料理で伝統的に用いられてきたのは，『本草綱目拾遺』が説くように遼東海域「遼海」に産するナマコ，すなわち遼参＝マナマコの乾燥品である．それに対して広東料理では，熱帯産のチブサナマコ（*Holothuria fuscogilva*，猪婆参<sup>チューポーシェン</sup>）やハネジナマコ（*H. scabra*，禿参<sup>トクシェン</sup>）が嗜好されてきた．最近はやりの「地産地消」ではないが，北京料理が刺参に代表される温帯種のマナマコを，広東料理が隣接する東南アジアの熱帯海域に生息する光参（無刺参）を好むのは，それぞれの産地に近いという地理的要因が大きいものと理解できる．

　刺参と光参の違いは，その大きさにあるといってよい．乾燥重量でいうと，刺参は 30 g 以下のものがほとんどであるが，光参には 1 個 300 g を超すものも珍しくない．原材料の大きさは，調理法や給仕法の差異として具現化する．たとえば，一般的に北京料理は小皿で個別に給仕されるのに対して，広東料理では円卓の中央に大皿で給仕されたものを，各自がとって食べる．この給仕スタイルの差異からも，北京料理では小ぶりの刺参が求められ，逆に広東料理では大ぶりの光参の需要が高いことも，理にかなったものと考えられる（唯一の例外は，熱帯参のバイカナマコである．広東料理には，一本そのままのバイカナマコに挽肉を詰めた料理がある．大皿に盛られたバイカナマコを各自が切り取って食べるわけだ）．

　北京料理と広東料理におけるナマコ料理の差異について神戸中華街で料理店「昌園」を経営する黄棟和さん（1940 年生まれ）が含蓄ある説明をしてくれた．北京料理と広東料理とでは，ナマコの調理法が異なるというのである．戻したナマコはゼラチンのかたまりである．なので，それ自体には味はない．だから，スープ（出汁）の味が決め手となる．同時に，プリプリする歯ざわりも大切である．北京料理では，スープが染み込むまでナマコを煮込む．煮込んでも形が崩れず，プリプリさも失われないのが日本産のマナマコである．とくに高級品として知られる北海道産の乾燥ナマコにはその傾向が強い．それに対して，熱帯産ナマ

コは，煮込むとナマコが溶けてしまう．そのため，熱帯産ナマコの場合には，溶ける前に火を止めて，とろみをつける必要がある（このことを黄さんは「葛をうつ」と表現した）．だから，広東料理のナマコを味わうには，カタクリ状にとろみをつけたスープと一緒にナマコを食べることだ，と黄さんは力説する．北京と上海の2カ所で修行した黄さんは，上海で両者の差異を学んだという．

では，刺参文化と光参文化がまじわる上海あたりはどうであろう？　上海では，現地で大烏参（ターウーシェン）と呼ばれる熱帯産の $Actinopyga\ echinites$（トゲクリイロナマコ）が人気である．上海で「ナマコといえば，これ以外にない」と断言してもよい．そして，この大烏参といえば，蝦子（シャーズ）大烏参という料理に決まっている．これは，戻してふわふわ，とろとろになった大烏参に黒くて甘酸っぱいソースをかけ，その上に乾燥したエビの卵塊をほぐしてちらしたものである．黒いソースの上にオレンジ色の小さな点がちらばっていて，視覚的にもきれいである．当然，黄さんがいうように，葛がうたれたソースはドロっとした感じである．

1997年から台湾で，カラー写真をふんだんに用いて中国各地の名物料理を収録した豪華本シリーズが刊行されている．その第2集『名菜精選2　江浙，湘，京輯』にも，もちろん「蝦子大烏参」は紹介されている[5]．同書の説明は，以下の通りである．

> 蝦子大烏参は，1920年代末の上海でもっとも人気のあった料理である．この料理は，上海徳興館レストランのシェフによって考案された．ナマコは栄養に富むが，香りがよくないため，乾燥させたエビの卵をくわえると香りがよくなる．大烏参の食感は，刺参とくらべると厚くてやわらかい．このため，長江下流域の江蘇省・浙江省あたりのレストランでは，よく用いられている．紅焼（ホンシヤオ）大烏参（大烏参の醬油煮込み料理）は，満漢全席にくわえられる一品である[*4]．

---

[*4] 現代上海料理の第一人者のひとりである脇屋友詞は，「わたしが専門としている上海料理は，ナマコやフカヒレの紅焼など，煮込み料理にこそ醍醐味があると思っています．じっくりと煮込むことで出てくる滋味深い味わいは，上海料理ならではのものです．その味わいを支えるのに旨味の乾物を使うことも多く，たとえば上海料理の代表的な一品，「蝦子海参」では，ナマコと蝦子（エビの卵）の2種類の乾物を一緒に煮込むことで，味のないナマコに蝦子の磯の香りと熟れた甘味，旨味を含ませていきます」とインタビューに答えている（木村監修，2001）．

ここでも刺参との対比で光参である大烏参が述べられている．しかも，刺参の薄さと堅さが暗に批判されているところが面白い．ところ変われば，味変わる．食文化たる所以である．
　ところが，料理もファッションと同じく，はやりすたりがある．広東料理でも，近年は北京料理風にナマコを小皿で給仕するようになってきた．もちろん，そこで使用されるのは小ぶりな刺参であり，伝統的に珍重されてきたチブサナマコが小皿に切り分けられたものではない．この現象は，「伝統」的な調理スタイルにこだわらず，積極的に他文化の料理の特徴を吸収していく新中国料理（ヌーベル・シノワーズ）と呼ばれる広東料理の進化の一過程ととらえることができる．
　しかも，遼東地域に端を発する刺参志向は，香港以外の都市にも伝播しつつある．上海も同様である．さらには，2008年ぐらいから，シンガポールでも遼参と呼ばれるマナマコが次第に人気になってきた（わたしがみたのは関西参であった）[*5]．こうした現象は，光参文化圏に北京風の刺参文化が影響しつつあるとも解釈できる．と同時に，不断に斬新さをもとめつづけるヌーベル・シノワーズが，従来の「伝統的」なナマコ料理をさらに発展させていっている過程とも解釈できる．

## §3. 大連におけるナマコ食

　刺参文化圏の中心地，2008年11月にわたしが観察した大連のナマコ事情について報告しよう．たかだか1週間の滞在で大連のナマコ事情のすべてを理解したとは考えていないが，とにかく，香港とも上海とも，シンガポールやバンコク，マニラといったそれ以外の大華人都市とも異なる雰囲気を感じざるをえなかった．
　大連は，スーパーの食品売り場にしろ，市場にしろ，レストランにしろ，と

---

[*5] 刺参か光参かは，分類者の主観によるところが多い．たとえば，香港や台北などでみかけることはないものの，北陸地方で産出されるオキナマコ（*Parastichopus nigripunctatus*）が，ニューヨークの中華街では「日本刺参」と表記され，kg当たり220〜260米ドルで小売りされていた（2006年8月）．シンガポールの小売店で，猪婆参の「婆」たるゆえんでもある乳房状の突起をさし，刺参との説明を受けたこともある．刺というよりもブツブツに近いと思われるヨコスジナマコ（*S. herrmanni*）も，刺参と呼ばれる場合がある．

にかく，現地の人びとが「ナマコ・ブーム」（海参熱）と表現するほどの熱気に包まれていた．このことは，香港やシンガポールなどでは，宴会ともなれば，フカヒレの姿煮をはじめとした「参鮑翅肚」のみならず，子豚の丸焼きや活魚1尾をそのまま蒸した料理など，多種多彩な料理が食卓を飾るのに対し，もともと水産物に恵まれた大連では，ひとりナマコのみが珍重されているといってもよく，ナマコの有無が宴会の格式に関わる，と人びとは考えているほどであった．

海参熱を感じさせるのは，レストランだけのことではない．街のいたるところにナマコの養殖・漁獲から各種の製品の製造販売までを一貫して行うメーカー各社（便宜的に「ブランド・メーカー」と呼んでおく）の広告や専売店がならんでいる．看板やポスターはあたりまえで，市内を走るバスまでもがナマコの宣伝を掲げており，街中がナマコで覆われているようだ．

これまでにも香港の問屋から，大連では，「冬至から81日間，朝の空腹時にナマコをひとつ食べると風邪をひかない」と信じられ，実際に人びとはそれを実践している，と聞いてはいた．事実，冬至を目前にひかえた大連では，このことを強調するポスターも見受けられた．

冬期に毎朝ナマコを食べるといっても，広東地方の飲茶（ヤムチャ）のように朝からレストランに出かけ，洗練された小料理を楽しむのではない．調理らしい調理もせずに，戻したナマコをそのまま食べるのだという．たまに砂糖や醬，味噌をつけ，変化をもたせる場合もある．それが朝食というわけではなく，食前の儀礼とでもいうべき行為である．なぜなら，ナマコの摂取後に饅頭やお粥など通常の朝食をとるからだ．

このように大連周辺地域では，とにかくナマコ，とくに刺参を摂取することが，健康維持の秘訣だと考えられており，ナマコ食文化における大連の位置づけを特異なものとしている．こうしたことから，ナマコの摂取法も多様化し，それぞれの用途に応じた商品群が開発されているものと思われる．

誰しも，スーパーのナマコ売り場に足を踏み入れた途端に驚愕するにちがいない．日本的な意味での「乾燥ナマコ」という認識をくつがえすにあまりある豊富なラインナップに目をみはるだろう．2008年に大連市場で確認できたナマコ製品を表1・1にかかげる．いわゆる乾燥ナマコだけをとってみても，淡干海参（タンガン），塩干海参（イェンガン），糖干海参（タンガン）の3種類が存在するし，乾燥度の弱い半干海参（パンガン）があると思

表 1・1　大連市場に見るナマコ製品（2008 年 11 月）

| | 漢語名称 | ピンイン表記 | 特徴 |
|---|---|---|---|
| 乾燥品 | 淡干海参 | dangan haishen | 鮮ナマコを煮熟して乾燥させる．日本の「素干し」に相当する． |
| | 塩干海参 | yangan haishen | ナマコを乾燥させる際に，食塩を付加する． |
| | 糖干海参 | tanggan haishen | 塩干海参の製造過程で砂糖をくわえたものである． |
| | 半干海参 | bangan haishen | 塩に漬けこんで干した半乾燥品．表面は乾いているものの，体壁はやわらかく，ふわふわしている． |
| | 凍干海参 | donggan haishen | ナマコのフリーズドライ． |
| 非干製品 | 塩漬海参 | yanzi haishen | 塩水でボイルしたものを冷蔵保存したもの． |
| | 即食海参 | jishi haishen | 水煮したナマコのレトルト．塩漬海参のように塩分を含んでいないため，塩抜きする必要がなく，購入後，すぐに調理できる． |

出所：フィールドノートより筆者作成．

えば，ナマコのフリーズドライ（凍干海参 トンカン）も陳列されている．半干海参も，凍干海参も，大きな分類でいえば，乾燥品となる．ただ，簡単に戻ることが，淡干海参や塩干海参，糖干海参との差異である．

　こうした乾燥品にくわえ，すぐに食べることのできるレトルト食品としての「即食海参 ヂーシー」や「塩漬海参 イエンチー」などがメーカー各社によって開発され，市場拡大の機動力となっているのである[6]．表 1・1 にかかげた 7 品目は，性質は異なるものの，いずれも食材としてのナマコである．しかし，これ以外にもナマコ製品は存在する．健康食品の栄養ドリンク剤やサプリメント，酒（蒸留酒）といった諸製品の開発が熱をおびてもいた．「海参熱」は，すでに「食文化」の域どころか，そもそも「熱」（ブーム）の域をも超え，「刺参信仰」とでも表現すべき領域にまで深化しているといってよい．

　まとめよう．大連をほかの都市と差別化しているのは，以下の様子である．
　① 「刺参にあらざれば，海参にあらざる」といった「刺参信仰」に覆われている[\*6]．
　② そうした刺参信仰をあおるように，マナマコの養殖から完成品まで一貫して製造販売するブランド・メーカーが群雄割拠している．
　③ その結果，多様なナマコ製品群が開発され，店頭にならんでいる．

---

[\*6] このことは，大連周辺で光参類を「海茄子 ハイチエズ」と呼び，それらを「参」と呼ばない（つまり，海参と考えていない）ことにも明らかである．

④　乾燥ナマコ（淡干海参）が贈答品として流通している一方で，実用的な半乾燥品や即食海参などの新商品が一般的に消費されている．

⑤　市内のレストランでは上記製品のうち，即食海参もしくは生鮮ナマコが調理され，消費されている（乾燥ナマコが調理されることは，ほとんどない）．

こうした刺参信仰の背景にあるのは，健康志向／長寿志向と，その経済性である．たとえば，2001 年からドリンク剤を製造販売する大連好参柏社は，「ナマコを食べても，残念ながら吸収率はよくない．一説によるとわずか 20〜25 % しか栄養を吸収できない．しかし，弊社のドリンク剤だとナマコの有用成分の 95 % が吸収可能である．30 ml の溶液に，だいたい 150 g の生鮮ナマコ 1 個体分に相当する栄養が含まれている．このことから，ドリンク剤が経済的な商品であることが理解できよう．大連産の 150 g の生鮮ナマコは 1 個体 30 元であるのに対し，弊社のドリンク剤は 1 本 15 元と半額である．しかも，ドリンク剤はナマコの有用成分の吸収率にすぐれている」と自慢する．

刺参文化圏では，ナマコ製品の多様化だけではなく，生鮮ナマコを調理する点で光参文化圏とは異なっている．大連と同様に同文化圏の中核である青島を 2002 年にはじめて旅行した際，もっとも驚かされたのが，生鮮ナマコを炒めた料理を給仕されたことであった．生鮮アワビを炒めた時のように，やわらかさのなかにも歯ごたえがしっかりした食感であった．2008 年の大連調査中も，予算の許すかぎりナマコを食べるようにしていたが，大連市内で給仕されたナマコは，即食海参か生鮮ナマコのいずれかであった．特別に注文すれば可能であったのかもしれないが，訪問した店のメニューで確認したかぎりでは，乾燥ナマコを用いたものは皆無であった（乾燥品を特注したとして，いったいいくらになったかも，考えてみるとおそろしい）．

生鮮ナマコを食すという慣行は，中国のナマコ食文化史上，特筆すべき現象である．しかも，こうした食慣行は，旅行者が偶然に経験したことではなく，それなりの市民権を得ているようである．たとえば，青島市の青島出版社から『吃海参』（『ナマコを食べる』）という本が出ている[7]．読んで名のごとく 1 冊まるごとナマコ料理のオンパレードで，63 種のナマコ料理が紹介されている．『吃海参』をながめていて驚かされるのは，紹介されている料理のうち生鮮ナマコを用いたものが 4 割近くを占めていることである（これらのすべてがマナマ

コ＝刺参を使用している点にもおそれいる）．

このように大連や青島などの刺参文化圏においては，乾貨としてのナマコだけではなく，鮮貨としてのナマコも珍重されている．ドリンク剤を開発した大連好参柏社が主張するように，乾燥して得られるナマコの食感よりも，「とにかく，どんなかたちでもよいからナマコの成分を摂取する」ことに力点がおかれているものと察せられる．

つまり，ナマコは食材としての位置づけを越え，健康の源として位置づけられているのである．それは大連人のナマコ購買行動にもあらわれている．わたしが大連に到着した2008年11月16日は，日系スーパーのマイカルにおける「第4回海参文化月間」の最終日であった．冬至直前のナマコセールの最終日ということもあり，駆け込み需要もあったであろうが，千元単位で半干海参を購入する客が少なくなかった．500 g（1斤）当たり40個の大きさのものであれば，1 kg（80個）も買えば冬期を過ごすことができる計算となる．30歳前後の友人複数名に確認してみたが，「500 g当たり500元であれば，購入可能な範囲」であり，「親にプレゼントするのなら，なおさらのこと」だという．

店員の話を総合すると，「乾燥ナマコにくらべ，半干海参は同じ価格で大きいので，人気がある」とのことであった．事実，わたしが店頭で観察したかぎりでも，乾燥ナマコよりも，むしろ，半干海参，塩漬海参，凍干海参，即食海参といった商品が主力という印象を受けた．友人から，「両親が冬季用に海参を大量に購入する場合には，まず試験的に2本ほど買ってみて，戻し具合や食感を試してみるものだ」と聞いたことがあるが，そのようなのんびりした雰囲気は感じられなかった．

そもそも，高価なナマコは，贈答用や宴会用でもないかぎり，通常は，大きさや形を吟味しながら数個ずつ買うものである．無造作にビニール袋に詰めるような商品ではない．

相対的な価格の安さだけではなく，半干海参にせよ，塩漬海参，即食海参あるいは凍干海参には，より重要な要素が存在している．それは，厳格に重量と価格が管理されている点である．たとえば，半干海参でも塩漬海参でも凍干海参でも，メーカー各社はそれらを販売するにあたり，重量にもとづいた大・中・小の3区分をもうけている．半干海参の場合，大は養殖暦6年，小は同3年と

の説明を受けたりもしたが，加工の中心は養殖暦3，4年もののようである（実際，ナマコの成長には個体差が大きいにもかかわらず，である）．

　伝統的な乾燥ナマコ一点張りではない大連のナマコ食文化は，一見，多様性に富んだもののようにみえる．養殖による安定供給と豊富な資本に支えられた経済活動が，それらの多様性を支えているかにもみえる．「ナマコを，より簡便に，より効果的に摂取したい」．これが，大連人のいつわらざる気持ちだとすると，生鮮ナマコを調理するのも，その延長線に位置づけることができる．

　大連水産大学の教授陣が自負するように，「養殖のおかげでナマコの供給量が増え，より多くの人がナマコを食べることができるようになってきた」ことは，中国の人民，とくに大連人にとっては画期的なことであったにちがいない．しかし，食の安全が社会問題となる現代中国社会において，消費者に安心感を与えてくれるのは，（真偽はともかく）ナマコの養殖から製品化まで一貫して行うブランド各社への信頼である．つまりブランド・メーカーの存在意義は，同じ大きさ・重量のもの，つまり一定品質のものを恒常的に安定して用意できることにある．こうした規格化がきわだつ現象を，わたしは刺参信仰に根をもつナマコ食の「ファーストフード化」現象だと考えている．

## §4. ソウルのナマコ食

　現在の韓国社会も，ナマコ消費が盛んである．日本における朝鮮料理研究の第一人者である鄭大聲によれば，韓国でナマコは，「血圧を下げ，子どもの発育を助け，老人の健康によいもの，また強精剤にもなる」食材として愛食されてきたという[8]．ナマコは，日本と同様に刺身（膾(フェ)）としてトウガラシ酢味噌（チュコチュヂャン）をつけて消費される一方で，乾燥ナマコは，朝鮮宮廷料理の必須アイテムのひとつである．近年では，「韓流中華料理」でも乾燥品が多用されている．

　様々な研究によると，ナマコは朝鮮半島の地理を解説した『新増東国輿地勝覧』「土産条」（1530年）に記載されているといい，遅くとも15世紀には朝鮮半島沿岸域のほとんどでナマコが漁獲されていたことが知られている[9,10]．朝鮮王朝期には，ナマコやアワビが宮廷料理にも多用され[11,12]，宮中の宴会には海参煎（ナ

マコチヂミ），海参蒸（ナマコの蒸し物），海参炒（ナマコの炒め物）などの料理が供せられた[13]．ナマコづくしとでも形容できそうな朝鮮宮廷料理の実態は，朝鮮宮廷料理研究者の金尚寶が著書『宮中飲食』で復元した48品目のなかに，乾燥ナマコを用いたものが12も収録されていることにもあきらかであろう（うちスープ6品，蒸し物2品，炒め物1品，煎り物1品，炙り物1品，膾1品）[14]．このように『宮中飲食』に収録された朝鮮宮廷料理の25％にナマコが利用されていることは記憶に値する（ナマコが高級食材と珍重されるのは，中国だけではないのだ！）．

つぎに1670年頃に著された，『飲食知味方』をみてみよう．同書は，朝鮮半島南部・慶尚北道の高名な儒家である李時明家に伝わるレシピ集である．そのなかに「ナマコをあつかう法」なる節もあり[15]，乾燥ナマコとともに生鮮ナマコの料理法も紹介されている．

> ナマコを水で直接煮る場合は，いったん煮たものを水に浸けておいてから切る．これを醬油と油をまぜて炒めて味つけして用いてもよいし，生鮮ナマコのまま切って，酢醬油につけて酒のさかなにしてもよろしい．

このように朝鮮王朝時代の朝鮮料理では，乾燥品も生鮮品も，両方が珍重されていたことがうかがわれる．なお，朝鮮半島の人びとの食生活に欠かすことのできない食品がキムチや塩辛（ジョッカル）などの発酵食品である．全羅南道だけで塩辛の種類は80種を超え，韓国全体で代表的なものだけでも30種以上は存在するという[16]．アジアにおける魚醬の分布を比較研究した民族学者の石毛直道とケネス・ラドルは，韓国の代表的な塩辛をリストアップしたが，そのなかに全羅南道と慶尚道からナマコの内臓の塩辛（いわゆるコノワタ）がある[16]．

いったい，どんなものなのか？　わたしは，韓国一のデパ地下とも称されるソウルのロッテ百貨店の地下の食品売り場でも，いく先々の市場でもナマコの塩辛を探しているが，残念ながら未見である（2012年に海女の里・済州島を訪問したが，そこでもナマコの塩辛には出会えなかった）．また，わたしがソウルで挑戦した宮廷料理にも，ナマコは使用されていなかった．そのかわり，屋台

で刺身を食べることができたし，戻した乾燥ナマコの細切れが入っているスンドゥプ（純豆腐）の鍋（チゲ）も食べることができた（以来，スンドゥプチゲは好物のひとつとなった）．

そうした韓国に在来のナマコ食の存在をみとめたうえで敢えて言わせてもらおう．現在の韓国でナマコというと，サムスン料理であろうか．漢字で「三鮮」と書くように，3種の海の幸を用いた中華料理の1ジャンルである．三鮮の具については，料理店によっても異なるが，干ナマコとエビは必須のようである．残りの一品はイカであったり，貝類であったりと店によってバリエーションがある．

サムソン料理のなかでも，もっともポピュラーなのは，チャヂャンミョン（炸醬麵，ジャージャー麺）である*7．わたしが食べたサムソン・チャヂャンには，干ナマコとエビ，イカが入っていた．2009年1月，通常の炸醬麵が一杯4,000ウォン（260円）であったのに対して，その三鮮版は1.5倍の6,000ウォン（390円）であった．

チャヂャンを漢字で書けば，「炸醬」となる．炸（zha）は，「はじける，揚げる」を含意し，食物を強い火でさっと油で揚げることを意味する漢字である．醬（jiang）は，どろどろした汁が原意で，味噌や醬油のような発酵食品をさす．

炸醬麵（ツァディァンミィェン）は，もともとは山東省周辺の料理だという．そんな炸醬麵であるが，韓国でいうチャヂャンミョンとは，チュンヂャン（春醬）と呼ばれるカラメル入りの黒い味噌をベースにタマネギや豚肉などを炒めたソース（チャヂャン）を，茹でた麺にかけた料理である[17]．

こうした三鮮人気は，ここ二十数年のものである．朝鮮宮廷料理史に詳しい太田保健大学の金尚寶氏も，「1988年のソウルオリンピックを境に，保守的だった韓国の食文化が多様化を遂げた」と指摘する．そのひとつが中国料理のグルメ化である．本物志向が高まる一方で，輸入食材で調理した大衆版グルメも登場した．それが，三鮮なのである*8．

---

*7 三鮮はチャヂャンミョンにかぎらない．ソウルの中国料理店には，各種の三鮮料理がある．なかでもチリ風味の「チャンポン」（炒碼麵）と日本のタンメンに似た細麵の「ウドン」（大滷麵），「ボックムパップ」（炒飯）などが日常的である．
*8 三鮮需要の沸騰にかぎらず，1988年は，韓国の食文化史にとって記憶に残る年となったようである．なぜならば，マクドナルドが初めてソウルに登場した年だからである[30]．マクドナルドが韓国社会におよぼした影響については，パク[30]を参照のこと．

しかも，興味深いのは，こうした高級料理の大衆化が，外国，もっと限定すれば，東南アジアからの安い熱帯産乾燥ナマコ（とおそらくは冷凍エビ）で可能となったことである．

　わたしがソウル訪問を決意したのは，フィリピンで乾燥ナマコの生産と流通の関係を調査していた際に，偶然にも複数の仲買人から「このナマコって，韓国で人気があるんだよ」と，タマナマコ（*Stichopus horrens*）とヨコスジナマコ（*S.hermanni*）を指して説明を受けたことを契機としていた．それまでわたしは，「ナマコ食」＝「中国料理」＝「漢人世界」とステレオタイプな連想しかできず，仲買人が不意に発した「韓国」という国名が腑に落ちずにいた．その違和感を解消するために，ソウルを訪ずれたのである．1999年2月末のことである．

　ソウルの南大門市場に隣接して，北倉洞（ブックチャンドン）と呼ばれる通りがある．そこで乾燥ナマコは簡単にみつかった．もっとも高価なものは，kg当たり20万ウォン（2万円）もする韓国産マナマコであった．済州島がおもな産地だという．アメリカ大陸北西海岸に産するナマコ（kg当たり8万3,000ウォン＝8,300円）も売られていた．そして，もっとも安いのが，kg当たり5万ウォン（5,000円）のフィリピン産のタマナマコであった．

　これらのナマコの差異について，乾物屋の主人は「ナマコ料理の定番ともいえる紅焼海参（ホンシヤオ）や葱焼海参（ツオンシヤオ）には，韓国産かアメリカ産の干ナマコを用いるが，三鮮料理はフィリピン産ナマコにかぎる」と説明してくれた．プルコギ（焼肉）1人前が1,000円以下で食べることのできるソウルでも，韓国産マナマコを用いたナマコ料理は1皿3,000～5,000円はした．宮廷料理たるゆえんである．

　すでに見たように朝鮮王朝時代，貴族や高級官僚のあいだでは乾燥ナマコが消費されていた．それは，朝鮮半島に産するマナマコであった．だから，マナマコの乾燥品が陳列されていても，なにも不思議ではない．1999年の段階ではkg当たり2万円という価格も，妥当なものだと言える．むしろ，興味をそそられるのは，アメリカ産のナマコとフィリピン産のタマナマコが売られており，それらが価格に応じて序列化されていたことである（ヨコスジナマコは，ほとんど見かけなかった）．

　アメリカ産ナマコについては調べがついていないが，フィリピン産ナマコについては，三鮮の必須素材とされる乾燥ナマコの輸出単価が，1980年代後半か

ら急騰していることも，金尚寶氏の指摘を補強する傍証になる（図1・2）．

　最初のソウル訪問からちょうど10年後の2009年1月にソウルを再訪する機会をえた．短期間ながら北倉洞を歩いてみて感じたことは，流通している種数が増えたことであった．タマナマコ以外にも，ハイチ産だという，フスクスナマコに似た *Isostichopus badionotus* という刺参もあった（和名不詳）．タマナマコより若干安めの600g当たり6万ウォンであった（だが，流通量が圧倒的に少なく，わずか1軒でみただけであった）．そして，八刺海参（パルガック・ヘサム＝8本の刺のナマコ）と直訳すべき，アメリカ大陸産のナマコ *Apostichopus parvimensis* も，600g当たり13万〜14万ウォン（1万4,000〜1万5,000円/kg）で販売されていた．

　また，「日本なまこ」と称されるオキナマコ（*Parastichopus nigripunctatus*）が大量に流通していた．オキナマコは，600g当たり20万ウォン（2万1,600円/kg）と高価であるにもかかわらず，ほとんどの店で販売されていた．興味深いことに韓国産マナマコの乾燥品は，中華街として知られる北倉洞の食材店ではなく，南大門市場でノリや乾燥果物などを販売する乾物屋で多くみかけた．

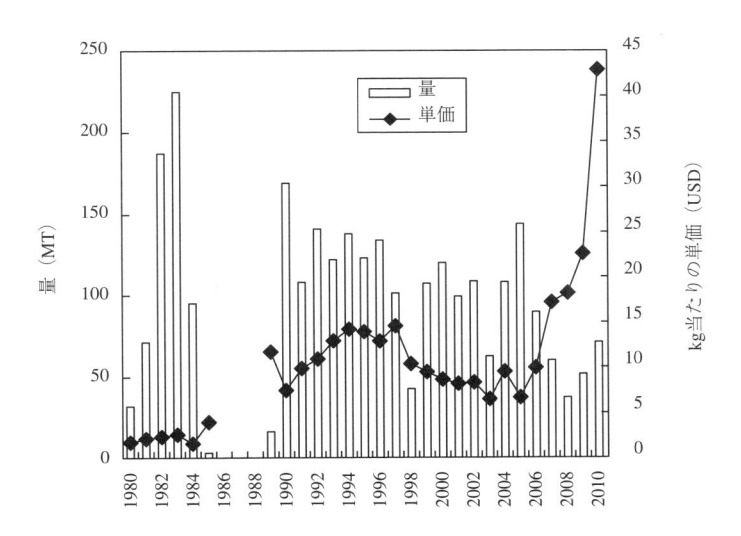

図1・2　フィリピンから韓国への乾燥ナマコの輸出（1980-2010）
（*Foreign Trade Statistics of the Philippines* より筆者作成）

kg 当たり45万ウォン（3万円）が相場であり，中国や日本のナマコ・バブルと比較した場合，廉価な印象を受けた．

そして，今回の調査で感じた最大の変化といえば，*Cucumaria frondosa* の出現であった．これは，カナダ東岸からフィンランドやアイスランドなどにも産するもので，日本でキンコナマコやフジコなどと称されるナマコである．しかも，特徴的なのは，このナマコは中国で「海参絲<sup>ハイシェンスー</sup>」（ナマコの千切り）と呼ばれる，糸状に裁断された商品に加工されることが多く，一般的に四川料理の酸辣湯<sup>スワンラータン</sup>といった酸味と辛味の効いたスープに利用される．

興味深いのは，韓国でも丸のままのキンコナマコの乾燥品が売られているのではなく，中国同様に「ナマコ・スライス」として糸状に裁断され，流通していた点である．糸状の製品は，600 g 当たり 7 万ウォン（7,600 円/kg）が相場であった．フィリピンやインドネシアに産するタマナマコよりも，若干高いだけの価格設定である．最大の利点は，この糸状に加工されたキンコナマコは，水に戻すのが簡単なことである．安価なタマナマコといえども，戻す工程も手間も最高級のマナマコと同様で1週間は必要となる．しかし，糸状に加工されたキンコナマコであれば，1，2晩，水に浸けておけば，そのまま煮込み料理に使用できるという利点がある．

まさに，この簡便性はファーストフードそのものである．スンドゥップ・チゲなどに入っていたのは，この種の海参絲だ．例外もあるだろうが，中国でも韓国でも，海参絲といえば，現状ではキンコナマコと決まっている．おそらく，キンコナマコがカナダやアイスランドなどの水産会社によって漁獲され，近代的な工場で大量に加工されるためであろう．

10年前は，それが店舗で戻されたものであれ，購入してきた「もどしナマコ」を解凍したものであれ，給仕されるものは，各店舗で千切りにされたタマナマコであったはずである．戻したナマコを細く切るには技術がいる．弾力に富むやわらかさゆえ，包丁で均等幅に切るのがむずかしいからである．ところが，「海参絲」に加工されたキンコナマコだと，基本的には水に浸けておくだけで戻ってしまうので，戻す時間も労力も省くことができる．第一，戻すための知識も技術も必要としない．さらには，戻したナマコを細切りする必要もない．となれば，キンコナマコといわずとも，海参絲が流行する道理も理解できる．

実際，2009年のソウル訪問時，市内に滞在した50時間で，わたしは6回，各種のナマコ料理を食べる機会をもうけたが，最後までタマナマコを口にすることはできず，すべてがキンコナマコであった（唯一の例外は屋台で食べた生鮮マナマコを醋醬をつけて食べたフェ（刺身）だけであった）．

現在の韓国社会においてチャヂャンミョンが国民食として位置づけられていることは多くがみとめるところである[17, 18]．実際，ソウルの中国料理店で客の行動を観察していると，十中八九がチャヂャンミョンを注文するといっても過言ではない．その人気の秘訣は，もちろん春醬のつくりだす味にあるのであろうが，そのファーストフード的な性格も寄与しているように思われる．チャヂャンをベースとしたソースはつくりおきが可能である．店主からすると，注文があれば，麺をもった器に温めてあったソースをかけるだけである．テーブルにつくと同時にチャヂャンミョンを注文する人はまだしも，極端な場合には，店に入ってくるなりチャヂャンミョンを注文し，間髪入れずに給仕されたチャヂャンミョンを無言ですすって出ていく客もいたほどだ．この間の所要時間，わずか数分である．ビジネスマンもOL風の女性も，チャヂャンミョンを注文した場合は，忙しく食べ，せわしなく店を出ていった．なごやかにコミュニケーションに花を咲かせることはまれである．三鮮チャヂャンは，まさにファーストフード的な性格の濃いナマコ料理なのだ．

## §5. ファーストフードとスローフード

合理化を追求する社会をマクドナル化（McDonaldization，マック化）と表現する社会学者のジョージ・リッツアは，その特徴として効率化（efficiency），予測可能性（predictability），計量可能性（calculation），制御（control）の4つを指摘している[19]．ハンバーガーを売るという目的を達成するため，注文用タッチパネルを導入したり，ドライブスルーを設置したりするなど，最適な手段を徹底的に追求していくという効率性は，（どこの国の）どの店舗であろうとも，画一化で均一化したメニューしか用意しないといったことにもあらわれている．しかし，このことが逆に消費者にとって，「マックに行けば，ビッグマックとポテトがある」という予測性を高め，安心感をあたえる効果をもたらすこ

ととなる．おいしさの「質」は計量できないが，バーガーも，ポテトもコークもサイズ（量）で選択できるという計量可能性をもっている．○○セットで，そうした量が多ければ，それだけ得した気分になるものだ．そして，制御とは，作業する人間の技量によって製品が変質しないようマニュアル化（機械化＝脱人間化）を徹底することである．要は熟練した技術を必要としない単純作業であるが（しかも多くの場合は低賃金），そうした仕事は米国ではマック・ジョブ（McJob）と揶揄されている．

もちろん，リッツアが指摘する4点をナマコ産業にあてはめても無意味である．しかし，上記4つの特徴のいくつかは，大連でも，ソウルでもあてはまる．400年の歴史を有し，究極のスローフードであるはずのナマコ食文化も，速さ，簡便さ，規格化（画一化）を求めるファーストフード化の時代を迎え，本来の「食味」や「食感」という質，それらを可能とする技術の追求を忘れてしまったかのようである．

しかし，ナマコ産業のファーストフード化は今に始まったわけではない．香港でも，シンガポールでも，もっとも手間のかかる，戻す工程がすでにアウトソーシングされて久しいからである．もともとは，各料理店が必要に応じて乾燥食材を選別したうえで買い付け，それらを注文に応じて戻し，調理し，給仕してきた．しかし，近年は戻す工程だけを専門に引き受ける会社があり，それら工業的に戻された「もどしナマコ」がコールドチェーンの発達に乗じて冷凍製品として流通してきた．冷凍したナマコを解凍して使えば，家庭でもレストランでも，いつでもナマコ料理が楽しめるのだ[*9]．

この事情はナマコにかぎらない．より顕著なのはフカヒレである．きれいな扇形に戻されたフカヒレが真空パックもしくはスープつきのレトルト状で売られて久しい．皮をはぎ，形を崩さないように神経を使うフカヒレを戻す作業は，ナマコの比ではないほどに複雑である．高価でもあるので，香港などの老舗レストランでは，かつてフカヒレだけを専門に戻す職人がいたものだ．かれらは，

---

[*9] もどしナマコの隆盛には，店舗経営の事情だけではなく，流通上の理由も存在している．たとえば，フィリピンでは形が崩れていたり，乾燥が不十分であったりする，いわゆるB級品を輸出にまわすのではなく，国内消費用にまわすために流通業者みずからが戻し，販売していたりする．戻す過程で工夫すれば，多少の傷はカバーできるらしい．輸出すれば買いたたかれるであろうB級品の付加価値を高める戦略でもある．

たとえ給料が安くとも，まかないつきであれば店舗に住み込み，店舗の床や椅子に寝起きしながら，修業にはげんだ．だが，今日では賃金も上昇したし，労働条件が厳しく監督されるようになったため，よほどの老舗でもないかぎり，戻すための職人を雇う余裕があるレストランはなくなった．

フカヒレを戻す作業が，アウトソーシング化されたことは，レストランの価格設定に見合うような，ほどほどに規格化された大きさや形，質のものを，流通側が用意するようになったことを意味している．調理人は，それらを購入し，解凍したうえで，自分がつくったスープにあわせて給仕すればよいわけだ．ソウルにおける海参絲の普及と同じ構造である．

スローフードがよくてファーストフードが駄目などというつもりはない．そもそも文化は変化しつづけるものである．食文化も例外ではありえないし，第一，いくらスローフード運動に共鳴したとしても，スローフードだけで生活できるものではない（スローに生きることが目的化しても無意味である）．問題は，食環境を包摂する，より大きな社会環境の急速な変化を自覚したうえで，スローとファーストの間のバランスをとり，いかに食生活をゆたかにしていくか，にある[20]．それは，人と人，人と自然の関係性の問題に還元できる．スローフード運動が環境保全運動と協働できる余地はここにある．

したがって批判されるべきは，ファーストフードなのではない．また，経済の合理性を追求することも当然のことである．しかし，いくら資本主義の世界といえども，利益の追求に走るあまり，脱人間性化をおしすすめようとするファーストフード的な経済活動は，批判されてしかるべきであろう[21]．マクドナルドなどのファーストフード産業が意識していたかどうかは別として，マック化社会の王国・米国では，ファーストフード産業の要求に応えることのできた少数の食肉会社が巨大化し，それ以外の零細企業が淘汰されてしまったし，家畜がより過密な畜舎で飼育されるようになった[22]．様々に報告される様子は，生産者にも消費者にも，まるで牛肉が（人びとの心身をゆたかにしてくれる）食材ではなく，（空腹をみたすための）無機質な商品（commodity）として認識されているかのごとくである[23,24]．

たしかにナマコは黒いダイヤであるにちがいない．しかし，同時にナマコは野生生物でもある．だとするならば，わたしたちが意識すべきことは，ファー

ストでもなく，スローでもなく，ナマコの生産と消費を持続可能なレベルで維持しつづけることのはずである．わたしが懸念するのは，近年，日本でナマコの密漁が増えている事実である．密漁の横行は，製造に高度な技術と経験を必要とする乾燥ナマコではなく，脱腸してボイルした後に塩漬けするだけの塩蔵ナマコとして流通するようになったことと無関係ではないはずである．乾燥ナマコであれば，加工者ごとの性格・技術が一目瞭然である．しかし，塩蔵ナマコであれば，生産者が特定されることもないため，容易に密漁の温床となりうるのである．

仮に大連の刺参信仰が，日本の津々浦々で人びとが築いてきた共同資源管理のしきたりを崩壊させる契機となるとすれば，やはり，それは問題である．ナマコは商品である前に，生命ある動物である．当然ながら，そうした生命に敬意をしめすべきである．同時に人びとが培ってきた技術や知識も尊重すべきである．

## §6. おわりに

これまで幾度となく論じてきたように，大連市や青島市などの中国の遼東地域におけるナマコ需要の高まりを受け，世界のナマコ事情は逼迫しつつある．だから，この数年間，わたしは遼東地域に隣接する韓国のナマコ事情が気になっていた．それは，華僑といえば広東省や福建省など南部中国出身者がほとんどの東南アジアと異なり，韓国華僑と呼ばれる韓国在住の華人の多くが，刺参文化圏の中核でもある山東省や遼寧省などと関係をもつ人びとだからである．遼東地域で高まる一方の刺参信仰が，韓国に影響を与えない保証はない．

しかし，ソウルのレストランや問屋でインタビューしたかぎりでは，そうした刺参信仰の影響を感じることはなかった．みなが中国では刺参に関心があることを知ってはいたが，「韓国のナマコ事情とは無関係」だと断じた．このことは，遼東地域に隣接し，相互交流も緊密である文化史的環境のなか，韓国が独自のナマコ食文化を築いている点で興味深いし，ナマコ食文化の多様性をあらためて認識させてくれる．

本章を終えるにあたり，こうした東アジアにおけるナマコ食文化の多様性と，

わたしたちがどのようにつきあいうるかを，考えてみたい．ほぼ輸出用に特化してきた北海道は別として，国内の生鮮市場にも出荷してきた青森以南の産地では，「日本国内でのナマコ需要の喚起が必要」とした意見をよく耳にする．わたしも同感である．では，どうするか？　個人的には，ナマコ食文化の根本にたちかえり，徹底的に地域の食材にこだわり，スローフードで行くことだと信じている．そんな確信を与えてくれた能登島（石川県七尾市）の瀬川勇人さんを紹介しよう[25]．

瀬川さんによれば，能登島には冬に獲れたナマコを乾燥ナマコに加工し，秋のお祭りのときに戻して食べる習慣があるという．これまで日本各地のナマコ産地を歩いてきたが，乾燥ナマコを自家製造し，祭事に消費するなど聞いたことがない．半信半疑だったわたしは，瀬川さんにそのナマコ料理を作ってもらうことにした．「圧力鍋を使えば，簡単に戻せるんですよ」と，10分ごとに圧力釜を止め，手でさわってナマコの戻り具合をたしかめながら，自家製の乾燥ナマコを手早く戻すと，瀬川さんは醬油煮込みを作ってくれた．

中国料理でナマコ料理の代表格は紅燒海参（ホンシャオハイシェン）である．紅燒とは，醬油煮込みを意味するが，紅燒海参は，ナマコの磯臭さを消すために白葱の香りをうつした葱油で炒めて煮込むことが多い．こうしたことから，葱燒海参（ツオンシャオハイシェン）とも呼ばれたりする．うすく飴色の焦げ目がつき，トロトロとなった白葱の甘さもまた，ナマコの味をひきたててくれる．ところが瀬川さんは，油を1滴もつかわず，文字どおり醬油と酒を加えたたっぷりの出汁で煮込むだけだった．瀬川さんは，子どものころから叔母が作るナマコの醬油煮込みが好きだった．料理人となってから，醬油煮込みのレシピを叔母に尋ねたものの，なぜだか，叔母は作り方を教えてくれなかった．「乾燥ナマコの作り方から戻し方，料理の仕方まで，それぞれの家庭のものなんでしょうね」と瀬川さんは笑う．

叔母の作った味をめざすべく，瀬川さんが試行錯誤を重ねてきた料理は，わずかに磯香を残しており，歯と舌にまとわりつくモチモチ感がたまらなかった．これまでいろんな機会に乾燥ナマコの料理の相伴にあずかってきたが，磯らしさを徹底的に消去する中国料理とは風味も食感も異なっていて，「こんな料理が存在するのか！」とあらためてナマコ料理の多様性に惹かれたほどである．

瀬川さんのこだわりは，まだある．「ナマコ料理は，漆塗りの器に盛るんです」

と，わたしにも漆器で給仕してくれた．「昔からそうだった」と瀬川さんは言うだけだが，こんなところにも，能登島の人びとのナマコにかける思いがすけてみえる．

　この料理と瀬川さんのナマコ熱に魅せられたわたしは，翌シーズンの末期に，瀬川さんが乾燥ナマコを製造する様子を見学させてもらった．コノワタとコノコを取り除いたナマコを，瀬川さんは，いきなり熱した鍋で熬りつけた．「パン，パン，パン」と乾いた音がして，鍋底に水玉が躍っていたかと思うと，すぐにナマコから黒い水が滲みでてきた．「ナマコだけで煮るんです．水を入れてはいけません．ナマコの成分だけなんです」と繰りかえした．ほんの10分もすると，鍋はナマコからでた水分でヒタヒタになり，いつもの見慣れた光景に変化していった．

　煮やすくするため，瀬川さんは大胆にも腹部をまっすぐに裂いていた．だから，完成品は，「ナマコの開き」であって，店頭に並ぶ丸細いものとは異なっている．不格好といえば，不格好ではある．しかし，自家消費用の乾燥品である．見てくれではなく，「能登島のナマコから自分で加工すること」に意義がある．3月中旬であったが，「この寒風が大切なんです」という．3日間，寒風にさらし，冷蔵庫にしまった．

　圧力鍋といい業務用冷蔵庫といい，瀬川さんは，スローとファーストのバランスが絶妙な，「適度なスピード」を求めているように見受けられる[26]．プロ根性丸だしの瀬川さんは，ソウルではナマコのファーストフード化の象徴でもある「海参絲に挑戦してみたい」と意欲的である．「より多くのお客さんに能登ナマコのすばらしさを味わってもらいたい」からである．

　瀬川さんは，日本各地にあまたいるナマコ狂い（holothurian enthusiast）のひとりにすぎない．わたしがナマコ研究をつづけられてこれたのは，そうした人びとのおかげである．業界全体を覆うファーストな経済指向と対峙し，自分なりの歩み方を模索することは容易ではない．しかし，みずからの地域に誇りをもち，そうした地域に育つナマコを愛してやまない人びとの実践例に学び，そうした小さな「知」を積み重ねていけば，いずれは日本国内に確固たる市場を確立できるのではないか？　めざすべきは，まさにスローな「ナマコの歩み」である．わたしもナマコ狂いの一研究者として，在野に眠る「ナマコの知」を，もっ

ともっと渉猟していかねばならないことを痛感している．

文　献

1) 鬼頭清明，「木簡の社会史——天平人の日常生活」，講談社学術文庫1670，講談社，2004．
2) 平野雅章訳，「料理物語——日本料理の夜明け」，教育社新書原本現代訳131，教育社，1988．
3) 篠田 統，「中国食物史」，柴田書店，1974．
4) 趙學敏（Zhao, Jiao Min），「新註校定國譯本草綱目」（木村康一新註校定代表），春陽堂，1977．
5) 傅培梅（Fu, Pei Mei），「江浙，湘，京輯」名菜精選2，台北縣中和市：三友圖書公司，2000：76-77．
6) 耿瑞（Geng, Rui）・佐野雅治・久賀みず保，「中国ナマコ加工産業の発展と企業行動——大連市を中心として」，地域漁業研究2009；49（2）：1-20．
7) 劉泉編（Liu, Quan），「吃海参」第2版，青島市：青島出版社，2007．
8) 全鎮植（Jeon, Jin-sik）・鄭大聲（Jeong, Dae-seong）編，「魚介料理」，朝鮮料理全集2，柴田書店，1986；62．
9) 尹瑞石（Yun, Seo-seok），「韓国食生活文化の歴史」（佐々木道雄訳），明石書店，2005：424-425．
10) 姜仁姬（Kang, In-hui），「韓国食生活史——原始から現代まで」（玄順恵訳），藤原書店，2000：233-235．
11) 金尚寶（Kim, Sang-bo），「朝鮮王朝宮中宴會食儀軌飲食の實際」，ソウル：修学社，1995．
12) 金尚寶，「朝鮮王朝宮中儀軌飲食文化」，ソウル：修学社，1996．
13) 佐々木道雄，「韓国の食文化——朝鮮半島と日本・中国の食と交流」，明石書店，2002：218．
14) 金尚寶，「宮中飲食」，ソウル：修学社，2004．
15) 鄭大聲（Jeong, Dae-seong）編訳，「朝鮮の料理書」，東洋文庫416，平凡社，1982：26-27．
16) 石毛直道・ケネス・ラドル，「魚醤とナレズシの研究——モンスーン・アジアの食事文化」，岩波書店，1990：119，121．
17) 林 史樹，「外来食の「現地化」過程——韓国における中華料理」，「アジア遊学」2005；77：56-69．
18) Yang, Young-Kyun, "Jajangmyeon and junggukjip: The changing position and meaning of Chinese food and Chinese restaurants in Korean society." *Korea Journal* 2005；45（2）：60-88．
19) リッツア，ジョージ（Ritzer, George），「マクドナルド化した社会——果てしなき合理化のゆくえ」21世紀新版（正岡寛司訳），早稲田大学出版部，2008．
20) Wilk, Richard ed., *Fast Food/Slow Food: The Cultural Economy of the Global Food System*. Lanham, Altamira Press, 2008．
21) 島村菜津，「スローフードな人生！イタリアの食卓から始まる」，新潮社，2000．
22) シュローサー，エリック（Schlosser, Eric），「ファーストフードが世界を食いつくす」（楡井浩一訳），草思社，2001．
23) ローベンハイム，ピーター（Lovenheim, Peter），「私の牛がハンバーガーになるまで——牛肉と食文化をめぐる，ある真実の物語」（石井礼子訳），日本教文社，2004．
24) ポーラン，マイケル（Pollan, Michael），「雑食動物のジレンマ」上下巻（ラッセル秀子訳），東洋経済新報社，2009．
25) 赤嶺 淳・森山奈美編，島に生きる——聞き書き 能登島大橋架橋のまえとあと，「グローバ

ル社会を歩く②」，グローバル社会を歩く研究会，2012；106-132.
26) Mintz, Sidney, Food at moderate speed. Wilk, Richard ed. *Fast Food/Slow Food: The Cultural Economy of the Global Food System*. Lanham: Altamira Press, 2006; 3-11.
27) 赤嶺　淳，「ナマコを歩く——現場から考える生物多様性と文化多様性」，新泉社，2010.
28) 赤嶺　淳，ともにかかわる地域おこしと資源管理——能登なまこ供養祭に託す夢，「グローバル社会を歩く——かかわりの人間文化学」（赤嶺淳編），新泉社，2013；20-71.
29) 木村春子監修，「乾貨の中国料理」，柴田書店，2001；4, 10.
30) パク，サンミー（Park Sang-mi, 朴尚美），ソウルのマクドナルド——食べ物の選択とアイデンティティとナショナリズム，「マクドナルドはグローバルか——東アジアのファーストフード」（ジェームズ・ワトソン（James Watson）編，前川啓治，竹内惠行，岡部曜子訳），新曜社，2003；176-204.

# 2章 流通と消費

――廣田将仁

## §1. ナマコ流通の基本的なかたち

　かつて江戸期にもっとも大切な輸出品目の1つであったナマコは，1世紀以上を経た現在，全国で浜の単価を急上昇させながら復活した．それからもう10年あまりが経とうとしているが，その間，加工形態は乾燥よりも塩蔵ボイルが増え，価格の高騰があり，資源や乱獲への心配があるなど，決して平たんな道のりではなかったように思う[1]．しかし，なぜ"平たんではない道のり"ではなかったのか，それを流通と消費という観点からから振り返ってみる必要がある．

　前章でも語られたように，ナマコの流通と消費はファーストフードのようにより多く，より早く消費しようという方向に向かっている．これは江戸期のナマコの流通・消費と，今日のそれとの大きな違いである．むろん，より早く，より多くの人に利用してもらうということはビジネスとしても，また社会的にもよいことである．しかし，天然資源であるナマコを，海の恵みとして孫子の代まで利用できるようにしたいと考え努力することは，成熟した社会にとって必要な見識である[2]．このようなトレードオフ（一方が進めば他方が犠牲になること）の関係において，より多く，より早くという消費と流通だけの正当性が優先されれば，ナマコを生業とする"道のり"も平たんなものではなくなるだろう．

　この10年を振り返れば，ナマコの流通と消費は，ややもすれば行き過ぎてしまうようにも見える．本章では，ナマコの資源をより有用に利用するためにはどのようにすればよいかというこの本のテーマを考えるうえで，自制の意味も含めて，流通と消費のこれまでの事情を見ていくことにしたい．

## §2. 2つのナマコ流通・消費のビジネスモデル（本乾と塩蔵ボイル）

### 2-1 伝統的な乾燥ナマコの流通

　まず，伝統的な乾燥ナマコについて見てみたい．われわれは生原料からそのまま造られた乾燥ナマコを本乾と呼ぶ．中国では歴史的に刺（疣）が高く列が多いものがよりよいとされ，とくに北海道産のものは今でも世界最高のものと評価される．なお，一般的には日本の亜寒帯域すなわち東北以北で産出されるものを関東ナマコ，中部以西のものを関西ナマコと呼ぶ．江戸期に俵物三品の1つに数えられた乾燥ナマコは，当時，各地で製造されていた記録があり，北海道や青森県においては1970年代頃に至っても細々と製造されていたという．これらの製造は1980年代頃には一旦途絶えたが，1990年代に入り復刻された．はじめのころは主に台湾を経由して輸出されたが，香港返還や台湾海峡危機を経て，今日では直接，香港へ輸出されるようになった．

　香港は世界の本乾ナマコの集散拠点である．世界中から香港に集まる本乾ナマコは，ここからさらに世界中に広がっていく．その香港の南北行というところには乾物商が集積する一角があり，世界の乾燥ナマコの評価や価格，そして信用などナマコのビジネスにとって重要なことの多くがここで決まる．ここから陸路で広州市を経由して，中国の全土に流通していく．これが伝統的な本乾ナマコ流通の大きな流れの1つである[3]．

　その本乾ナマコは，どのようなものがよりよい品質なのだろうか．よく言われるのは，疣（刺）が立っているものがよいとか，黒いものがよいといった抽象的な表現である．色といってもかつては漆黒が好まれヨモギの葉を入れた釜で煮たなどの話もあるが，最近ではブラウン系が好まれるなど，評価の基準も移ろいやすいようである．そこで，実際に日常で調理する中国の料理人によい製品とは何かについて聞いてみた（表2・1）．

　彼によれば，もっとも評価の高いものは遼寧省産，次いで関東ナマコ（北海道，陸奥湾産），関西ナマコ（日本のその他の地域）がよいものだという[4]．しかし，すこしややこしい話だが，遼寧省産とは実は北海道産をさし，関東ナマコとは遼寧省の養殖ものを指す．また，よりよいナマコの評価の基準には，外側から見た

表 2・1　乾燥ナマコ製品の評価基準

| 評価順位 | 通　称 | 想定している産地 | 評価基準の順位 | 身の状態の判断 |
|---|---|---|---|---|
| No1 | 遼産乾燥ナマコ | 大連市とその近郊 | 6列疣数→身の状態 | 硬さ→戻り率※（3倍程度） |
| No2 | 関東ナマコ | 北海道, 青森 | 4列疣数→身の状態 | 硬さ→戻り率（3倍程度） |
| No3 | 関西ナマコ | その他の日本地域 | 疣は評価外. 戻りも悪い | 言及なし（2倍程度） |

※戻り率は, 疣立ち（列数, 高さ）に捕捉的な基準として使用している. 夏期のものは身が薄いとして価格差に反映.
※料理店で利用する場合も, 家庭での利用も 12～15 cm に戻されるものがよい。製品時の長さも評価基準.

図 2・1　調理人への聞き取り調査

図 2・2　調理前の長さ（約 4 cm）

図 2・3　乾燥ナマコの調理例

評価として疣（刺）の列の数を見て, 次に内側の身質評価として固さを見るという. その評価の順番は, ①疣（刺）の列数が 6 列のもの, ②硬いもの, ③ 4 列のもの, となる. 身の硬さは, 調理した時の戻り率のよさに関係し, 疣（刺）の列数は北海道産のものと養殖物を判別するものと考えているようである. また, 乾燥ナマコはステイタスの高い贈答品であることから, 贈られるときに疣（刺）がどれだけシャープかという "格好よさ" は大切であり, 調理されたあとの見栄えもあって疣（刺）の高さも重要な評価になる. これらは大切な文化である.

一方，見た目の"格好"に次いで重要とされた"硬さ"は調理する側の実用性に伴うものである．硬さを左右するのは乾燥度（乾度）であり，しっかりと水分量を減らし硬く仕上げたものがよりよい．なぜなら，硬ければ硬いほど調理した時に大きく膨む（戻る）ため，料理店としては利益を出しやすい．つまり使用者にとっては，格好だけではなく実用性を見極めることはとても大切であり戻り率が重要となる．これらの評価の基準は，聞く相手により多少異なることもあると思うが，大筋では一致する．本乾の流通と消費では，伝統的なナマコの消費と流通のかたちが今でも息づいている．

### 2-2　新しい塩蔵ボイルの流通

　次に，近年，急速に成長した新しいかたちの流通について見てみたい．伝統食品としての本乾ナマコの流通は文化的な価値とともに脈々と受け継がれてきたものであるが，その反面，新たなビジネスにより利益を上げようとするものにとっては大きな制約がある．その制約とは，本乾の流通と消費は投下した資金の回収が長期にわたってしまうということである．成長するビジネス環境では，しばしば利益率よりも資金の投下と回収，回転のスピードアップが大切になる．これを実現していくために行われることは明確である．すなわち，①養殖を確立（大量生産），②半製品の開発（汎用・利便性向上），③ファーストフード化（高回転商品化）することであり，これらはお金をより早く回そうとするためのスピードアップ三要素である（表2・2）．ここでは，文化や信用などの悠長なはなしではなく，量と速さこそ大切であるという考え方になる．

　その，量と速さを実現するために生産に求められる①養殖の確立について．近年，ナマコの需要が大きくなるにしたがって中国では盛んに養殖行われるようになり，今ではその生産量は5万トンを優に上回るという[5]．2006年まで記録されていた統計によれば日本の年間の漁獲量が約1万トン弱ということであり，これに比べれば大変な規模の生産力である．中国におけるナマコ生産は，築堤式と地撒き式による養殖であり（図2・4），2000年代に入ってから急激に生産量を増大させているという．このように大量生産されたナマコを短期間にすばやく処理するためには何が必要になるだろうか．それは半製品の開発，つまり塩蔵ボイルである．

表2・2　大量生産，高回転のための流通と消費の対応

| 方　向 | 製　品 | 回転の速さ |  |
|---|---|---|---|
| 半製品開発 | 塩蔵ナマコ | 〈3日〉<br>乾燥は30日<br>10倍の速さ |  |
| ファースト<br>フード化 | 即食ナマコ | 〈一瞬〉<br>乾燥は5日 |  |
| 完全養殖 | 種苗—養殖 | 〈1.5年〉<br>天然は3年<br>2倍の速さ |  |

　この塩蔵ボイル加工は②半製品である．半製品である塩蔵ボイルは短い時間で大量に生産することができ，かつ保存・貯蔵性もある．また，様々な用途に再加工できるため多様な最終製品をつくりやすく大量消費を促すためのマーケティングに利用しやすい．とくに，前章で紹介されたようなレトルト製品や塩漬（イエンチー）などの即食系ナマコ食品は，このような塩蔵ボイル半製品の登場により大量生産が可能になったし，同じく半干や塩干などの製品もより早く消費するというファーストフード化の流れに沿って登場してきたものである．このような半製品は大量消費を促していくための道具であり，より早く消費させる市場は，生産現場にさらなる生産（供給）の増大を促すことになる．つまり，養殖生産－半製品－消費は，大量生産と大量消費，資本回転と回収のスピードを上げるための装置として1本の紐でつながっているのである．

　図2・5は養殖から商品・消費までのフロー図である．この図にあるように中

ナマコ養殖漁場面積　　現在66,700ha(公表値より推計)

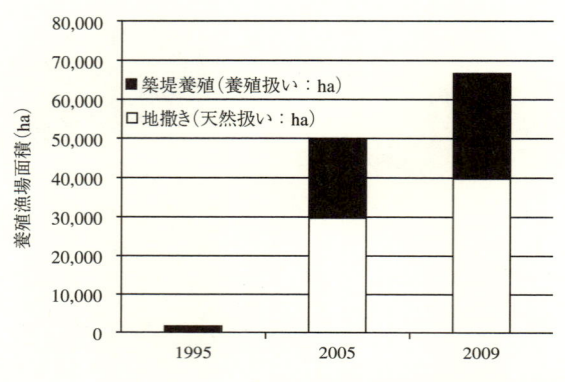

■ 築堤養殖(養殖扱い：ha)
□ 地撒き(天然扱い：ha)

大連市漁業振興局(1995, 2005は耿瑞)

大連市(長海県含)のナマコ養殖漁場面積

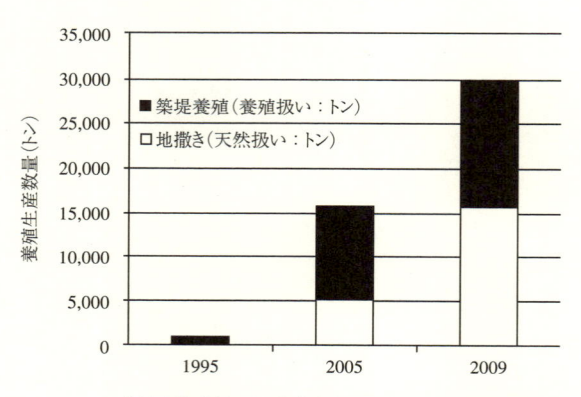

■ 築堤養殖(養殖扱い：トン)
□ 地撒き(天然扱い：トン)

大連市漁業振興局,大連水産学院(1995, 2005は耿瑞)より

同　養殖種類別生産量(推定)

築堤養殖　地撒き養殖　ナマコ養殖量(推定)
2009年　築堤養殖　14,400トン　地撒き養殖　15,600トンと推定

図2・4　大連市（長海県含む）のナマコ養殖漁場面積と種類別生産量

2章　流通と消費　33

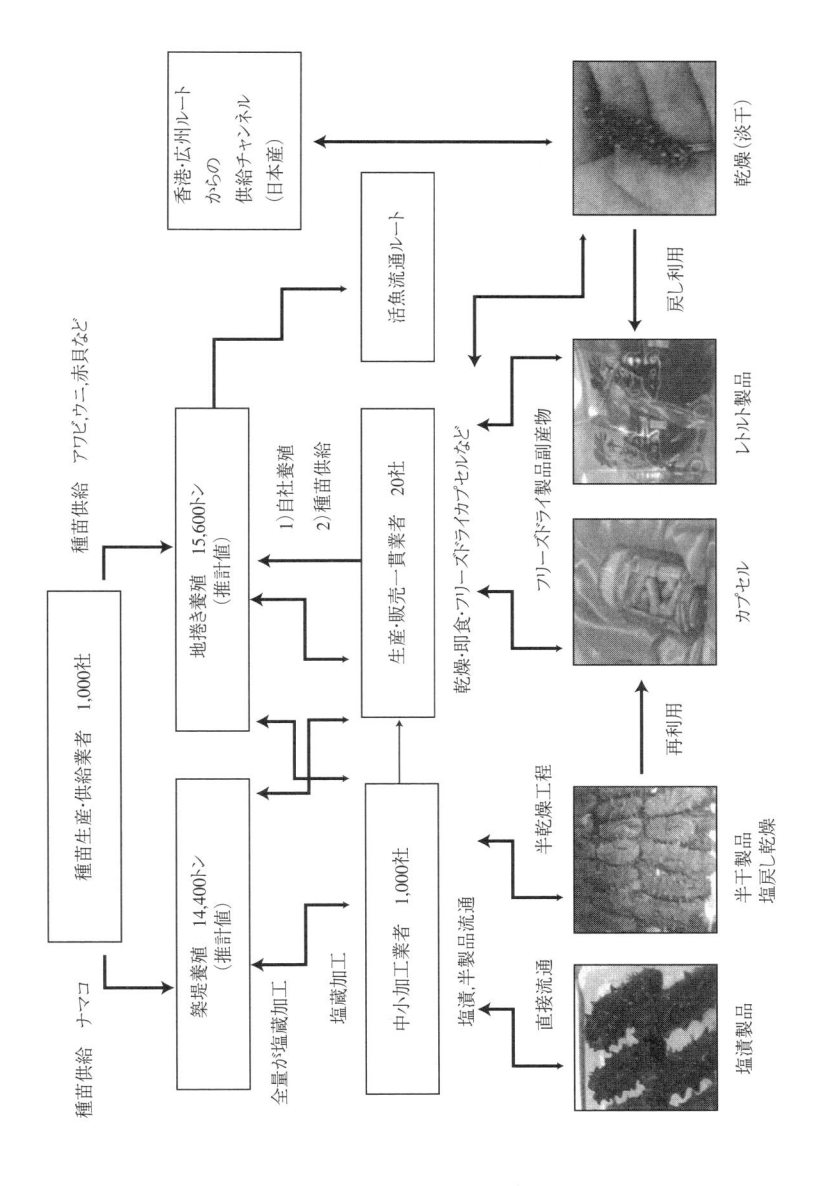

図2-5　中国東北部におけるマナマコの流通・加工フローおよび消費・再利用形態の概略

国には大量の養殖生産を支える種苗生産サプライヤーが数多く存在し、現地の関係者の話によると、採苗からわずか1年以内に80 mmまで成長させる技術が確立しているという。また、大量生産される原料のすべてはすばやく塩蔵ボイルされるが、乾燥加工が40日以上かかるのに対し、塩蔵加工はわずか1両日あれば十分であるという。さらに、調理の手間と時間を必要としないファーストフード化が進めば、伝統的な本乾の商売に比べて在庫の回転も格段に速くなるのは疑う余地もない。大量生産と半製品、ファーストフード化という新しいナマコビジネスには、生産・加工・消費のスピードを上げるための資本の高速回転モデルがインプットされていることを忘れてはならない。

その意味で、この新しい流通は俵物時代の伝統的な流通とは全く異なる。日本でナマコ生産に関係する者にとって考えなくてはならないのは、天然資源である日本産ナマコが、このような高回転・大量消費ビジネスモデルにそのまま組み込まれることはよいことなのかどうかということである。中国におけるナマコビジネスは、潤沢に余剰化した中国マネーの投資・投機先としての位置づけがあるとも言われている。それゆえ、資金の高速の回転が必要となるし、養殖も塩蔵ボイルもレトルト製品も資本の速やかな回収のための手段である。日本でも塩蔵ボイルが主流となっているが、高回転ビジネスモデルの一端を担うことは今後も可能だろうか、われわれにも将来に向けた判断が必要になる。

## §3. ナマコ市場・流通のかたち

中国におけるナマコ消費市場を3つのカテゴリに分けてみた。市場①：日本産を頂点とした本乾製品、市場②：塩蔵ボイルとその塩戻し乾燥製品、市場③：即食などのファーストフードカテゴリ製品である。一方、これまでのナマコ流通の経路を整理すると3つのルートに分けられる。流通①：日本⇒香港、香港⇒広州を起点とした中国国内分配ルートに代表される伝統的な乾製品ルート、流通②：日本⇒中国本土に流れる塩蔵ボイルの新しい流入ルート、流通③：遼寧・山東省産の養殖流通ルートの3つに分けることができる。この市場カテゴリ（①～③）と流通ルート（①～③）の整理に沿って、日本からの流通と消費の全体像を少し詳しく見てみたい。

表 2・3 日本産本乾製品の加工経費と中国市場での流通マージン

| 国内での加工経費指標（参考） ||||中国での流通マージン（参考）|||
|---|---|---|---|---|---|---|
| 歩留まり | 主原料比率 | 加工費率 | 流通経費率 | 香港－本土問屋マージン率 | 本土問屋→小売マージン率 | 小売販売マージン |
| 3～4％ | 約90％ | 約2.5％ | 約2.5％ | 約10～20％ | 約10～20％ | 60～100％ |

各調査および内部資料などのデータを参考

### 3-1　日本産本乾製品の市場・流通（伝統的流通）

　市場①流通①は，既述のように香港を流通拠点とし広州から中国全土に流通するルートである．本乾ナマコの伝統的な流通は，漁業者や漁協，産地加工業者が加工し，神戸や北海道，大阪に所在する代理人を介在して，香港にある乾物商群を頂点にしたネットワークを通じ世界中に流通していく[3]．表 2・3 にこのルートにおける加工コストの配分と香港－中国市場内での流通マージンを参考として記載した．

　本乾を扱う伝統的な流通では，主原料比率が90％超と高い水準にあり，また加工の際に専業性が高いことに特徴がある．加工費と流通経費は，製品単価が非常に高い水準にあることから約2.5％程度の水準にあり相対的に低い．また，中国国内での流通マージンは，問屋間，問屋－小売間で10～20％程度で安定しており，物流費や在庫コストが低い．しかし，小売マージンは店舗在庫の期間が長いため，もともと非常に高い比率となっており，実際に販売するときの値引き幅は大きい．季節や好・不況に沿って買い手が多いときは大きな利益を得て，消費が鈍れば大きく値引きするなど店舗在庫の調整のためにマージンを大きくとるという仕組みである．

　本乾の流通と市場・消費を見ると，実際の消費動向やその競争が価格形成に影響するというよりも，需要がなお成長していることからあまり競争性はない．価格の形成や指標を考えるときは競争の結果というよりは香港の「信用力」に基づいた価格を指標とするようである．

### 3-2　日本産塩蔵ボイルの市場・流通（新しい流通）

　市場②流通②にあたる塩蔵ボイルについては，かつては，瀬戸内海産（山口県・広島県）が主流であったが，2004年頃から陸奥湾産，2008年から北海道

表2・4　塩蔵ボイルの加工経費と歩留まり操作および塩戻し乾燥率

| 国内での加工経費指標（参考） ||||| 半製品市場 | 再乾燥市場 | 製品価格指標 |
|---|---|---|---|---|---|---|---|
| 歩留まり | 主原料比率 | 加工費率 | | 流通経費率 | 重量水増し | 塩蔵→乾燥 | 対本乾価格 |
| 13～20% | 70～90% | 150～200円/kg（生換算） | | 約4% | 約11～15% | 約5～7% | 約80～90% |

各調査および内部資料などのデータを参考

産からも流通するようになった[6]．ここでは，九州・山口→山東省・威海のルートを通るとされる（あるいは香港）．塩蔵ボイルは，主に産地の水産加工業者によって加工され，下関などの商社を経由して中国本土と香港に輸出されるとされる[7]．

塩蔵ボイルは輸出後，大半は塩戻し乾燥品として再加工される．これをわれわれは塩戻し乾燥と呼び本乾と区別している．また，その半製品である塩蔵ボイルの取引では，ある流通過程で砂糖などを含ませ重量の水増しを行って不正に操作が行われることもあるという．表2・4に塩蔵ボイルの加工コスト配分と中国国内でのその歩留まり操作および塩蔵から乾燥製品へ戻す際の塩戻し乾燥製品の歩留まりをそれぞれ参考として示した．

これによると，産地加工における生原料からの重量歩留まりは13%から20%と広く，産地段階でもあらかじめ価格操作の幅を広く設定（水増し率）していることがうかがえる．加えて産地加工や半製品の取引においては，砂糖を加えるなど，11%から15%程度の重量歩留まりの操作が可能で，塩戻し乾燥の工程でも重量歩留まりを生原料換算で約5%から7%（戻し率）の幅で操作し，原価操作を行うこともできる．

そもそも最終消費者が判断するには"形状"に応じた規格しかなく，硬度などの"質"を指標とした評価基準がなかったため，重量による操作は流通にとって都合のよいものだった．そのことから消費者の求める価格に応じて塩戻し乾燥度の操作−添加物重量操作−日本の産地での歩留り操作など重量にかかわる操作を行い，流通段階の各工程を遡りながら原価調整を行い価格に合わせるようになったようである．多段階の流通のそれぞれの工程で歩留まり操作などの"質"的な操作を行い，市場価格に合わせた製品を供給する仕組みである．よって流通を効率化したり，製造コストを下げる努力を行い価格競争するという，普通，われわれが想像する流通の感覚とは少し感覚が異なるように思う．中国ビジネ

スに精通する商社マンのことばを借りれば,「中国では顧客の求めに応じて流通の中で調整し,これに応じた価格をつくる．価格や効率化をすすめて競争下で新市場を奪取しようとする文化はない」ということであり,歩留まり操作は文化であり,必ずしも"悪"であるとも断じられないかもしれない．

このように価格形成が競争的ではない場合,消費者にとっても,流通業者にとっても基準や参考となる価格は必要であろう．そこで香港での相場が,中国全体の製品相場の基準となる役割を担っているようである．このような状況は,中国やアジア特有の仕組みかどうかはわからないが,これが実態のようである．

### 3-3 ファーストフードの流通（中国のビジネスモデル）

市場③流通③にあたる中国産の養殖を元にしたビジネスモデルは,種苗生産－養殖－加工－販売の各過程で分業しているが,小売・販売については,われわれが一貫企業と呼ぶ種苗生産から販売を網羅した統合型の企業に集約されるところが大きい[1]．

養殖生産は,秋に大量の水揚げがあるため,小売販売段階では速い在庫回転が可能となる即食系の商品の流通と消費が望ましく,製品は2004年頃以降,中国東北部の都市圏（特に大連市）で急速に普及した．この中核を担い先導的な役割を担うのは一貫企業群である．しかし,このファーストフードのビジネスモデルでは,とにかく速い在庫回転が大切で,その結果,小売市場において価格競争に移行しやすい．そこでは,塩蔵ボイル加工から小売販売も含めたマージン率は現状で約18％水準にまで低下せざるを得ない（図2・6）．

このような即食系の製品に関しては,製品の姿1個当たりの単価が調理段階で戻したときに乾燥製品と比較して割高であること,またナマコが高価なものであり伝統的な食文化に基づいたものであることから,実際にはファーストフード的な製品の消費は必ずしも右肩上がりというわけではないという．この結果,製品価格が頭打ちになり,原料価格のみが上昇していけば,利益率はさらに縮減し,試算上では生原料価格3,700円/kg水準にまでなればファーストフード加工では利益率は0％になる（図2・6）．2009年段階で中国養殖ものの相場はこの水準にあり,現在ではもはや利益は出ていないのかもしれない

即食系商品はこれまで人気を集めたが,原料相場が上がり続ければ,今後は

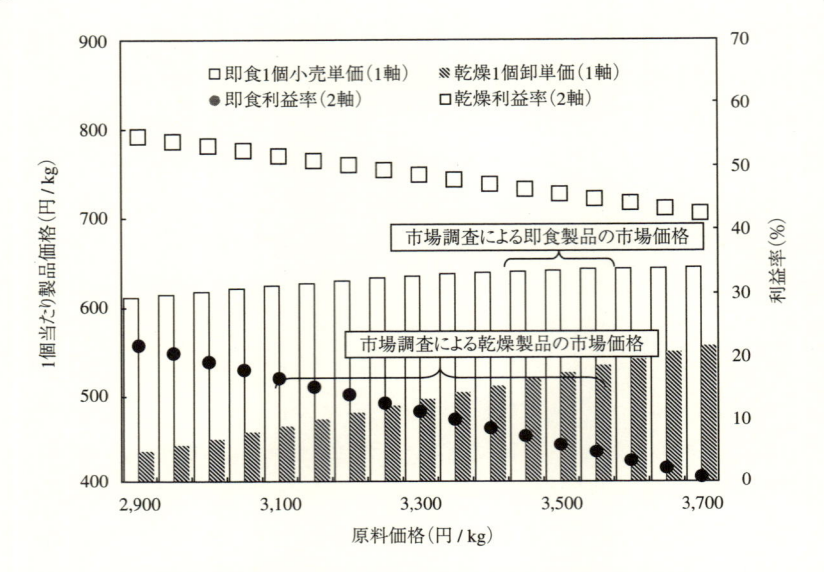

図2·6 原料価格別の1個当たり製品価格および利益率の比較（即食：乾燥）

利益を得ることが難しくなるはずである．そのような事情から，中国の養殖による即食系のファーストフード製品が競争的な価格形成の性質をもっているといっても，本乾による伝統的な流通経路をとる限り直接的には日本産の価格形成には連動しにくい．または生産される数量は大きいものでありながらも本乾製品の価格には影響しにくいという見方もある．

## §4. 日本産ナマコ産地価格の価格形成－考察・検証－

この10年を振り返れば，急速に上昇したナマコ原料価格は果たして妥当なのかどうかということが，大きな関心であった．ここでは，加工製品の原価構成と価格について試算を行った．この試算に基づいてナマコ加工製品の利益構造と，原料価格と製品価格の関係について考えてみたい．

### 4-1 分析を行うためのデータの問題
注目を集めるナマコ流通ではあるが，統計データの少なさ，曖昧さは避けて

は通れない．日本からの乾燥ナマコ製品の輸出量と輸出金額は，財務省貿易統計において2004年から掲載されている．しかし，いまや輸出製品の多くを占めるといわれる塩蔵ボイルの統計項目はなく，日本から一体どれくらい輸出されているか正確な数字は掴みにくいという．さらに中国の統計資料もまた曖昧であることから，聞き取り調査や論文に掲載されるデータで補足しなければならない．日本国内のナマコ漁業生産量もまた2006年までのデータしかなく流通にかかわる統計はない．各県の属地統計や漁協データもまた非公表であることが多く，ナマコ類は現時点において，特に統計データの得にくい魚種の1つである．

**経営等指標**：加工製造に関わる歩留まり指標や原価試算にかかわる数値指標は，公表数値として関係団体講演録や各漁協業務報告書記載のものがいくつか存在する．しかし，事例によって異なる細かな情報は聞き取り調査に依存せざるを得ない．原価計算などの試算を行う場合は，これに加えて公表・出版物[8-9]に記載の経営指標や原価指標を随時，使用することになる．一方，中国側の数値指標もまた，聞き取り調査などから企業内部情報を得ることになるが公表値ではないということで，試算などの作業を伴う場合は平均値などを使用することになる．

**市場情報**：ナマコ製品の最終消費地である中国および香港における市場や経営に関わる統計データは得られないことから，ここで用いたデータは香港，広州，大連，瀋陽，ハルピン，青島，上海における製造業者からの聞き取り，各都市における店頭価格調査によるものである．調査は，香港，広州において2007年6月と2010年1月，大連において2008年11月と2009年7月並びに2009年12月，瀋陽，ハルピン，青島，上海に2009年12月にそれぞれ行った．ナマコ製品は旧正月・冬季に消費が拡大する商材であることから，大消費地である香港，広州，大連では繁忙期の11〜1月と閑散期である6〜7月の両期の製品価格データを使用することにした．また，大連を始めとする遼寧省地域において養殖施設を視察し，飼育期間や成長速度，種苗および養殖生産物価格の価格に関する聞き取りデータを得ることができた．

### 4-2 本乾製品の原価構成

この部分は，拙稿「ナマコ流通の動態と供給体制の対応に関する考察」の原

価計算部分の記述を転載することとしたい[7].

本乾製品の乾燥重量歩留まりは，北海道や青森の場合，4％から3.5％程度の幅にある．仮に1 kgの本乾製品を製造する場合，重量歩留まり率を中間値である3.75％（平均歩留まり率）とすると，26.7 kgの生原料が必要になる（原料換算値）．つまり，浜単価（原料単価：①）が3,000円/kgであれば主原料だけで80,000円を要することとなる（主原料経費額）．製造原価調査の結果，専業加工である場合，主原材料費の比率は約90～95％程度であることから，その中間値92.5％（主原材料比率）として試算すれば，製品原価は86,486円となる．加えて，製造業利益率を4.1％（製造利益率）として設定（青森県中小企業の経営指標と財務指標 平成15年度調査[8]），調査から得られたCIF流通経費率約2％（流通経費率）をそれぞれ加算すると，本乾製品の価格は，CIF 91,833円/kgと試算される．

**本乾製品価格** $= 1/0.0375 \times ① \times (1/0.925) \times 1.041 \times 1.02$

以上の場合，本乾ナマコ製品の原価は乾燥重量歩留まり率の設定によって大きく異なってくる．重量歩留まり率の高い（悪い）製品の増大は硬度や調整の際の戻し率評価において信用を損ねる契機になりやすい．

### 4-3 塩蔵ボイルの原価構成

塩蔵ボイルの仕上がり重量歩留まりは，約15～20％程度の幅があるとされる．同じく1 kgの塩蔵ボイルを製造する場合，重量歩留まり率を中間値である17.5％（平均歩留まり率）とすると，重量換算で5.71 kgの生原料が必要になる．上のように原料単価が仮に3,000円/kgとすれば，主原料価格は5.71×3,000円で17,130円になる．前出の経営指標と財務指標調査によれば水産加工業（経営健全）の原価に占める主原材料比率73.7％（主原材料比率）を採用すると，塩蔵加工製品の製品原価は，23,260円/kgと試算される．調査から製造利益は200円程度/（生原料kg当たり）とされることから5.71 kgを乗じた1,142円．調査から得られたCIF流通経費率約4.5％（流通経費率）をそれぞれ加算すると，本乾製品の価格は，CIF 25,501円/kgと試算された．

**塩蔵ボイル価格** $= \{1/0.175 \times ① \times (1/0.737) + (5.71 \times 200)\} \times 1.045$

同じく塩蔵ボイルにおいても約15～18％程度の幅の重量歩留まりによって製

品原価は大きく変化する．対面調査では13％との回答もあるが，販売価格に大きく影響しないことから15％以上に設定されると推測した．

### 4-4 輸出後の塩蔵ボイルの原価構成

　日本で製造された塩蔵ボイルは，いかなる形であれ，ほぼ全量が中国に輸出される．輸出される塩蔵ナマコは上記のように国内あるいは国外で製品として取引されるが，この過程で塩抜き後，比重1.6の砂糖などの糖分を再添加し，重量を嵩上げするという処理がとられることがある．調査によると，元の塩蔵ボイル重量から比較して重量ベースで11〜15％の嵩上げになるとの情報を得たことから，最大値である15％と想定すると次のようになる．

**塩蔵再添加嵩上げ価格** ＝ 1／1.13×｛1／0.175× ①×(1／0.737)＋(5.71×200)｝×1.045｝

　砂糖などの再添加による比重操作が行われ，製品1kg当たりの実質価格は約13％程度安くなり利益が生じる．この操作が,塩蔵ボイルの実質的な利益となり，塩蔵ボイルの取引・輸出が長期にわたって成立する根拠となっている．

　次の段階として，塩蔵ボイルはいわゆる塩戻し乾燥製品に再加工される工程に移る．砂糖などの再添加の成立は，塩戻し加工製造業が別途成立していることを証明している．調査によると，塩・砂糖抜き後，重量歩留まり5〜7％程度の幅で乾燥するとされ，本乾製品の3.5〜4％に比較して塩戻し乾燥製品は乾燥度が低い水準で行われている．ここで加工される塩戻し乾燥製品の価格は，塩蔵＋再添加からの再加工であり次のようになる．

**塩戻し乾燥製品価格**＝ 1／(1／1.13(嵩上げ率)×5.71(主原料重量)×0.07(再乾燥歩留7％)×**塩蔵再添加嵩上げ価格**＝｛1／0.175×①×(1／0.737)＋(5.71×200)｝×1.045×(1／1.13)

　再乾燥歩留まりは5〜7％程度の幅で設定されるとするが，上記の計算によると僅か2％の幅で仕上がり価格は大幅に異なり，仮に原料価格が3,000円/kgの場合，本乾製品に比較して5％の戻し歩留まり率でkg当たり999円，7％で26,951円安く仕上がり，再加工段階での操作により大きな利益が生じることとなる（図2・7，2・8）．

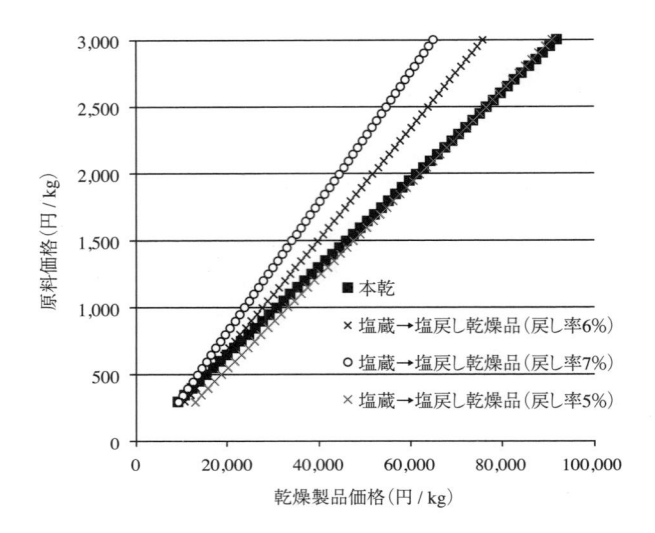

図2・7　製品と原料の価格関係【本乾：塩戻乾燥】

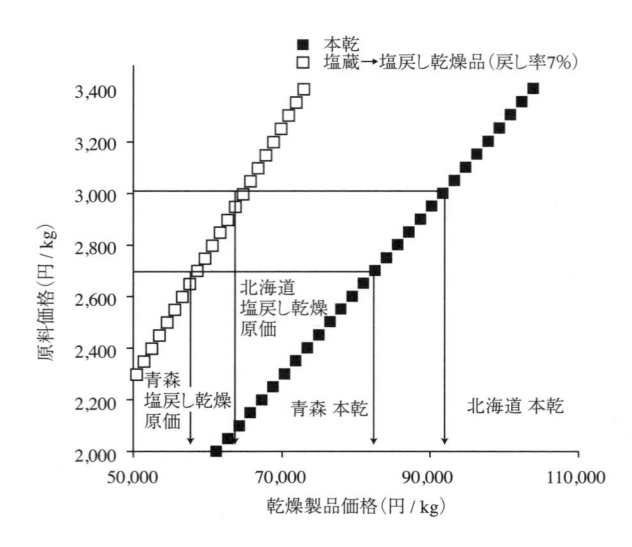

図2・8　上図【拡大】

## 4-5 価格形成のメカニズム―塩蔵の加工の広がりの理由―

乾燥ナマコの輸出が顕著となり価格帯がピークに達しつつあった2005年頃，北海道産本乾ナマコの中心価格は75,000円/kg程度，陸奥湾産本乾ナマコ60,000円/kg，関中産（伊勢湾・東京湾・千葉以北・北陸）39,000円/kg，関西産（山口・広島・愛媛・大分）20,000円/kgであったとされる[7]．この価格を上記の本乾ナマコ製品価格の試算に照合すると北海道での原料相場は2,450円/kgと計算され，当時の実勢の2,500円/kgに符合する．陸奥湾産でも同様である．その2年後，2007年前半期の調査（香港店頭）では，北海道産85,000円/kg，陸奥湾産70,000円/kg水準であり，同じく照合するとそれぞれ原料価格は2,800円，2,250円/kgとなり同じく実勢価格と符合することが確認された．

しかしこの結果では，本乾ナマコの利益水準は4.1％程度の水準のままであり，需要が大きくなり原料単価も高騰する一方，産地の加工段階では利益に変化がないことを示している．本乾加工の利益率の停滞をしり目に，産地ではその多くが歩留まり操作により利益率の高い塩蔵ボイルへと切り替わり，その生産量を増大させながら中国内の塩戻し塩蔵（再加工）製品のビジネスモデルに組み込まれていくプロセスを辿っている．

この塩戻し乾燥製品の登場は，産地の加工にとって十分な利益を得ることができ画期的であった．繰り返しになるが，塩蔵ボイルは，輸出後，塩抜き砂糖添加などが行われ（一次加工），その取引のあと，再び，乾燥の工程（二次加工）されることになるが，仮に再加工時歩留まり7％設定に設定すれば，実に29.4％もの高い利益水準となる．

同時に塩蔵加工では，この条件で試算に従えば，原料価格を3,250円/kgまで引き上げることが可能であり，2,500円/kgが限界となる本乾ナマコ仕向けから原料を奪うことができる．また，中国に渡っても塩戻し乾燥品は本乾よりも安い価格にすることができ，消費者に対しても販売する上で有利になる．このような理由から，2007年頃にはナマコの大半が塩蔵ボイル仕向けられるようになっていった．塩蔵ボイル-塩戻し乾燥ナマコ＞本乾ナマコという構図が定着してしまったのである．

### 4-6 塩蔵ボイルと中国産養殖との関係

とはいえ，塩戻し乾燥製品は出来上がりにばらつきがあり，北海道産と比べれば太さ・高さもシャープな感じを与えない．また，再加工した場合の重量歩留まりが7％程度なので4％以下の本乾よりもわずかに柔らかい感覚が残る．当然，調理時の戻し率（大きさの倍率）も安定しないことが知られるようになり調理人の評価も低くならざるをえない．さらに長期間保存すると表面に白い粉が吹くことになる（図2·9）．中国産養殖の生産が安定してきた中で，日本産の塩蔵ナマコと中国産の養殖は同じように扱われるようになり，中国産相場に影響を受け翻弄されるようになる可能性もある．

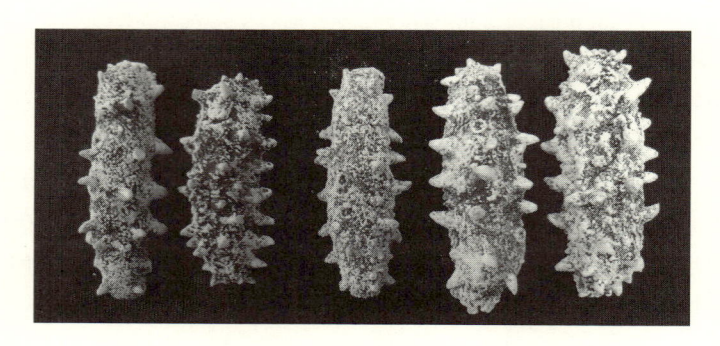

図2·9　購入から3年後の塩戻し乾燥製品（大連）

2007年後半期からの中国産養殖原料による乾燥製品（塩戻し再加工）相場は45,000～50,000円/kg水準（大連卸価格）であり，上記の試算に照らせば原料価格が1,450円～1,600円/kgの水準であった陸奥湾産は中国産の製品価格に一致する．すなわち，日本産の塩蔵ボイルは中国の養殖に伴うビジネスモデルに取り込まれそうになっていることを示している．

## §5. 日本における産地のあるべき姿

### 5-1 資源と文化への危機

2000年代に入ってからの日本のナマコ生産は，塩蔵ボイルへのシフトとともに，伝統的なナマコ流通から大量生産・高回転ビジネスモデルへと足を踏み入

れたことになる．そのことにより全国の産地では，漁業者は高い単価を，加工業者は新たな事業を手に入れてきた．しかし，このようなビジネスモデルの過程では，中国の養殖や世界経済の環境など産地や漁業者では如何ともしがたい事情により，価格も翻弄されやすくなることを身をもって経験してきた．国際情勢により今後も紆余曲折が予想されるが，ナマコの流通は長期的には定着していくものと思う．しかし，産地と漁業者は資源管理や地域経済への貢献についても考えておかなくてはならない[10]．

2013年7月，マナマコをはじめトゲクリイロナマコ，チリメンナマコ，イシナマコ，ハネジナマコ，バイカナマコがIUCNレッドリストに登録された．また，CITES（ワシントン条約）においても依然として規制の対象に置くための議論が止まない．これはナマコ需要の急増に伴う乱獲に警鐘を鳴らすものである[11]．ナマコを取り巻く大量生産・高回転ビジネスモデルは，地域の資源を自然のリズムに合わせてゆっくりと大切に利用するという伝統的な文化のあり方と逆行するというところがある．この反省に立つならば，地域に生活する人の知恵を生かし自然と生活のリズムに合わせて地域の中で利用する，というかつての沿岸漁業の姿を振り返ることも大切である．

### 5-2　自然と生活のリズムに合わせたナマコ流通

「自然と生活のリズムに合わせて利用する」とはどういうものなのか．われわれは自然にある水産物を，保存技術を発達させ生活の中に十分な時間をとってこれを利用してきた．ナマコについても腸（このわた）をとる，茹でる，乾すという作業を何十日にもわたって丁寧に加工してきたし，これによってより品質の高い乾燥ナマコが造られ，格好をよいとする文化も生まれた．そして多くの"時間"を費やす多段階の工程をもつ仕組みは多くの雇用を生み，人々の生活の糧となった．香港の伝統的流通を担う商人もまた，品質と文化を大切にするために生じる"時間"という非経済性を担保するという大切な役割を担い，これを誠実に履行することで文化の守り人であるとともに信用を得てきたのである．

また，"時間"が許容された漁村社会では，漁獲→加工→出荷のサイクルも遅くなるため資源への圧力も緩和される．例えば，高回転を身上とする塩蔵ボイルのビジネスでは，このような非経済性は許されないだろう．そこでは，どれ

だけ短期間に大量の生産物を得てかつ換金できるかということのみが問われる．その結果は，容赦ない資源への圧力を招くことは明白である．現代の高回転・大量生産のナマコビジネスモデルは巨大なバキューム装置であり，このことに警戒しなければならない．

一朝一夕には同意しがたい"時間"という非経済性を生業の中に担保するということ．しかし，成熟した社会のあり方として，伝統的な乾燥ナマコ生産を改めて評価するという考え方，資源へ配慮した漁業のあり方が模索されること，そして生業の中に"時間"が許容される社会もまた大切である．近年，ナマコが脚光を浴びて10年余りが経過した今日，資源に対する懸念も高まる中，ナマコを生業とする関係者が共通してもつことのできる目標は，世界最高水準の乾燥製品をこれからも供給し続けるということかもしれない．自然と生活のリズムに合わせた伝統的なナマコ流通の見直しは，資源，生活，文化にとってとても大切な流通のあり方として見直されてもよい．

## 文　献

1) 廣田将仁，「国際商材ナマコ製品の市場と流通事情」一般財団法人東京水産振興，2012．
2) 牧野光琢，ナマコ漁業の地域特性と管理目的に適合した施策の選択―シミュレーションを用いた考察―．漁業経済研究 2011；55（1）：149-166．
3) 赤嶺淳「ナマコを歩く―現場から考える生物多様性と文化多様性―」新泉社，2010．
4) 廣田将仁，小課題1-1 国際ナマコ市場の把握と国内生産体制の検討，新たな農林水産政策を推進する実用技術開発事業「乾燥ナマコ輸出のための計画的生産技術の開発　平成21年度最終報告書（最終年度），独立行政法人水産総合研究センター北海道区水産研究所，2010；113-123．
5) 耿瑞，佐野雅昭，久賀みず保，中国ナマコ加工産業の発展と企業行動，地域漁業研究 2009；49（2）：1-20．
6) 廣田将仁，沿岸地域商材における輸出拡大の現状―海外需要の増大に要請された陸奥湾産ナマコ供給体制の検討―，漁業経済研究 2008；53（2）：21-42．
7) 廣田将仁，ナマコ流通の動態と供給体制の対応に関する考察，漁業経済研究 2011；55（1）：129-148．
8) 青森県中小企業の経営指標と原価指標，青森県商工労働部，2004．
9) 第12次業種別審査辞典第1巻，一般社団法人金融財政事情研究会，2012．
10) 牧野光琢，廣田将仁，町口裕二，管理ツールボックスを用いた沿岸漁業管理の考察―ナマコ漁業の場合―，黒潮の資源海洋研究 2011；12：25-39．
11) Proceedings of the CITES workshop on the conservation of sea cucumber in the families Holothuriidae and Stichopodidae. NOAA. 2006.

# II部　資源編

## 3章　マナマコの生態

五嶋聖治

　ひところの需要熱と高値からは落ち着いてきたものの，近年の世界的なナマコ需要の高まりは各地のナマコ漁業を強く刺激した．それほどのナマコ漁業が行われていなかった海域でもナマコバブルが起き，世界各地のナマコ資源には乱獲の嵐が吹き荒れた．その状況はわが国のマナマコ資源でも同様である．いったん低いレベルにまで低下したナマコ資源を再生させるには，基本的な生態的知見にもとづいた抜本策が必要である．

　これまでのマナマコに関する研究は西日本に生息するナマコに大きく偏っていた．それはもともと西日本のナマコ漁業が盛んであり，生態研究や栽培漁業の研究開発が進んでいたからで，多くの優れた研究業績が蓄積されてきた．ところが，最近のナマコ需要は北日本，特に北海道産マナマコに対するものが特に強く，非常に高い漁獲圧により資源の枯渇が心配されている．資源の回復や保全のためには，西日本産マナマコとは同種であるといわれながら，生理，形態，生態的に異なる側面をもつ北日本産マナマコに関する基礎的な知見も必要とされる．本章では，最近の研究成果も含めて，必要に応じて西日本産と北日本産マナマコの知見を対比させ，本種の基本的な生態的知見をみることにする．

　本章では，マナマコを中心にナマコ類の生活史，生息地利用，摂食，成長，繁殖などの生態的知見を，多くの既往研究結果と最新の結果をもとに概観する．それらの基礎的情報が，実は日本各地のマナマコ資源の回復，保全という応用分野に必ずや役立つものと期待しつつ先を進める．

## §1. マナマコの分類・学名

　ナマコ類は，ウニ類，ヒトデ類などとともに棘皮動物門に属する．縦走筋，口を中心として放射状に配列している管足，水管の配列など，棘皮動物に特徴的な5放射相称の体構造をもつ．

　マナマコの学名としては，これまで*Apostichopus japonicus*（Selenka）が用いられてきた．ところが，マナマコには体色，特に腹部の色彩に多型が見られることや，生息地特性の違いなどにより，アオ型，クロ型，アカ型（以後，アオ，クロ，アカと呼ぶ）の3つの色型に分けられ，区別して扱われることが多い[1]．それを種の違いと見るか，あるいは同一種内のバリエーションと見るかに関しては様々な意見がある．アカの遺伝的性質が他とは異なり[2]，アオとクロは環境依存的に発現することや[3]，外部形態や骨片の形態の違いにより，アカをアオ・クロとは別種とする考えもある．従来の学名をアカタイプに限定し，アオとクロ型を*Apostichopus armata*とすることも提案されている[4]．アカ型を他の色型とは別種として扱うことは，古くは崔[1]がその必要性を記述し，加えてアカナマコは異なるタイプであるという認識をもっている漁業関係者も少なくないことは事実である．

　ただ，学名の取扱いには慎重になる必要がある．小種名*armata*は過去に北方系のマナマコに提案されたものである[5]．北方系のマナマコの分類学的位置付けについては多くの意見があり，十分には検討されていないことから，再び別種となる可能性も排除されていない．たとえば，疣足が太く大きいことや，同じ体重なら北海道産マナマコの体長が大きいといった形態的特徴は，単なる産地の違いによるものなのか，あるいは異なる亜種に分類されるのかなど，検討されるべき課題が残されている．仮に北方系マナマコが将来的に別種になった場合，小種名*armata*は北方系のマナマコに限定され，*armata*で記載された北方系以外のマナマコの論文の追跡が困難になる恐れがある．そこで現時点では，従来の学名である*Apostichopus japonicus*（Selenka）を用いて体色型と産地を明記する記述スタイルが無難であると考え，本書ではこのような考えに基づき従来の学名を統一的に使用することとする．

## §2. マナマコの生活史

　マナマコの幼生は，海底生活を行う親とは大きく異なり，はじめは海中を漂う浮遊生活を行う．幼生形態は大きく変化し，左右相称の形態から複雑な変態をへて5放射相称形へと変化する（図3・1）．海中に放出された精子と卵（直径 0.15 mm ほど）が受精し，十数時間後には卵膜を破って孵化する．その後，自由遊泳胚（原腸胚）をへて，オーリクラリア幼生へと変態する．受精10日後には 0.8 mm ほどの大きさに成長する．1日後には体長 0.4 mm ほどに縮小し，ビヤ樽型のドリオラリア幼生へと変態する．その後，海底に降りてペンタクチュラ幼生となり，底生生活に移行する．この時期には5本の一次触手をもち，体後部には管足も出現する．そして，受精後2週間ほどして体長 0.3〜0.4 mm ほどの稚ナマコとなる．稚ナマコには二次触手と管足が増え，小さいながらもナマコの形になる．

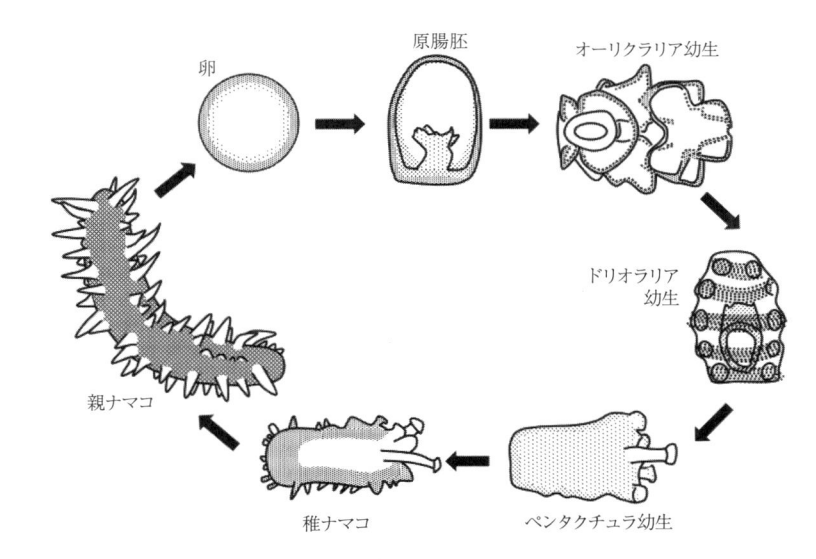

図3・1　マナマコの生活史
　　　　　卵からドリオラリア幼生までは浮遊生活を行い，ペンタクチュラ
　　　　　幼生から底生生活に移行する．（描画：浅見愛）

底生生活に移行した稚ナマコは，堆積物（砂泥）を飲み込み，砂泥中の有機物を消化吸収する堆積物食者として生活する．西日本産マナマコでいえば，年齢にしておおよそ1，2歳，体長にして 13 cm，体重 100 g ほどで成熟し繁殖に参加する[1]．明瞭な年齢形質をもたないマナマコの年齢査定は難しいが，その寿命は 5 年以上，おそらく 10 年ほどは生きると思われる．

## §3. マナマコの分布域と生息地特性

マナマコの地理的な分布域は広く，北は千島，サハリンから，北海道沿岸全域，本州，四国，九州，そして中国渤海湾にまで分布している[1]．体色型で言えば，比率の違いはあるものの 3 タイプとも日本全国に広く分布している．

より小さいスケールでの生息域を見ると，体色型ごとの生息地特性がはっきりしてくる．アカナマコは外洋水の影響が強い岩礁，小石，礫地帯などの岩場に多く，アオナマコは淡水の影響がある内湾的な環境の砂泥底に多く生息している[1]．両タイプの分布状況から類推できるように，アカナマコの低塩分に対する耐性はアオナマコに比べて低いことが実験的に確かめられている[1]．クロナマコはアオナマコの分布と大きく重なるが，細かく見ると，より泥質の強い海底に生息する傾向が見られるようである．アオナマコとクロナマコの遺伝的差異は認められず，おそらく局地的環境要因によってその発現が影響されるという報告[3]からすれば，両タイプの生息地特性がそれほど大きくは違わないということは当然かもしれない．生息水深に関しては，潮間帯から少なくとも水深 40 m ほどまで生息していることが，各地の漁獲状況から推察される．

## §4. マナマコの生息地利用

### 4-1 稚ナマコの生息場所

成長にともなってマナマコの生息地利用がどのように変化するかを概観してみよう．はじめに稚ナマコの分布状況を見る．古くは Mitsukuri[6] がマナマコの幼稚仔は潮間帯の石の下や浅所の海藻・海草の茎などに隠れ棲んでいることを報告している．崔[1] も同様の知見を示し，稚ナマコはかなり限定された環境条

件を示す地域に生息することを報告している．網尾ら[7]は潮間帯の海藻類が繁茂し，マガキや他の付着生物が豊富に存在する環境に稚ナマコが多いことを明らかにした．この知見に加えて，潮位レベルと関連した藻類の存在が特に重要な条件であるという報告もなされている[8]．種は異なるが，熱帯域に生息するハネジナマコ *Holothuria scabra* の幼生は，海草リュウキュウスガモの葉に着底誘引され，やや成長すると周辺の砂底に移り棲むという[9]．これはナマコ幼生の着底基質選択を示す例であり，マナマコ幼生の場合もあるいは基質選択を行っているのかもしれない．

これらの報告はいずれも，マナマコ稚仔は潮間帯から水深 5 m 程度までの浅所に分布していることを示している．その理由として，稚ナマコの付着基質としての潮間帯岩場や海藻草の存在[8]と，岩や海藻草の表面に付着する珪藻類など，稚ナマコの餌が豊富であることなどが考えられる[10,11]．いずれも本州産の稚ナマコの分布状況である．

一方，北海道での稚ナマコの分布に関する知見の集積は遅々として進まなかった．それは北海道の稚ナマコ生息域が本州とは大きく異なることに原因がある．本州と同様に，稚ナマコが潮間帯に見られる場合もあるが，前述した本州産稚ナマコの生息地特性に見られように，海藻類が繁茂した転石帯のような，いかにも稚ナマコが多数生息していることを期待させる地域でも，まったく生息しないか，生息してもごく低密度であることがしばしばある．長い間，北海道での稚ナマコの生息域は謎のままであった．

最近，北海道沿岸域を精力的に探索した山名ら[12]は，本州とは大きく異なる生息パターンを明らかにした．大きな違いとして，稚ナマコの生息水深が潮間帯などの浅海域に限らず，ときには 17，18 m まで達するという水深の深さがあげられる．その要因には北海道の波浪の強さが大きく関係している．本州では稚ナマコは海藻の根元や岩表面に露出して付着していることが多く見られるが，北海道では多くの稚ナマコは転石の下部に隠れ潜むように付着しており，波浪を遮るものがなければ生息場は深くなり，遮るものがあれば本州と同様に浅くなるという．事実，本州同様に水深 1.5 m という浅海域に高密度で稚ナマコが生息している場所は平磯を人工的に掘削して作った溝内であった[13]．当然のことながら掘削溝内では波浪が十分に弱められることになる．ただし，潮通し

(海水交換)の悪い閉鎖的地形では逆に生息数が少なくなる．これらの知見から，マナマコの幼稚仔にとっての良好な生息域とは，波浪に対する静穏性が確保されつつも海水交換が良好に保たれる環境といえる[12]．さらに小スケールでの生息地特性を検討した結果，大きなサイズの転石が，起伏に富んだ礫にはまり込んだ場所に多くの稚ナマコを見いだした．強い波浪は付着力が弱い幼稚仔を流出させたり，底質の移動によって生体へ損傷を与えたり，埋没させたりという害を与えることが考えられる．これらの生息地特性は，マナマコの幼稚仔にとって北海道沿岸の波浪の強さが本州よりも厳しく，生息地の成立に必要な環境条件には本州より多くの制限がかかっていることをうかがわせる[12]．

### 4-2 成長にともなう生息場所の変化

西日本のマナマコの動態を詳細に調べた浜野ら[14]によれば，潮間帯に定着した稚ナマコは，その後2年間を潮間帯や浅所ですごし，着底後2年をへた9月から翌年1月の間に潮下帯へ移動する．その後，成長するにしたがってさらに深所へと移動するという（図3・2）．このような成長にともなう生息深度の移行

幼稚仔の住み場（藻礁，カキ礁，転石帯など）

夏眠場（岩陰など）

成体の住み場（やや深い岩場や転石帯，隣接する砂地など）

図3・2　マナマコの生息地利用パターン
　　　　浅所の藻礁，カキ礁，転石帯に生息する．成長にともなって深みへ移り，岩場や転石帯，あるいは隣接する砂地などを利用する．夏季には岩陰などの暗所に潜り込んで夏眠する．（描画：山名裕介）

については，本州各地のマナマコについて同様の報告が多くあり[1, 10, 15]，本州産マナマコの一般的な生息地利用パターンのように思われる．浜野ら[14]は，これら成長にともなう生息場所の変化と夏眠（詳細は後述）場所の重要性をふまえて，マナマコの増殖には潮間帯，その下部に隣接する成育場，そして潮下帯の夏眠場所の3点を整備する必要を強調している．マナマコの生活史と生態に関する知見に基づいた，理にかなった指摘である．

　一方，北日本のマナマコの生息地利用はもう少し複雑な様相を見せる．西日本産マナマコ同様に，小型個体が浅海の転石帯に分布し，成長にともなってより深い生息場に移行する例[15]がある一方，宗谷海域のように稚ナマコの生息が5 m以深に限られ成体の分布と大きく重複している例もある．オホーツク海沿岸に位置する常呂の水深17，18 m付近に見いだされた稚ナマコ[12]も，宗谷海域同様に，成体との生息地と大きく重複していることが推測される．北海道南部の臼尻で，潜水によって各水深帯でのマナマコの分布を調べた柏尾ら（未発表データ）は，小型ナマコは浅所とやや深い水深帯に多いことを見いだし，ナマコ幼生の着底が浅所のみならずやや深い水深帯にも起こることを示唆している．同時に，水深が深くなるにつれ平均体サイズが大きくなる傾向にあることも見いだした．つまり，浅所に定着したナマコ稚仔が成長とともに深場に移行するという，本州産ナマコと同様の生息地利用パターンも合わせ持っているのかもしれない．前記したように波浪の程度によって稚ナマコの生息地に大きな変異が見られることより，その後の成長にともなう生息地利用パターンも本州とは異なり，波浪状況に応じた地域特異的なパターンを示すことが十分に予想される．

## §5. 摂　食

### 5-1　ナマコ類の摂食法

　ナマコ類には大きく分けて，水中の有機懸濁物を捕まえて口にする懸濁物食と，海底の砂泥を飲み込んで有機物を消化吸収する堆積物食の2つの摂食法が知られている．マナマコは後者になるが，その中でも海底表面の堆積物を食べる表層堆積物食者と呼ばれる．マナマコは口周辺にある20本の触手を絶えず交互に動かして海底の砂泥を飲み込んでいる（図3・3 カラー口絵）．消化管内には常に砂

泥が充満しており，マナマコがはった後には排泄された長い糞（主に砂泥からなる）をよく見かける．彼らの消化管内には砂泥の他に，貝殻片，礫，珪藻類，海藻の破片，原生動物，巻貝，二枚貝の稚仔，コペポーダ，エビ・カニ類の脱皮殻から木の細片など，あらゆるものが含まれており，周囲の砂泥の粒度組成とよく一致した内容物となっている[1, 16]．ゆえに彼らの摂食法は，選ぶことなく摂食する非選択的堆積物食と呼ばれていた．

一方，マナマコの消化管内容物の窒素含量を詳細に調べたTanaka[17]は，口に近い腸管（すなわち摂食直後）に含まれる砂泥の窒素含量が0.11％で，一方，生息地周囲の底質の含量は0.03％であることを見いだした．この差は非選択的堆積物食では説明がつかない．さらに，マナマコと同じシカクナマコ科Stichopodidaeに属する類縁の*Stichopus*属や*Parastichopus*属のナマコでは明らかな摂餌選択を示す例が多く報告されている．たとえば，バクテリアが豊富に付着して栄養価が高い，同種の排泄した糞粒や堆積物集合体を選択的に摂食するとか[18]，堆積物粒径に関しては非選択的であるが，もっとも有機物に富んでいる表層数mmの堆積物のみを選択的に飲み込むとか[19]，選択実験により栄養分の多い堆積物を選択摂食することを確認した例[20, 21]などがあげられる．海底に横たわるシカクナマコ*Stichopus chloronotus*の体の直下の堆積物表層のクロロフィルa量が周辺のそれより高い例すら報告されている[21]．マナマコもおそらくは触手の小さな突起の動きを微細にコントロールすることによって，底質表面の有機物に富んだごく表層を選択的に飲み込んでいる，選択的堆積物食者とみるのが自然だと思われる．これに対して，クロナマコ科Holothuridaeに属するナマコ類では，同様の観察・実験において，選択的摂食を行わず周囲の堆積物を無選択に飲み込んでいるという結果が報告されている[20-22]．触手先端の粒子捕捉力や形態が取り込む粒子サイズや選択性に関係しているのかもしれない[23-25]．

## 5-2 摂食量

マナマコの活動期には，消化管内には常に摂食した砂泥が充満している．一日中，間断なく堆積物を食べつづけ，排泄した分だけ摂食しているといわれている[1]．*Stichopus*属のナマコでも同様の報告がなされている[25]．マナマコの

摂食活動には日周期性は見られないし[26]，活動期（冬期）には昼夜を問わず活発に摂食行動を示すことが観察されている[27]．ということは，飲み込んだ砂泥の消化管内の通過速度がわかれば1日当たりの摂食量を比較的簡単に求めることができる．

消化管内容物の通過速度については，野外から採集してきたナマコが水槽中で排泄する砂泥量（糞量）の時間経過から算出できる．シロナマコ *Paracaudina chilensis* を使って，摂食した堆積物量を最初に測定したのは Yamanouchi[28] であった．彼は野外から採集してきたシロナマコを水槽中に放置し，1時間当たりに排出された砂泥量を測定し，消化管内に充満している砂泥量を割ることによって消化管内の通過速度（1日当たりの回転率）を求めた．消化管内の充満量を回転率で割ることによって1日当たりの摂食量が推定でき，143.5 g と算出された．なんと体重24.8 g のシロナマコが年間に54.6 kg もの砂泥を飲み込む計算になるという（表3·1）．

同様の考え方でマナマコの摂食物の1日当たりの回転率を求めたのはTanaka[17] である．マナマコの消化管内の摂食物の通過速度が，活動期には約30時間であることから，消化管内容物は1日に0.8回入れ替わる（回転率）と

表3·1　ナマコ類が1年間に飲み込む砂泥量（摂食量：乾燥重量 kg/ 個体 / 年）

| 和　名 | 学　名 | 摂食量 | 調査地 | 文　献 |
| --- | --- | --- | --- | --- |
| クロナマコ | *Holothuria atra* | 31.2 kg | パラオ | Yamanouti[27] |
| 〃 | 〃 | 70 kg | マーシャル群島 | Bonham & Held[30] |
| 〃 | 〃 | 24.5 kg | オーストラリア | Uthicke1[20] |
| アカミシキリ | *Holothuria edulis* | 21.5 kg | パラオ | Yamanouti[29] |
| ハネジナマコ | *Holothuria scabra* | 81.8 kg | パラオ | Yamanouti[29] |
| テツイロナマコ | \**Holothuria moebii* | 42 kg | バーミューダ | Crozier[31] |
| ― | *Holothuria floridana* | 30 kg | サモア | Mayor[32] |
| フタスジナマコ | \**Bohadschia bivittata* | 45.4 kg | パラオ | Yamanouti[29] |
| チズナマコ | \**Bohadschia vitiensis* | 26.7 kg | パラオ | Yamanouti[29] |
| タマナマコ | *Stichopus variegatus* | 18.1 kg | パラオ | Yamanouti[29] |
| シカクナマコ | *Stichopus chloronotus* | 21.5 kg | オーストラリア | Uthicke[20] |
| ― | *Stichopus tremulus* | 0.6 kg | ノルウェー | Hauksson[18] |
| マナマコ | \**Apostichopus japonicus* | 3.7 kg | 北海道有珠湾 | Tanaka[17] |
| 〃 | 〃 | 10.2 kg | 愛知 | 崔[1] |
| シロナマコ | \**Paracaudina chilensis* | 54.6 kg | 青森 | Yamanouchi[28] |

\*属名は，本川ら[33] に準拠して原著論文の記載名に変更を加えている．―は和名のない種を示す．

推定した．彼の示した消化管内容物量とこの回転率を用いて算出すると1日当たりの摂食量は体重の3.6%となる．同様に崔[1]はマナマコの消化管内容物が排泄されるのに約21時間かかり，1日当たりの消化管内容物の回転率を1.1回と推定した．この回転率から1日当たりの摂食量を算出すると，摂食活動の活発な秋から春には体重の20%以上の砂泥を飲み込むことになる．一方，夏の高温期には消化管が退縮し（夏眠，詳細は後述），体重の3%未満の摂食率まで低下する．これを個体当たりの年間砂泥摂食量に換算すると，たとえば体重161gと356gの個体ではそれぞれ5.3kgと10.2kgとなる．シロナマコの年間砂泥摂食量には及ばないがかなりの量といえる．両種の砂泥摂食量の違いは，シロナマコの摂食法が中層堆積物を飲み込む中層堆積物食者であり，一方，マナマコは有機物に富む底質表面を摂食する表層堆積物食者という摂食様式の違いによるのだろう．必要な栄養分をまかなうためにシロナマコは有機物含量が相対的に少ない中層堆積物をより多く飲み込む必要があるのだろう．

　マナマコは飲み込んだ堆積物中に含まれる全窒素量の約46%を消化吸収するという[17]．摂食砂泥量中に含まれる窒素量の半分近くを吸収するということは，底質中の有機物の大半を除去することになる．しかも，前述したように有機物が多く含まれる底質を選択的に摂食する．有機ゴミを除去するというナマコ類はその機能から海底のそうじ屋と呼ばれることがある．膨大な年間摂食砂泥量からみてその有機物除去量は大きい．汚染された港湾などにナマコを放して有機物を除去するという考えもあるが，それもナマコ類の生息が可能なほどの清浄な環境が必要なことはいうまでもない．

### 5-3 摂食活動が底質環境に及ぼす影響

　ナマコ類は栄養分を得るために底質の砂泥を飲み込む．消化吸収するのはその数%にすぎないが，飲み込む砂泥量は膨大である．マナマコの摂食する砂泥量はすでに述べたが，他の種でも，乾燥重量換算で個体当たりの摂食量は，少ない種で年間当たり4kgから多い種では80kgを超える砂泥を飲み込む種まで報告されている（表3・1）．ノルウェー沖の深海性の小型ナマコ *Stichopus tremulus* でも年間に0.6kgの砂泥を摂食している[18]．彼らの大量に砂泥を飲み込むという摂食様式は，単に堆積物中の有機物を消化吸収するというだけで

3章　マナマコの生態　57

なく，直接・間接に底質環境や周辺海底に生息する他種に大きな影響を及ぼしている．

　直接的な影響としては，砂泥中に生息する小型生物もいっしょに飲み込むことである．海底の堆積物中には微小な底生動物（メイオベントス）や珪藻類が多数生息しており，それらがナマコ類の摂食によって底質とともに飲み込まれる．消化管内容物には，様々な粒子に付着したバクテリア類[34,35]，砂泥中の珪藻類，線虫類，ソコミジンコ類，多毛類[20]，浮遊性・底生性の有孔虫類[25]，貝類の稚仔や稚ガニ[1]までも含まれている．ナマコ類がこれらを選んで摂食したとは考えにくいが，飲み込まれた微小生物にとっては生死にかかわる大きな問題であり，生息個体数への影響がどれほどであるか関心がもたれる．熱帯性のナマコ類の消化管内容物と周辺底質中の珪藻類とメイオベントス個体数を比較してところ，飲み込まれた珪藻類ではその36％が減少したが，メイオベントスにとってはそれほどの直接的影響はないとの報告もある[20]．珪藻類の増殖率を考えれば，直接的影響はそう大きくはないと思われる．

　間接的影響には底質環境の改変と，その改変を通じた他種への影響が考えられる．堆積物を飲み込んで有機物を消化吸収するという摂食様式から，底質中の微小な粒径を選択的に摂取することによって底質粒径を粗粒化するという物理的影響も考えられる．それはデトリタスなど有機物に富んだ粒子は一般に小さいからである．ただ消化吸収される割合は，多く見積もっても摂食した堆積物量の2％程度なので[18]，粒径組成に与える影響はそう大きくはないと思われる．ただし，シロナマコのように砂泥中に潜行して間断なく摂食する中層堆積物食者は，飲み込んだ中層の堆積物を底質表層に大量に積み上げるので[28]，平坦な海底に細かい凹凸をつくり，上下の粒度組成が異なる場合には底表の粒度組成に変化を引き起こす．海底の物理環境を改変し，生息するベントスなどに大きな影響を与えるこれらの作用は生物撹乱と呼ばれ，周辺の生物群集に様々な影響を及ぼす．

　底表堆積物を大量に飲み込んで大量の糞として排泄するナマコ類の摂食活動が，底質中のバクテリアの活性を高め，バクテリア生産量を30％も高めることが知られている[35]．さらには，堆積物中のバクテリアが少ないとき，ナマコは多くのバクテリアを排泄し，逆に多いときは少ないバクテリアを排泄するという．

ナマコの摂食活動が堆積物中のバクテリア数を安定化させる働きをしている[34]．腸管を通して排泄された糞に含まれる有機物がバクテリア生産の増大に寄与するからである．これがさらに砂泥表層の有機物含量を高め，多くの堆積物食者に利用されることになる．

ナマコ類の摂食活動は堆積物を物理的に撹乱し，底質中に含まれる栄養塩を海中に溶出させる．さらには大量に排泄される糞から出る有機物や体内から排泄される栄養塩と相まって，周辺海域の一次生産量を高めることが知られている．たとえばナマコ類から排泄されるアンモニア塩が直近の底生性の微細藻類に作用して生産量を高めたり[36]，周辺の海草生産量を増加させることが実験的に確かめられている[37]．ゆえに，近年の世界的なナマコ需要増大を受けて高まっている乱獲の危険は，単にナマコ類の個体数を激減させるだけでなく，周辺海域の一次生産量を減少させ，さらには周辺の浅海生態系全体に負の影響を及ぼすことが懸念されている[37]．マナマコに関して，その摂食活動と底生生物との関係についてはほとんどわかっていない．ただその堆積物摂食量の多さからして影響は小さくはないと思われる．今後の解明が待たれる．

## §6. 成　長

### 6-1　ナマコ類の体サイズ測定法

伸び縮みするナマコ類の大きさの測定法は簡単ではない．ナマコの成長を論ずる前に，ナマコ類の体の大きさをどのように測定・表示するかについて定義づける必要がある．多く用いられていた体サイズ測定法には，水中に静置したり[1]，メントールなど薬品で麻酔をかけて弛緩した状態になったところでその体長を測定する方法[38]などがある．逆に刺激を与えて体を収縮させた状態の体サイズを測定する方法もある[39]．体重については，消化管内の砂泥を完全に排泄させた後に，体内の海水を出させ体表の水分をぬぐった後に測定するなどの方法がとられてきた．あるいは崔[1]が採用したような，消化管を含む内蔵全体を切除した後の筋肉部分（殻）の重量のみを測定する方法もある．いずれも手間と時間がかかり，多数の個体を処理するには困難が伴うので，多くは体表の水分をぬぐった状態だけで体重を測定したり，静置した状態で手早く体長を測定

することが多いのが実情であった.

　最近，マナマコの長さと幅を同時に測定することによってどのような伸縮状態のナマコでも簡単に体サイズを算出できる方法が開発された[40, 41]. マナマコの弛緩した状態の体長，すなわち標準体長（$Le$）を求めるために，海中や海水を張った容器内でナマコの長さ（$L$）と幅（$B$）を測定するか，メジャーとともに写真撮影して後に写真上かモニター上で長さと幅を測定するものである．これは体が伸びれば幅が狭くなり，縮めば幅広になるという原理を利用した簡便で優れた方法である．一般式はつぎのように表される．

$$Le = a + b(L \cdot B)^{1/2}$$

　日本各地のマナマコの標準体長と長さと幅の関係は一定ではなく，a，b は地域ごと，あるいはマナマコ体色型ごとに定められた定数であり，算出するための式の係数，定数がすでに公表されている[42]. 産地と体色型に応じて各算出式に代入するだけで標準体長が求まる．体重との関係式なども提案されている．マナマコ以外にも同じような手法は準用できるだろう．ナマコを傷つけることなく手間も時間もかからない簡便な方法ながら，利便性，汎用性に優れており，今後のナマコ類測定法の標準となり得る手法である．

　産地によって一般式の係数・定数が異なるということは，同じマナマコでもその体型が異なることを意味する．具体的には，北方系のマナマコ（アオ）は同じ体重ならば体長が長くほっそりしていることになる．大きな疣足とともに北方系マナマコの形態的特徴である．

### 6-2　成長パターン

　ナマコ類には，魚類や貝類，ウニ類のような硬組織がほとんどなく，個体ごとの年齢を示す形質（年齢形質）がないので，年齢査定法は確立していない．口周辺の硬組織に見られる形質を年齢形質として査定する方法が提案されているが[43]，まだ十分には確立しているとはいえないようである．いきおい，年齢査定には体長組成の多峰型を数学的に分離して，平均的なサイズ群から年齢群を求める手法が用いられる．体長測定法があいまいな上に，年齢査定法も十分には確立していないので，マナマコの成長に関する情報は断片的になってしまうことが多い．

崔[1] は愛知県渥美半島沿岸域での定期的な採集結果と，三重県での採集データにもとづく体重組成の多峰型を分離して，両者をつなぎ合わせてマナマコ（アオ）の成長曲線を作った（図3・4）．それによれば，満1歳で平均体長 5.9 cm，平均全体重 15.5 g，2歳で 13.3 cm，122.4 g，3歳で 17.6 cm，307.1 g，4歳では体長 20.8 cm，体重 472.5 g に成長するという．

人為的に生産されたマナマコの稚仔（人工種苗）を放流し，その後の体サイズ変化を追跡調査することによって成長過程を追うことができる（図3・4）．福岡県豊前沖に大量に放流された平均体長 0.3 mm の稚ナマコは，満1歳で体重 32 g，2歳で 182 g，2歳7カ月で 260 g ほどに成長した[44]．漁獲サイズは体重にして 100 g 以上であるので，早い個体は1歳半ほどで漁獲サイズに達するが，成長の遅れた個体は3年以上かかるだろうと報告されている[44]．一方，北海道サロマ湖内での飼育実験によれば，1歳で体重 1 g，2歳で 20 g，3歳でもわずかに 50 g 程度にしか成長しない[46]．同様に北海道宗谷海域に放流されたマナマコ稚仔もその成長が遅いことが知られている[47]．ここでは漁獲サイズに達するのに4，5年はかかると見積もられる．日本全国に分布するマナマコの成長は地域によって大きく異なるが，北海道などの寒冷地での成長は遅いことがわかる．

マナマコの成長には同一年齢でも大きなバラツキがあることが知られている．

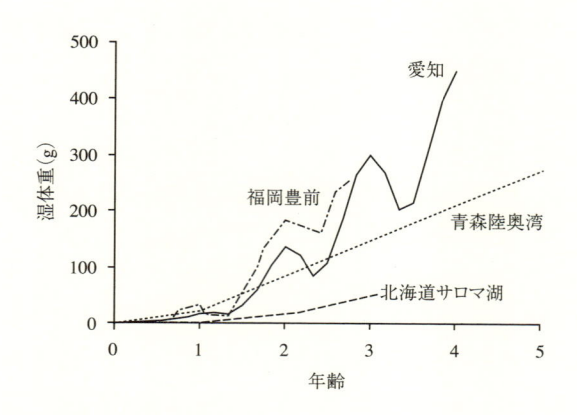

図3・4　日本各地のマナマコの成長
　福岡豊前のデータは瀧口ら[44]から，愛知は崔[1]から，青森陸奥湾は桐原[45]から，そして北海道サロマ湖は五嶋[46]からそれぞれ引用した．

たとえば同一水槽内で飼育された人工種苗のマナマコは，8カ月後には最小個体で8 mm，最大個体で126 mmとなんと16倍もの開きが現れたという[48]．マナマコ種苗の成長のバラツキの原因を探るために詳細な飼育実験を行ったYamana et al.[49]は，一部の個体の飽食と残りの個体の絶食状態による摂餌量の偏りが成長差を生み出していることを突き止めた．

このような現象が野外個体群においても同様に生じているのか，その詳細は不明である．ただし，少なくとも放流された人工種苗の追跡調査においては，その後の成長バラツキが大きい例がいくつか報告されている[44]．潮間帯に生息する野外個体群の稚ナマコの体長組成を解析し，成長を詳細に調べたYamana et al.[50]は，飼育個体ほどの体長のバラツキは生じないことを見いだした．ただし，同じ年級群でも複数の異なる初期成長パターンが検出され，その要因は0歳時の成長開始時期の違いによると報告している．それは野外個体群においても，同一年齢群内で体サイズのバラツキが大きいことを意味するのかもしれない．

マナマコの成長は，上記のように地域差が大きいうえに個体差も大きく，その成長過程はナマコの体のように柔軟でかつ複雑な様相を示す．ゆえに図3・4に示した成長パターンは，あくまでも平均的な個体の成長過程を表していることになり，個体ごとのバラツキは非常に大きいことに留意する必要がある．

## §7．夏　眠

### 7-1　マナマコの夏眠

マナマコには，他種ではあまり見られない成長の大きな特徴の1つに夏季の大幅な体重減少がある．夏の高温期になると岩陰やくぼみなどの暗いところに入り込んで静止し，体も多少こわばる．消化管も細く短くなり，ときには消化管そのものが消失し，まったく食べないか，食べてもごく少量になってしまう．その結果，夏季に大幅な体重減少が引き起こされることになる．この夏の高水温期の不活発な状態を夏眠と呼ぶ．図3・4に示されているように，夏季に大幅な体重減少が見られるこの現象は，特に西日本のマナマコにふつうに見られる[1]．その期間は場所や個体によって異なるが，長い場合には夏季を中心に数カ月間にも及ぶことが知られている．

個体識別して夏眠場所を詳細に追跡した結果，付着しているマガキの殻の陰や港湾構造物の物陰に潜入し，その期間が判明した個体では短くて84日間，長い個体では8月下旬から12月初めまでの104日間も同じ場所に付着しつづけて静止していたという[51]．高温期の摂食活動は大きく低下し，体重も大きく減少するため，顕著な体重減少が夏ごとに見られることになる．ゆえにマナマコの成長曲線は，季節的に大きく増減しながら，年齢とともに大きくなっていくというパターンを示すことになる（図3・4）．

夏の高温期に夏眠状態になるということは，高水温が夏眠を引き起こす条件であることは間違いないが，特定の水温から一斉に夏眠するという水温閾値があるわけではなさそうである．それは同一場所内でも，個体によって夏眠に入っている個体と活動中の個体とが混在することからもわかる[51]．これまでの報告によれば，17.5℃から22℃程度，約20℃以上の水温で夏眠状態に入る個体が見られるという[1,52]．

### 7-2　なぜ夏眠するのか

なぜ夏眠するのかについてははっきりした理由はわからない．ただ，隠れる場所がない場合には夏でも活発に動き回り，体重減少率が大きくなるという[53]．好適な場所で夏眠するということは，活動量と代謝量を下げて体力の消耗を少なくし，結果的に生存率の低下を防ぐことになるのかもしれない[53]．さらにこの時期は各地のマナマコの産卵直後にあたり，生理的に消耗しがちな産卵後に岩陰で安静にするという本種の夏眠は，生理的に理にかなった現象のように思われる．マナマコの夏眠については，腸管の退縮，再生といった形態的変化のメカニズムや，呼吸などの生理活性の極端な低下という生理的メカニズムのみならず，その適応的，進化的意義についても謎が多く，今後の解明が待たれる．

### 7-3　北海道産マナマコの夏眠

ところで，図3・4に図示した成長曲線で，北海道や青森のマナマコには夏の体重減少が見られないように思えるが，これは体重表記が1年ごとの粗い時間間隔のためであり，夏眠が見られないことを示しているわけではない．北海道でも，7月のごく短期間ではあるが，マナマコの腸管が退縮して見られない時期

（夏眠）があるという報告例がある[52]．一方，夏季であってもそれほどの高水温にはならない北海道では，夏眠はないだろうという見方もあった[1]．北海道各地のマナマコについて詳細に調べた結果，少なくとも5月から9月中旬までは腸管の退縮は見られず，消化管内にも摂食した砂泥が充満しているとの報告がある[16,54]．ただし，9月中下旬以降には，岩間に隠棲して姿を現さなくなり，夏眠現象と同様の休眠が見られるとしている[54,55]．さらに北海道有珠湾のマナマコ（アオ）の摂食活動を詳細に調べたTanaka[17]は，10月には消化管が見られない個体が出現し，北海道産マナマコも夏眠を行うと報告している．ただし，より水温が高い7月には夏眠個体は見られず，16〜18℃の10月に見られたという．はたして北海道のマナマコには夏眠現象は見られるのであろうか．

　北海道南部の沿岸域でマナマコ分布の季節変化を調べた結果，夏季には岩陰に隠れ，静止する個体が多くなることが明らかになった（柏尾ら，未発表データ）．さらに，野外のケージ実験において個体の活動性を頻度高く観察した結果，高温期になると薄暗い物陰に入ってじっとする個体が多く出現することが確かめられた（中原ら，未発表データ）．加えてこの間の消化管の退縮と低い摂食活動も確認されている．さらには，9月中旬以降にマナマコが岩陰に隠棲し，ナマコ漁業が成立しなくなることもすでに報告されている[54]．これらの結果は，本州において夏眠とされている，高温期の不活発なマナマコの様相とそれに伴う体重減少とまったく同じ状態であり，北海道の（少なくとも道南海域の）マナマコは夏眠していることを示している．ただし，高温期が長く続く本州と比較すると，夏眠状態を示す期間が短く，かつ最高温期というよりは水温がやや下降する時期に起こるという違いがある．

### 7-4　夏眠とナマコ漁業の関係

　夏眠の有無と期間の長短をこれほど詳細に検討するのは，マナマコを漁業資源と見た場合の資源管理に大きく影響するからである．夏眠期には岩陰などに入り込んで静止した状態が長く続く．これは潜水による漁獲では発見効率が低下し，ナマコ桁網による漁獲の場合には曳網できる砂泥には生息するナマコ個体数が激減することを意味する．つまり，いずれの漁獲法においても発見効率や入網効率が悪くなり，漁獲効率が低下することが懸念される．加えて，この

時期の摂食活動の不活発さに起因する体重の大幅な減少も漁獲量低下につながる．高温期のマナマコ漁業の休漁も含めた，本種の資源管理に大いに影響する事象なのである．最近多く見られる夏季の高温化が一過性のものであるのか，あるいは地球温暖化により恒常的につづく現象であるのか，今後の経過を注意深く見守る必要がありそうだ．

## §8. 繁　殖

### 8-1　発生様式

ナマコ類の繁殖には様々な様式が見られる．大きくは，雄と雌の生殖細胞（配偶子）が出会って受精し，胚発生が進む有性生殖発生型と，親の体の一部が分離して体細胞分裂が起こって発生が進む無性生殖発生型とに分けられる．有性生殖発生型には幼生期をへずに直接，成体に発生する直接発生型と，幼生期をへてから成体になる間接発生型の2型がある．一方，無性生殖発生型には分裂や出芽の発生様式が含まれる[56]．マナマコは雌雄異体で，海中に雄が精子を放出し，直後に雌が卵を放出する，放卵放精型と呼ばれる繁殖様式をもつ．上記の発生型でいうと，有性生殖発生型で幼生期をもつ間接発生型に分類される．

### 8-2　マナマコの繁殖

マナマコの年齢査定法は十分には確立していないので，成熟に達する年齢を正確に言い当てるのは困難である．体長130 mm，体重100 gほどで繁殖に参加するようになるので[1]，おそらく，温暖な西日本では1，2歳で[57]，寒冷な北日本では4，5歳で成熟しはじめるのではないかと思われる．

マナマコの放卵放精の際は，雄と雌が岩上などで体前部を海中に持ち上げ，ヘビが鎌首を持ち上げているかのような姿勢を示す．はじめに雄が，持ち上げた体前部をゆるやかに振りながら，頭部にある生殖孔から海中に精子を放出する．次いで雌も同様に，頭部の生殖孔から卵を海中に生み出す．種苗生産現場では，成熟マナマコの放卵放精を促がすのに加温刺激や，産卵誘発ホルモン剤（クビフリン）を用いている[58]．海中で受精した卵は図3・1に示すような各浮遊幼生期を経て発生が進む．

表 3・2 各地のマナマコの産卵期

| 産　地 | 産卵期 | 文　献 |
|---|---|---|
| 佐賀 | 3月～5月 | 伊藤ら [59] |
| 長崎　大村湾 | 3月上旬～5月下旬 | 酒井ら [60] |
| 福岡　豊前海 | 4月～6月 | 石田 [48] |
| 〃 | 4月上旬～6月下旬 | 小林ら [61] |
| 山口　平生湾 | 3月～5月 | 村田・松野 [62] |
| 愛知・三重 | 5月下旬～7月上旬 | 崔 [1] |
| 神奈川　相模湾 | 3月～5月 | 片山・木下 [63] |
| 神奈川　金沢 | 4月下旬～5月 | 稲葉 [64] |
| 神奈川 | 5月中旬～7月中旬 | Mitsukuri [6] |
| 宮城　万石浦 | 6月下旬～7月上旬（盛期） | 今井ら [65] |
| 宮城　女川湾 | 8月中旬～8月下旬（盛期） | 〃 |
| 青森　陸奥湾 | 5月～7月 | 早川 [66] |
| 北海道　奥尻 | 8月上旬～9月上旬 | 木下・渋谷 [54] |
| 北海道　鹿部 | 7月上旬～8月下旬 | 〃 |
| 北海道　噴火湾 | 6月中旬～8月中旬 | Tanaka [17] |
| 北海道　室蘭 | 6月上旬～8月下旬 | 木下・渋谷 [54] |
| 北海道　泊 | 7月上旬～8月上旬 | 〃 |
| 北海道　余市 | 7月～8月 | 高谷・川真田 [67] |
| 北海道　増毛 | 6月下旬～8月上旬 | 木下・渋谷 [54] |
| 北海道　焼尻 | 6月下旬～7月下旬 | 〃 |
| 北海道　稚内 | 7月中旬～8月中旬 | 〃 |
| 北海道　根室 | 7月中旬～8月中旬 | 〃 |
| 北海道　根室・羅臼 | 7月中旬～9月上旬 | 丸 [68] |
| 北海道　国後 | 7月下旬～8月中旬 | 木下・渋谷 [54] |

　日本全国に分布するマナマコの産卵期は，各地の水温環境が大きく異なる影響を受けて，それぞれ異なる産卵時期を示す（表3・2）．長崎では3月中旬から5月下旬 [60]，山口では3月から5月 [62]，愛知では5月下旬から7月上旬 [1]，神奈川では5月中旬から7月上旬 [6]，宮城万石浦では6月下旬から7月上旬 [65]，青森陸奥湾では5月から7月 [66]，そして北海道では7月から8月 [54] と，北へ行くほど産卵時期は遅くなる．産卵開始水温は13～16℃，終了水温は18～20℃であるという [1]．

　各地のマナマコは，生理的に大きなイベントである産卵後に夏眠の時期を迎えるようである．産卵後の体力回復時に，岩陰の暗所でじっと休止する夏眠は，マナマコの生理状態からみても適応的な現象のように思える．

### 8-3　個体数激減が引き起こす再生産力低下

　マナマコのような放卵放精型の繁殖様式では，成熟した雄と雌がそれなりの個体数でごく近接した場所にいる必要がある．そうでないと海中に放出された卵と精子の出会いの確率が低下し，最悪の場合，受精できなくなる危険がある．その結果，幼生の加入がほとんどないという，加入制限がおこる危険性がある．個体群密度の低下，産卵親群減少が引き起こす受精障害に起因する加入制限である．海産動物では卵と精子の出会いが困難な事象が報告されており，ナマコ類でも同様の報告がある[69]．最近の世界的なナマコ需要の増大を受けて，世界各地のナマコ資源の枯渇が心配されている．マナマコ資源に関しても同様の懸念があり，個体群密度の極端な減少は雌雄（卵と精子）の出会い頻度を減らし，十分な繁殖能力が発揮できず，マナマコ個体群の存続すら危ぶまれる事態になりかねない．再生産を保障するうえで必要な個体数を確保することは，マナマコ資源の保全にもつながる資源管理の要である．必要とあらば，資源保全のための漁獲規制，保護区の設定，生息場の整備などを行う必要があるだろう．それでも間に合わない場合には人工種苗の放流なども検討する必要がある．マナマコ資源に関して漁獲量の減少や漁獲サイズの小型化といった乱獲の兆候が各地で見られる．それほど各地のマナマコ資源の現状は憂慮すべき事態となっている．一刻も早く必要な手を打つことが肝要であろう．

## §9. マナマコの基本的な生態情報を漁業に活かす

　これまで見てきたマナマコの基本的生態に関する情報は，じつはナマコ漁業と密接に関係している．たとえば上で見たように，マナマコ乱獲による親個体数の激減がもたらす受精率低下と，それに起因する幼生加入の激減（加入制限）は，ナマコ個体群の維持に直接的に影響するもので，永続的なナマコ漁業の存続を危うくする．加入制限の危機を回避する方策を早めに立てることの必要性を教えてくれる．

　さらには稚ナマコの生息地特性の解明は，効率的な種苗の放流適地の選択に深く関係する．放流後の生存率が大きく下がるような海域に放流する無駄を避けなければならない．また，放流適地が見つかりにくい北海道のような波浪の

強い地域では，稚ナマコに必要な生息条件を備えた人工放流礁の開発・整備に応用できる可能性がある．稚ナマコがほとんど生息しなかった瀬戸内の海浜に，手入れを放置された竹やぶを間伐して逆さに設置することによって浮遊幼生を着底させ，竹の根元を止めているコンクリートブロックに数多くの稚ナマコを集積させた例[70)]は，流速が減速し浮遊幼生が定着しやすい潮間帯の岩場などの生息地特性を，逆さ竹林の設置によって人為的に整備したことになる．まさに基本的な生態的知見を活かした例であろう．

浜野ら[14)]はマナマコの個体群動態と生息地特性を詳細に調べ，稚ナマコの加入と成育に必要な潮間帯，その下部の成長に必要な成育場，そして夏眠に不可欠な潮下帯の岩場などの夏眠場所の3点セットを整備する必要性を訴えた．北海道のような波浪の強い海域では，これらに加えて，不規則に起こる時化の際に逃げ込む岩場などの避難場所（隠れ家）が，摂餌場所である砂泥域の近辺に備わっていることが重要であろう．それはマナマコの成長にともなう分布域の変化を追跡することで明らかになった事項である．

これらの例は，基本的な生態情報の蓄積が，一見遠回りのように思えるが，じつは水産という応用に活かせる近道であるという典型例のように思える．基本に勝る応用はないという当たり前のことに気づかせてくれる，様々なナマコ研究例である．一刻も早く，これら基本的情報を現場に還元し，ナマコ資源の回復・保全に役立たせることが期待される．


謝辞：本章で取り扱ったマナマコの生態に関する情報については，様々な論文から引用させていただいた．その中でも，50年前に発表された崔相氏の「なまこの研究」には大いに助けられた．未だに色あせない先人の業績に敬意を表する．

本章をまとめるのに多くの方のご助力を仰いだ．原稿に目を通して様々な指摘をしてくださった和歌山県立自然博物館の山名裕介氏，すばらしい写真と図を提供してくださった北海道大学大学院水産科学院の戸梶裕樹，中原功太郎，浅見愛の大学院生諸氏に感謝する．本章に用いた北海道産マナマコに関する様々な情報は，当時の大学院生であった山名裕介，古川佳道，吉田奈未，柏尾翔，植草亮人の諸氏の調査研究によって得られたものである．彼らのがんばりと協力なしには本章の完成はなかった．ここに記して感謝申し上げる．

## 文　献

1) 崔　相, 「なまこの研究」海文堂, 1963.
2) Kanno M, Suyama Y, Li Q, Kijima A. Microsatellite analysis of Japanese sea cucumber, *Stichopus* (*Apostichopus*) *japonicus*, supports reproductive isolation in color variants. *Mar. Biotechnol.* 2006; 8: 672-685.
3) Yamada K, Hori M, Matsuno S, Hamano T, Hamaguchi M. Spatial variation of quantitative color traits in green and black types of sea cucumber *Apostichopus japonicus* (Stichopoididae) using image processing. *Fish. Sci.* 2009; 75: 601-610.
4) 倉持卓司, 長沼　毅, 相模湾産マナマコ属の分類学的再検討, 生物圏科学 2010；49：49-54.
5) Selenka E. Beitruge zür Anatomie und Systematik der Holothurien. *Z. Wiss. Zool.* 1867; 17: 291-374.
6) Mitsukuri K. Notes on the habits and life-history of *Stichopus japonicus* Selenka. *Annot. Zool. Japon.* 1903; 5: 1-21.
7) 網尾　勝, 浜野龍夫, 林　健一, 吉岡貞範, 松浦秀喜, 岩本哲二, 潮間帯の生物調査からマナマコの生息適地を選定する試み, 水産増殖 1989；37：197-202.
8) 山名裕介, 浜野龍夫, 三木浩一, 山口県東部平生湾の潮間帯におけるマナマコの分布—稚ナマコの成育適地の環境条件, 水産大学校研報 2006；54：111-120.
9) Mercier A, Battaglene SC, Hamel J-F. Settlement preferences and early migration of the tropical sea cucumber *Holothuria scabra*. *J. Exp. Mar. Biol. Ecol.* 2000; 249: 89-110.
10) 上妻智行, 瀧口克己, 藤本敏昭, ナマコ漁場周辺における環境特性について, 福岡豊前水試研報 1990；3：67-71.
11) 太刀山透, 篠原直哉, 深川敦平, アカナマコの行動様式の季節変化, 福岡県水産海洋技術センター研報 1997；7：1-8.
12) 山名裕介, 古川佳道, 柏尾　翔, 五嶋聖治, 北海道周辺におけるマナマコ幼稚仔の生息環境について——特に南北海道を中心にした推論——, 水産増殖 2014；62：163-181.
13) 干川　裕, 高橋和寛, 今野幸広, 宮川　透, 南茅部町豊崎の掘削溝におけるマナマコ稚仔の成長推定について, 北水試研報 1995；46：7-14.
14) 浜野龍夫, 網尾　勝, 林　健一, 潮間帯および人工藻礁域におけるマナマコ個体群動態, 水産増殖 1989；37：179-186.
15) 蝦名政仁, 田中俊輔, 永峰文洋, 佐藤恭成, 相坂幸二, 佐藤　敦, 沢田　満, 松宮隆志, 武石　守, 長谷川清治, 安田明弘, 山口甚幸, 金沢　保, ナマコ放流技術開発試験, 青森県水産増殖センター事業報告 1993；22：208-221.
16) 木下虎一郎, 田中正午, 北海道海鼠 *Stichopus japonicus* Selenka の食餌に就いて, 水産研究誌 1939；34：1-4.
17) Tanaka Y. Feeding and digestive processes of *Stichopus japonicus*. *Bull. Fac. Fish. Hokkaido Univ.* 1958；9：14-28.
18) Hauksson E. Feeding biology of *Stichopus tremulus*, a deposit-feeding holothurian. *Sarsia* 1979; 64: 155-160.
19) Yingst JY. Factors influencing rates of sediment ingestion by *Parastichopus parvimensis* (Clark), an epibenthis deposit-feeding holothurian. *Est. Coastal Shelf Sci.* 1982; 14: 119-134.
20) Uthicke S. Sediment bioturbation and impact of feeding activity of *Holothuria* (*Halodeima*) *atra* and *Stichopus chloronotus*, two sediment feeding holothurians, at Lizard Island, Great Barrier Reef. *Bull. Mar. Sci.* 1999; 64: 129-141.

21) Uthicke S, Karez R. Sediment patch selectivity in tropical sea cucumbers (Holothuroidea: Aspidochirotida) analysed with multiple choice experiments. *J. Exp. Mar. Biol. Ecol.* 1999; 236: 69-87.
22) Hunt OD. The food of the bottom fauna of the Plymouth fishery ground. *J. Mar. Biol. Ass. UK.* 1925; 13: 560-599.
23) Hyman LH. Echinodermata. McGraw-Hill. 1955.
24) Massin C. Food and feeding mechanisms: Holothuroidea. In: Jangoux M, Lawrence JM (eds). *Echinoderm Nutrition*. Balkema. 1982; 43-55.
25) Hudson IR, Wigham BD, Tyler PA. The feeding behaviour of a deep-sea holothurian, *Stichopus tremulus* (Gunnerus) based on in situ observations and experiments using a Remotely Operated Vehicle. *J. Exp. Mar. Biol. Ecol.* 2004; 301: 75-91.
26) 山内年彦，ナマコ *Stichopus japonicus* Selenka の食性に就いて，動雑 1942; 54: 344-346.
27) Yamana Y, Hamano T, Goshima S. Laboratory observations of habitat selection in aestivating and active adult sea cucumber *Apostichopus japonicus*. *Fish. Sci.* 2009; 75: 1097-1102.
28) Yamanouchi T. Notes on the behavior of the holothurian, *Caudina chilensis* (J. Muller). *Sci. Rep. 4th Ser. Biol. Tohoku Imp. Univ.* 1929; 4: 73-115.
29) Yamanouti T. Ecological and physiological studies on the holothurians in the coral reef of *Palao Islands*. *Palao Trop. Biol. Stat. Stud.* 1939; 4: 603-635.
30) Bonham K, Held EE. Ecological observations on the sea cucumbers *Holothuria atra* and *H. leucospilota* at Rongelap Atoll, Marshall Islands. *Pac. Sci.* 1963; 17: 305-314.
31) Crozier WJ. The amount of bottom material ingested by holothurians (Stichopus). *J Exp Zool.* 1918; 26: 379-389.
32) Mayor AG. Causes which produce stable conditions in the depth of the floors of Pacific fringing reef-flats. *Pap Dep Mar Biol Carnegie Inst Wash.* 1924; 19: 27-36.
33) 本川達雄，今岡亨，楚山いさむ，「ナマコガイドブック」阪急コミュニケーションズ，2003.
34) Amon RMW, Herndl GJ. Deposit feeding and sediment: I. Interrelationship between *Holothuria tubulosa* (Holothurioida, Echinodermata) and the sediment microbial community. *P.S.Z.N.I: Mar Ecol.* 1991; 12: 163-174.
35) Amon RMW, Herndl GJ. Deposit feeding and sediment: II. Decomposition of fecal pellets of *Holothuria tubulosa* (Holothurioida, Echinodermata). *P.S.Z.N.I: Mar Ecol.* 1991; 12: 175-184.
36) Uthicke S, Klumpp DW. Microphytobenthos community production at a near-shore coral reef: seasonal variation and response to ammonium recycled by holothurians. *Mar. Ecol. Prog. Ser.* 1998; 169: 1-11.
37) Wolkenhauer S-M, Uthicke S, Burridge C, Skewes T, Pitcher R. The ecological role of *Holothuria scabra* (Echinodermata: Holothuroidea) within subtropical seagrass beds. *J. Mar. Biol. Ass. UK.* 2010; 90: 215-223.
38) 畑中宏之，谷村健一，稚ナマコの体長測定用麻酔剤としての menthol の利用について，水産増殖 1994；42：221-226.
39) 西平守孝，新垣則雄，本永忠久，沖縄島の転石潮間帯におけるムラサキクルマナマコ個体群の予備的観察，ベントス研連誌 1978；15/16：73-86.
40) Yamana Y, Hamano T. New size measurement for the Japanese sea cucumber *Apostichopus japonicus* (Stichopidae) estimated from the body length and body breadth. *Fish. Sci.* 2006; 72: 585-589.
41) 山名裕介，浜野龍夫，マナマコの新標準体長の有効性，水大校研報 2006；54：105-110.
42) 山名裕介，五嶋聖治，浜野龍夫，遊佐貴志，古川佳道，吉田奈未，北海道および本州産マナマ

コの体サイズ推定のための回帰式，日水誌 2011；77：989-998.
43) 吉村圭三，村上　修，マナマコ年齢査定技術に基づく漁獲年齢の解明，平成21年度北海道栽培水試事業報告 2011；48-50.
44) 瀧口克己，藤本敏昭，神薗真人，マナマコ人工種苗の大量放流による漁場形成に関する研究Ⅰ，放流場所別放流効果と放流ナマコの成長，福岡豊前水試研報 1990；3：53-62.
45) 桐原慎二，ナマコの生態と資源管理─1，青森県水産総合研究センター増養殖研究所だより 2007；1-2.
46) 五嶋聖治，第2章　生態，「ナマコ学─生物・産業・文化」（高橋明義，奥村誠一編），成山堂書店，2012；19-34.
47) 坂東忠男，宗谷漁協におけるナマコ種苗生産・放流の取り組み，北海道におけるナマコ漁業の現状，平成22年度育てる漁業研究会講演要旨集 2011；35-42.
48) 石田雅俊，マナマコの種苗生産，栽培漁業技研 1979；8：63-75.
49) Yamana Y, Hamano T, Niiyama H, Goshima S. Feeding characteristics of juvenile Japanese sea cucumber *Apostichopus japonicus*（Stichopodidae）in a nursery culture tank. *J. National Fish. Univ.* 2008; 57: 9-20.
50) Yamana Y, Hamano T, Goshima S. Natural growth of juveniles of the sea cucumber *Apostichopus japonicus*: studying juveniles in the intertidal habitat in Hirao Bay, eastern Yamaguchi Prefecture, Japan. *Fish. Sci.* 2010; 76: 585-593.
51) Yamana Y, Hamano T, Goshima S. Individual tracking to specify the aestivation site of adult sea cucumber *Apostichopus japonicus* on a jetty in Yoshimi Bay, western Yamaguchi Prefecture, Japan. *Plankton Benthos Res*. 2008; 3: 235-239.
52) 徳久三種，七尾湾のナマコについて，水産研究誌 1915；10：75-79.
53) 小林信，藤本敏昭，神薗真人，瀧口克己，鵜島治市，ナマコの生物特性と生息環境条件に関する研究Ⅰ，昭和60年度福岡豊前水試研業報 1987；83-112.
54) 木下虎一郎，渋谷三五郎，海鼠産卵期調査総括，北海道水試事業旬報 1939；430：1-6.
55) 木下虎一郎，渋谷三五郎，海鼠産卵期調査（第2報），北海道水試事業旬報 1937；366：4-8.
56) 加藤秀生，第4章　発生と再生，「ナマコ学─生物・産業・文化」（高橋明義・奥村誠一編）成山堂書店，2012；61-84.
57) 伊藤史郎，川原逸朗，広瀬　茂，築堤式育成場におけるマナマコ大型種苗の飼育について，佐賀セ研報 1994; 3: 57-63.
58) 吉国通庸，第3章　成熟・産卵，「ナマコ学─生物・産業・文化」（高橋明義・奥村誠一編）成山堂書店 2012；35-60.
59) 伊藤史郎，川原逸朗，森勇一郎，江口泰蔵，佐賀県北部沿岸域におけるマナマコの産卵期（予報），佐賀セ研報 1994；3：1-13.
60) 酒井克己，小川七郎，池田修二，大村湾におけるナマコの天然採苗，栽培技研 1980；9：1-20.
61) 小林　信，石田雅俊，尾田一成，鵜島治市，マナマコ *Stichopus japonicus* Sekenka の増殖に関する研究─Ⅳ，福岡豊前水試昭和57年度研究業務報告 1984；111-116.
62) 村田　実，松野　進，山口県瀬戸内海東部平生町地先のマナマコの産卵期について，山口県水産研究センター研報 2010；8：53-58.
63) 片山俊之，木下淳司，相模湾西部沿岸におけるマナマコの分布と産卵期，神水セ研報 2013；6：17-26.
64) 稲葉伝三郎，ナマコの人工受精に就いて，水産研究誌 1937；32：241-246.

65) 今井丈夫, 稲葉伝三郎, 佐藤隆平, 畑中正吉, 無色鞭毛虫に依るナマコ（*Stichopus japonicus* Selenka）の人工飼育, 東北大農学研究所彙報 1950；2：269-277.
66) 早川　豊, マナマコ増殖試験, 青水増事業概要 1976；5：109-113.
67) 高谷義幸, 川真田憲治, マナマコ（*Stichopus japonicus*）の生殖巣発達段階の簡易判定基準, 北水試研報 1996；49：23-26.
68) 丸　邦義, 根室支庁管内におけるマナマコの産卵期と禁漁期, 釧路水試だより 1997；76：5-10.
69) Uthicke S, Welch D, Benzie JAH. Slow growth and lack of recovery in overfished holothrians on the Great Barrier Reef: evidence from DNA fingerprints and repeated large-scale surveys. *Conserv. Biol.* 2004; 18: 1395-1404.
70) 浜野龍夫, 漁場環境を考える―幼生を集めて落とす, 日本水産資源保護協会月報 2006；489：4-7.

# 4章 種苗生産技術の現状と課題

———— 江口勝久

　種苗生産とは，自然環境への放流または養殖に用いる魚介類の幼稚仔（これを種苗と呼ぶ）を人工的な環境のもとで，ある程度の大きさまで，育成することを指す．生活史の中で，最も減耗の激しい卵や稚仔，幼生の期間を，人の手によって育成することで，自然環境下ではなし得ない高い生残と成長を可能とする．

　我が国で食用となるナマコ類の中で，水産業として最も重要であり，種苗生産の対象となるのは主にマナマコ *Apostichopus japonicus* である．生産されるマナマコの種苗は，一部で養殖用としての需要はあるが，多くは放流用であり，「種苗生産」と「種苗放流」をセットとした，栽培漁業が全国各地で行われている．

　2000年代頃から，中国への輸出の需要の増加や単価の上昇を受け，全国的にナマコ類の漁獲量が急増している[1,2]．特に中国で高く評価される北海道や東北などの産地では，種苗放流の要望が高まり，マナマコの種苗生産に取り組む機関が急激に増加している[3]．また，比較的評価が低い[2]とされる「関西ナマコ」を生産する産地では，北海道や東北ほどの単価上昇や需要の増加は見込めないものの，種苗放流に対する需要は増加傾向にあるようである．このように，地域により状況は異なるものの，全国的に放流用種苗の需要増加で種苗生産に取り組む機関が増加し，それに伴い種苗生産数量も増加傾向にある[3]．

　マナマコは，その体色などから大きく，アカナマコ，アオナマコ，クロナマコの3タイプに分けられ，これらのうちアカ型は遺伝的に異なる集団であり[4]，アオとクロは種内変異ではないかと考えられている[5]．我が国で種苗生産の対象となるのは，単価の高いアカナマコとアオナマコで，アカナマコは主に，生食用として国内で流通している．アオナマコは生食用としての需要もあるが，それよりも，中国向け輸出用としての需要が増加している．クロナマコは，これまで食用以外の用途で，低い単価で取引されていたが，乾燥ナマコの原料とし

てはアオナマコとほとんど差がないことから，アオナマコと同程度の単価で扱われることもある[6]．

## §1. 我が国におけるマナマコ種苗生産の歴史

　我が国におけるマナマコの種苗生産は，1949年に今井ら[7]が *Monas* sp. を餌料として稚ナマコまでの人工飼育に成功したことを始まりとし，その後石田[8]により温度刺激法による大量の卵を得る技術や，餌料としてパブロバ・ルテリ *Pavlova lutheri* やキートセロス・グラシリス *Chaetoceros gracilis* を用いて浮遊幼生から着底初期の稚ナマコまで飼育する生産方式が開発された．それ以降は，この生産方式を応用した様々な方法によるマナマコの生産が試みられてきた．
　そのような中，佐賀県玄海水産振興センター（以下，当センター）においては1979年からマナマコの種苗生産技術開発に着手し，1990年代には，浮遊幼生の飼育水槽とは別の水槽で培養した付着珪藻で稚ナマコへ変態（採苗）させ，その後付着珪藻板上で飼育するという方式（採苗方式）を確立し，採卵後4～5カ月間の飼育で体長10 mm以上の稚ナマコの10万個単位での生産を可能とした[9]．その後，種苗生産各工程の技術改良を続け，現在では採卵後3～4カ月間の飼育で，体長20 mm程度の稚ナマコを100万個体以上生産が可能な技術レベルに至っている[10]．
　我が国のマナマコ種苗生産は人工飼育成功後，半世紀以上の歴史をもち，北海道[11]，や青森[6]，岩手[12]，佐賀県[13]などでは，詳細な生産マニュアルが既に刊行されているなど，基本的な生産技術は確立していると考えられる．しかしながら，同様の方法で生産される他の介類（ウニ，アワビ類）と比較すると，生産年や回次ごとの生産結果は不安定であり，依然として親の養成から始まる各生産工程において，技術改良の余地は多分に残されている．
　本章では，筆者が実際にマナマコの種苗生産を実施する中で得た知見や経験，当センターにおける過去の知見を元とし，他機関の生産方法や最新の知見も加えながら，我が国におけるマナマコ種苗生産方法の現状と課題について説明することとしたい．
　先述したとおり，マナマコ種苗生産は各工程において依然として課題が多く，

当センターにおいても技術開発の途上であると認識しているが，その現状を紹介することで，マナマコ種苗生産が抱える課題解決に向けた一助となることを期待している．また，当センターは全国的にも稀な，アカ，アオの両タイプの生産を行っている機関でもある．基本的には同様の方法で生産可能であるが，両タイプで異なる部分もあり，その点についても紹介したい．

マナマコの生産工程は，親養成，採卵，幼生飼育，付着珪藻培養，採苗，稚ナマコ飼育の大きく6つに分けられる．以下，各工程について紹介する．

## §2. マナマコ種苗生産手法

### 2-1 親養成
#### 1) 産卵期と産卵期の制御

我が国におけるマナマコの産卵期は地域によって異なり，基本的に北上するに従い遅くなる．長崎県で3月上旬～5月上旬[14]，岡山県で5月下旬～6月下旬[15]，宮城県で7月上旬～8月中旬[7]，北海道で6月下旬～9月上旬とされている[11]．佐賀県の日本海側においては3月～5月で,その盛期は年や地域によって若干異なるが，アオ，アカとも概ね3月下旬～4月下旬である[16]．したがって，当センターでは，アオ，アカともに1回目の採卵を3月下旬から実施している．種苗生産を開始するにあたっては，まず，地先のマナマコの産卵期を調べ，生産開始時期を決定する必要がある．

ウニ類[17]と同様に，マナマコも水温が成熟要因の1つとなっていることが予想され，実際に水温の制御による成熟促進，早期採卵は可能である．当センターにおいては，1～2カ月間，自然水温よりも1～5℃程度加温して飼育することで，通常に比べ半月～1カ月程度早く卵を得ることが可能という知見を得ている[18]．また，北海道においては消化管再生時期を起点とした積算水温を利用して，加温育成を行うことにより，早期に計画的な採卵を可能としている[11]．

技術的に可能な状況にはあるものの，現在，当センターでは，水温の制御による産卵期の制御，特に成熟を促進して産卵期を早める方法の導入については検討していない．その理由は，技術的に可能ではあるが産卵数が少ないなどの安定性に欠けること[18]，養成時，その後の生産工程での加温コストが増大する

こと，マナマコの産卵時期は水温上昇期であるため，早期の飼育開始による成長の促進，飼育期間の短縮はそれほど期待できないことの3点である．一方，東北・北海道などの水温が低い地域においては，産卵時期が長期間で成熟のピークが不明瞭であるため，安定的な採卵のためには親ナマコの飼育水温や餌料などによる養成管理が必要と考えられている[6]．

### 2) 親の調達

当センターで生産に使用する親は全て，天然海域から生産開始直前（採卵の1〜2カ月前）に潜水もしくは桁網で漁獲したものである．アカナマコ，アオナマコともに300〜800 g程度（平均500 g程度）で，体表のスレ，内蔵吐出がないものを選別して購入する．当センターでの購入個体数は，毎年アカナマコが300個体，アカナマコが200個体程度であり，地域による産卵期や成熟状況の違いなどのリスクに備えるため，複数の産地から調達する．

毎年，生産開始直前に調達する理由は，成熟した親ナマコの調達が比較的容易であること，親ナマコの養成方法に課題があり，養成期間が長期化するに従い，成熟した個体の割合が減少する事例や，体表のびらん，内臓吐出の発生が増加する場合があること，マナマコは高水温時期に夏眠（餌をとらず自己消化で生命を維持）する性質があり，夏眠期の長い九州では（福岡県の日本海側で，アカナマコは水温16℃前後から夏眠に移行すると考えられている[19]），自然水温下で周年育成した場合，体サイズの著しい縮小がみられ，親としての使用が難しいことの3点である．

一方で，成熟した親個体の調達が難しい機関や，水温が低く，夏眠をしないもしくはその期間が短い地域では周年養成もしくは長期間養成した親を用いた生産を可能としている機関もある[6, 11, 12]．

なお，これまでの飼育経験上，成熟している個体の割合が低い事例はアオナマコで多く，体表のびらん，内臓吐出はアカナマコで多い．

### 3) 養成方法

調達した親の養成方法を項目別に紹介する．

ⅰ) 飼育容器，飼育密度：搬入した親は，収容密度30〜50個体/m³を目安とし，1〜3 m³程度の角形水槽に産地別，搬入時期別に収容する（図4・1）．

ⅱ) 飼育水：水温は自然水温とするが，自然水温が13℃を超える4月上旬か

らは，2回次，3回次の採卵に備え，過熱・暴発リスクの低減を図るため一部の個体を13℃の恒温飼育とする．換水率は10回転/日程度としている．また，採卵予定時期の1カ月程度前から，各水槽の排水をプランクンネット（目合い63μm）で受け（図4・2），産卵状況を毎日確認し，採卵時期の判断材料としている．

ⅲ）**餌料**：アカナマコ，アオナマコともに冷凍ワカメの細片を中心とした餌料で養成・飼育している（図4・3）．給餌量は，体重の5～10％，給餌頻度は週2回を基準とし，摂餌状況を見ながら増減する．これに加え，補助的な餌料として北大西洋海流域に繁茂する大型褐藻である *Ascophyllum nodosum* の粉末（商品名；ALGIN GOLD，アンデス貿易（株），以下アスコフィルム），中国産のマコンブ *Laminaria japonica* の粉末（商品名；ラミナリアジャポニカ，アンデス貿易（株），以下マコンブ），ナマコ用配合餌料（商品名；海参エナジー，日本農産工業（株）），貝化石（商品名；フィッシュグリーン，（株）グリーンカルチャー）を重量比2：2：1：5で混合した配合餌料の給餌を行う．給餌量は体重の5％，給餌頻度は週1回を基準とし，摂餌状況を見ながら増減する．

他の機関で用いられている養成餌料としては，当センターと同様のワカメ細片，ナマコ用配合餌料，アスコフィルムとワカメ *Undaria pinnatifida* の混合粉末であるリビックBW（栄研商事（株），以下リビック），付着珪藻などである[6,11,12,20]．なお，リビックは現在，製造中止となっている．その他の例としては，アカナマコにおいて，マッシュポテトと可消化クロレラの混合物で養成し，良好な結果を得ている事例[21]もある．また，養成期間が短い機関や他の生物と混用飼育を行う場合などは特別な給餌を行わない場合[6,22]もある．

現在当センターで用いている餌料は，アカナマコにおいて，ワカメ，アラメ *Eisenia bicyclis*，リビック，無給餌の比較では，ワカメが成熟を促す養成餌料として最も適するとの知見[23]を基にした暫定的なものである．先に述べたとおり，特にアオナマコにおいては養成期間の長期化に従い，成熟状況が悪くなる場合があるなど，成熟に最適な養成餌料に関しては未解明な点がある．そのために当センターでは，毎年新規の親を産卵期直前に，大量に調達して生産を行わなければならない状況にある．安定的，かつ効率的な生産のためにはマナマコを成熟に導く，より適した養成餌料の検討が必要と考えられる．

ⅳ）**その他**：給餌の前には，サイフォンによる底掃除を行う．また，観察を

4章　種苗生産技術の現状と課題　77

図4・1　親ナマコ（アカナマコ）飼育水槽

図4・2　卵回収用ネット（目開き63μm）

図4・3　親ナマコ用餌料
　　　　写真左から，冷凍ワカメ細片，マコンブ粉末，アスコフィルム粉末，貝化石粉末．

十分行い，体表のびらん，内臓吐出に注意する．体表のびらん，内臓吐出は，症状の出た個体の体表などから *Vibrio* 属を中心とした細菌が分離されるため，細菌性の疾病であると考えられている[22]．したがってびらんや内臓吐出への対策としては，予防の面から，搬入時の物理的ダメージに注意すること，換水率を高く維持すること，発生後の対処の面から，速やかに発症個体を取り除くこと，換水率を高めること，水槽替えをすることなどが重要である．他の機関では，体表のびらん予防対策として，網カゴでの飼育（水槽壁面への接触を防ぐため）を行っている例もある[11]．

## 2-2 採 卵

マナマコの採卵方法は，水槽内で自然に産卵する卵をネットなどで回収する方法(自然採卵法)，昇温した紫外線殺菌海水による刺激で産卵を誘発する方法(昇温刺激法)，産卵誘発ホルモン「クビフリン」((株)産学連携機構九州)を使用する方法（クビフリン法）の3つの方法がある．

　ⅰ）**自然採卵法**：養成水槽内で，自然に産卵した卵（受精卵）をネットで受け，生産に使用する方法である．水槽内で受精していることが多いため，その場合は媒精，洗卵作業は不要である．

　ⅱ）**昇温刺激法**：飼育水温よりも5℃程度昇温した紫外線殺菌海水中に親ナマコを収容し，産卵・放精を促す方法である．個体別（集団で行う場合もある）に容器に収容し，昇温，紫外線殺菌処理をした海水を掛け流しにして反応を待つ．通常，刺激開始から1～2時間で反応が見られ，そこで注水を止め，反応終了後，媒精，洗卵の作業に移る．

　ⅲ）**クビフリン法**：クビフリンは近年発見されたマナマコの産卵誘発ホルモン[25,26]で，成熟した個体の体内に注入することで，放卵・放精を促す．反応後の手順は昇温刺激法と同様である．

　各方法の長・短所をまとめると表4・1のとおりとなる．当センターでは，以前は昇温刺激法を中心とした採卵を行っていたが，クビフリンの登場後，採卵の確実性，作業の効率化などを優先し，クビフリン法を採用している．特にアカナマコの採卵では，これまでの昇温刺激での反応率が悪い事例が多く[13]，クビフリンの使用により，採卵効率はかなり向上している．

クビフリンによる採卵方法は，山野[27,28)]，吉国[29)]や商品に添付される取り扱い説明書を参照されたいが，それらをふまえた当センターでの採卵方法を紹介する．

＜手順1＞　卵への糞の混入を避けるため，採卵予定の1週間前から餌止めを行う．

＜手順2＞　親ナマコ体表についたマナマコの害敵生物となるシオダマリミジンコ（詳しくは§4. 参照）を除去するため，収容水槽から取り上げ後，水道水に2分程度浸漬し，体表を素手でこすり，別水槽（海水中）に収容する．

＜手順3＞　親ナマコの体重を計測後，海水中でメスを用いて体表を1cm程度切開し，生殖巣の一部を取り出す（図4・4カラー口絵）．このとき，できるだけ速やかに，静かに行い，内臓の吐出に注意する．経験上，アカナマコの方が，内臓を吐出しやすいため，特に注意が必要である．

＜手順4＞　生殖巣の色から雌雄を判別し（雄は白色，雌は橙色），雄の場合は切開して生殖巣を切り出し，ドライスパーム状態でビーカーなどに保存する（図

表4・1　各採卵方法の長所と短所

| 採卵方法 | 長所 | 短所 |
|---|---|---|
| i) 自然採卵法 | ・採卵や洗卵の作業が不要<br>・ii，iiiに比べ低コスト<br>・暴発（養成期間中に産卵してしまう）のリスクがない | ・時期や量を調節できない<br>・シオダマリミジンコの混入防除が困難<br>・個体別に採卵（精）不可能 |
| ii) 昇温刺激法 | ・採卵時期や量を調節可能<br>・iiiに比べ低コスト（設備の費用を除く）<br>・個体別に採卵（精）可能<br>・シオダマリミジンコの混入防除が可能 | ・i，iiiに比べ設備が必要（加温，紫外線殺菌）<br>・アカナマコは反応率が悪い傾向がある<br>・暴発のリスクがある |
| iii) クビフリン法 | ・採卵時期や量を調節可能<br>・反応率がiiに比べ高い（特にアカナマコ）<br>・設備が不要<br>・個体別に採卵（精）可能<br>・シオダマリミジンコの混入防除が可能<br>・吐出した卵巣からも受精卵を作出可能 | ・高コスト（5kgの親を誘発するのに10,500円）<br>・暴発のリスクがある |

4・5カラー口絵).なお,生殖巣の太さが太く,真っ白でなく少しクリームがかった色調のものが経験的によい.雌の場合は取り出した生殖巣の一部を切り出し,顕微鏡下で,卵径を計測する.

＜手順5＞ 卵径が150μm程度であれば,成熟していると予想されるため,規定量のクビフリンを体腔内に注入し,軽く振って20$l$容角形スチロール水槽内に個別に収容する(図4・6).

＜手順6＞ クビフリン注入後,概ね1時間で産卵が始まる(図4・7カラー口絵).産卵が始まる直前に,切り出した精巣を滅菌海水中に入れ,ハサミなどで細かく刻み,それを50μmのネットで濾した精子混濁液を作製しておく.産卵が始まったら,速やかに,その精子混濁液を$2.5 \times 10^4$個/ml程度となるように加える(受精率はある程度の時間まで高いままであるが,正常発生率は卵成熟の進行とともに,下がるとされているため[29,30]).この精子懸濁液の使用期限は作成後30分以内とし,産卵のタイミングに合わせて,適宜新たに作製する.

＜手順7＞ 産卵は,反応開始後1時間程度継続する.産卵が終わったら,念のため,再び精子混濁液を$2.5 \times 10^4$個/ml程度となるように加え,完全に受精させる.

＜手順8＞ 撹拌,サンプリングし,顕微鏡下で受精率,産卵数の計測,卵の形態を確認後,生産に使用する卵群に優先順位をつけ(産卵量が多く,卵の形がきれいなものを優先),洗卵作業に移る.

図4・6　個別産卵状況(アカナマコ)

上記の方法は，山野[27, 28]における手順のうち，生体外でのクビフリン反応試験を省略している．これまでの経験上，卵径が150μm程度あれば，ほぼ100％反応するため，省力化しても差し支えないと考えている．また，一部取り出した卵巣の色や大きさ（太さ）のみでもおおまかな成熟度は判別可能である．

　媒精濃度については，低すぎれば受精率の低下，高すぎれば形態異常の発生を招くため，これまでの知見[31]を参考に，5万個/ml程度となるように調整している．

　成熟状況が良好な場合，個体当たりの産卵数は300〜1,000万個程度であり，予定の産卵数に応じて，反応させる個体数を調整する．ただし，遺伝的多様性に配慮するためには，できるだけ多くの親からの採卵（精）が望ましい．なお，手順3により，雌が卵巣を吐き出した場合でも，成熟した卵であればクビフリンを用いて体外受精を行うことが技術的には可能である[29]．

　手順3において生殖巣が確認されない未成熟の個体の割合は，年や採卵時期によって異なるが，アカナマコで20〜30％，アオナマコで30〜50％程度であり，先に述べたとおり，アオナマコは半数近くの個体で生殖巣を確認できない年があり，予定の卵数確保に苦労する場合がある．

　洗卵作業は，多精受精による発生異常や奇形を防止する目的で行う工程で，卵の比重を利用して，海水中での沈降と上澄み液を捨てて希釈する作業を繰り返す「沈殿法（希釈法とも呼ぶ）」，卵径より細かい目合いのメッシュを用いて海水を掛け流して洗浄する「メッシュ法」の2つがある．その他，媒精濃度自体を低くする，もしくは孵化を小規模な孵化用水槽ではなく容量の大きい幼生飼育水槽で行うことで，採卵後の分注で自然に精子濃度を下げ，洗卵作業を行わない方法もある[12]．

　どの方法も一長一短だが，当センターでは，これらのうち，沈殿法を採用している．理由は，マナマコの卵は物理的な衝撃に弱く，極力これを避けたいこと，幼生飼育水槽に収容する前に孵化幼生に優先順位をつけるため，孵化に孵化用の小規模な別水槽を用いたいことの2点である．ただし，マナマコの卵は，同様の希釈法で洗卵を行うウニ類よりも比重が小さく，沈降までに時間を要するという問題もある．

　希釈に用いる水槽は採卵時と同様の20$l$容角形スチロール水槽で，各水槽200

万粒を上限に受精卵を収容し，1～2時間かけて沈降させ，大部分が沈降した後に上澄みを捨てる．沈降に要する時間は回次や卵群（親の由来）により異なるが，経験上，沈降の速度と卵の質に明確な相関はないと判断している．この作業を延べ3回行い，孵化用の100$l$容パンライト水槽に収容する．受精卵を水槽当たり200万粒程度収容し，均一に撹拌後，翌日まで孵化（浮上）を待つ．このときの水温は，幼生飼育水温の18℃程度に合わせるが，その水温であれば，概ね受精後18時間から孵化が始まる[11]．

### 2-3　浮遊幼生飼育

マナマコは孵化後，囊胚期，アウリクラリア前・後期，ドリオラリア期，ペンタクチュラ期を経て稚ナマコに変態する（図4・8カラー口絵）．水温や餌料条件で異なるが，その期間は，当センターの飼育方法で孵化後14日程度である．

採卵の翌日，孵化水槽で孵化（浮上）した幼生は，浮上の状況（おおまかな孵化率），孵化幼生の形態，動きで優先順位をつける．孵化幼生は，図4・9A（カラー口絵）のようにきれいな楕円形をしている卵群を優先し，図4・9B（カラー口絵）のように形がいびつなものが多い卵群は使用しない．また，動きについてはゆっくりと自転しながら，直線的な動きをしているものが経験上よい．奇形個体は洗卵などの作業における物理的な衝撃，卵質（精子の質），媒精時間の遅滞，不十分な洗卵（媒精濃度が濃い）などにより発生すると考えられる．優先順位をつけた後，サイフォンで上澄みだけをゆっくりと回収し，計数後，幼生飼育水槽に収容する．その後の飼育方法の詳細は各項目別に述べる．

　ⅰ）**飼育容器**：1,000$l$容ポリカーボネイト水槽（図4・10）を用いる．他の機関においても500～1,000$l$規模で幼生を飼育し，採苗（稚ナマコへの変態）は別の水槽で行う例が多いが，大型の水槽で幼生飼育を行い，そのまま同一水槽で採苗～稚ナマコ飼育を行う機関もある[20,21]．

　ⅱ）**飼育密度**：1～1.2個体/ml（100～120万個体/水槽）としている．当センターでのこれまでの飼育結果では，これ以上の密度で飼育した場合，生残率や成長（変態）などの飼育成績が不安定となる．一方，他の機関（北海道，東北で多い）ではこれ以上の飼育密度（～5個体/ml）でも飼育を行っている例がある[6,11,12]．

4章　種苗生産技術の現状と課題　*83*

図4・10　浮遊幼生飼育状況

ⅲ）**通気**：水槽中央底面にφ50 mmのエアストーンを1個設置し通気を行う．通気量は0.5～1.5 l / 分程度とし，幼生の発育に応じて徐々に増加する．1.5 l / 分以上の通気量を保つことで，幼生や餌料を十分撹拌し，水槽底面への有機物の沈降を防ぐことで，生残率，幼生の成長のばらつきが小さくなるとの知見[11]を参考としている．水槽の容量や形状による違いもあると思われるが，特に底掃除を行わない場合，有機物の沈降を防ぐため，通気量を比較的高く設定する必要があると思われる．

ⅳ）**水温**：マナマコの幼生飼育が可能な水温範囲は15～22℃程度であるが[32]，その範囲内でも飼育水温が低すぎると飼育期間の長期化，それに伴う飼育成績の不安定化，餌料供給量の増加があり，高すぎれば，成長は早まるが，飼育成績の不安定化[32]，加温コストの増加といった問題が生じる．当センターではウォーターバス方式で18～20℃前後に設定している．他の機関においても18～22℃程度での飼育例が多い．

ⅴ）**換水**：当センターでは，収容後4日目より毎日半分量を一度に交換する定期換水を行っている．換水にはポリエチレン製の換水ネット（200目，目合い122μm）を用いる．その他の方法としては，無換水飼育，連続換水飼育がある．これまでの知見[11]を参考に，それらの長短所をまとめると表4・2のとおりとなる．この長短所をふまえた上で，各機関の施設に最も都合のよい方法を選択すればよい．

ⅵ）**底掃除**：2日に1回程度，水槽底面をサイフォンによって，全体の1～2%

表 4・2　各幼生飼育方法の長所と短所

| 換水方法 | 長　所 | 短　所 |
| --- | --- | --- |
| ⅰ) 無換水飼育 | ・換水用加温水の準備，換水作業が不要<br>・特別な飼育施設，設備，が不要<br>・餌料のロスが少ない | ・水質悪化のリスクが高い<br>・給餌量や残餌量に気を遣う |
| ⅱ) 定期換水飼育 | ・ⅲ) に比べ，換水用の飼育水加温コストが低い<br>・ⅰ) に比べ水質悪化リスクが低い<br>・ⅲ) に比べ，飼育設備が簡便<br>・ⅲ) に比べ，餌料ロスが少ない | ・換水用の貯水，加温設備が必要<br>・ⅲ) に比べ，水質悪化のリスクは高い<br>・ⅲ) に比べ，給餌量や残餌量に気を遣う<br>・換水作業が必要 |
| ⅲ) 連続換水飼育 | ・水質悪化リスクが低い<br>・給餌量や残餌量に気を遣わなくてよい<br>・換水作業が不要 | ・換水用の貯水，加温設備が必要<br>・飼育設備が複雑<br>・加温水のロス，餌料ロスが多い |

程度排水する．残餌，死骸，糞などの有機物除去だけでなく，底面の状態（斃死，奇形個体の割合や有機物の量など）から，飼育状況を推測する目的もある．飼育状況が良好な場合は，期間を通じて底面は清浄である場合が多く，特に底掃除を実施していない機関も多い．底掃除によって排出された幼生は基本的に廃棄するが，採苗直前期にドリオラリア期幼生の生存個体が多数みられる場合は，採苗に供する場合もある．

　vii) 餌料：自家培養したキートセロス・ネオグラシーレ *Chaetoceros neogracile*（最近までキートセロス・グラシリス *C. gracilis* と称されていたもの．以下，ネオグラシーレ）の単独給餌としている．これは，単独で用いる場合，マナマコ幼生の餌料としてはネオグラシーレとキートセロス・カルシトランス *C. calcitrans* が適し，パブロバ・ルテリ，イソクリシス・ガルバナ *Isochrysis galbana*，ナンノクロロプシス *Nannochloropsis oculata*（可消化処理済みのもの）は適さないという知見[33]に基づいている．他機関においても，概ねネオグラシーレが使用され，機関によっては民間企業から販売されているものを使用している例もある[6,11,12]．給餌量は 0.5〜3 万細胞/ml で，発育段階や摂餌状況に応じて増減する．増減の基準は状況によるが，残餌が 0.5 万細胞/ml 未満であれば増加，0.5〜1.0 万細胞/ml で維持，それ以上の場合は減少させる．給

餌は，幼生収容の翌日から行い，その後毎日，残餌の計数，換水後に行う．給餌する餌料の細胞数はトーマ血球計算盤，残餌の計数はフックスローゼンタール血球計数盤を用いて行う．

　以上の方法で，通常の飼育事例では，生残率が60～70％程度，稚ナマコ変態直前のドリオラリア期以降の幼生の割合が50％程度である．しかし，アオナマコは比較的良好である場合多いが，アカナマコでは成長，変態の停滞，胃の萎縮（図4・11 カラー口絵），生残率の低下などの飼育不良がしばしばみられる．マナマコ種苗生産工程のうち，当センターで最も苦労することが多い工程はアカナマコの浮遊幼生飼育である．

　幼生飼育不調の原因については回次によって異なることも予想され，現時点で特定できていないが，餌料の質や飼育水中の細菌による場合が多いと考えている．その理由としては，培養期間が長い，古い餌料を与えることで，胃の萎縮が起こるという知見があること[11]，当センターでは，元種からのバッチ式培養を徹底し，培養期間の短い餌料を給餌するように改善したことで，それ以前よりも飼育成績は改善していること，餌料以外の条件は同じで，自家培養餌料と購入した餌料での比較試験を行った結果，購入した餌料を給餌した試験区のみで，胃の萎縮がみられたこと，エアストーンなどの飼育器具の洗浄を行うことで，胃の萎縮症状が起こりにくいとの知見があること[11]，中国において胃の萎縮と類似の症例があり，それは細菌類と関係していて，不適切な給餌や高密度飼育によって引き起こされると考えられていること[34]の5点があげられる．

　したがって，マナマコ，特にアカナマコの幼生管理においては，良質な餌料，すなわち，対数増殖期（増殖速度が早い時期）のもので，培養期間が短く，細菌・原生動物などの混入が少ないものを給餌すること，および細菌類の影響を少なくするため，飼育準備段階における飼育設備の殺菌，消毒の徹底，飼育期間中の器具（エアストーン，換水ネットなど）の洗浄の徹底を心がけている．

　また，この他の対策として，これまでに緑藻類ドナリエラ *Dunaliella tertiorecta* の併用給餌（中国でアオナマコの生産によく使われる餌料）や光合成細菌などによるバイオコントロールを試行したが，明確な改善効果はみられていなかった[10,35]．今後は，微細藻類の栄養成分の違いに着目し，ネオグラシー

レと他の微細藻類の混合給餌について検討を予定している．

### 2-4　付着珪藻培養

　付着珪藻は，浮遊幼生から稚ナマコへの変態促進，およびその後の餌料としての役割がある．当センターでは，付着板として塩化ビニルもしくはポリカーボネイト製の32×40 cm の波板を 10 枚 1 組でホルダーに固定して使用する（図4・12）．

　これまでの知見[36]により，単一珪藻よりもマナマコの採苗に適すると思われる，自然に増殖する天然の付着珪藻を屋外水槽で 1 カ月半～2 カ月程度かけて培養する．付着板を水槽に設置し，種となる付着珪藻が繁茂した種板を全体の 3% 程度差し込み，農業用の肥料を投入後，止水状態で培養する．水槽上面には光量調節のための遮光幕を設置し，水面直上で 1,000～10,000 lx 程度となるように付着珪藻の繁茂状態を見ながら遮光率の異なる遮光幕を使い分けて調節する．培養期間中は 1～2 週間に 1 回程度の換水，海水シャワーによる洗浄，施肥，波板の上下反転を行い，小型で付着力の強い珪藻を均一に繁茂させる．種組成は小型（20μm 以下）の *Navicula* 類，*Nitzschia* 類，*Amphora* 類などが主体である．

　マナマコの採苗においては，付着珪藻の密度が高い方が着底は速やかに進み，

図 4・12　付着珪藻板

その密度はその後の成長にも影響する[36]. このため, 当センターではできるだけ細胞密度の高い（100万細胞/cm$^2$ 以上）付着珪藻板を準備するよう心がけている. しかし, 50〜160万細胞/cm$^2$ 程度の範囲では, 数日経過後の付着率にはほとんど差はなく[36], また, マナマコは着底初期の摂餌圧が低いため, 付着させた後でも付着珪藻を繁茂させることは可能である. したがって, 細胞密度の低い付着板を採苗に使用しても, その後の維持管理をきちんと行えば, 生産上大きな支障はないと考えている. 他の機関においては培養期間が2〜3週間程度と当センターよりも短い例も多い[6, 11, 37]. また, 当センターでは止水状態での培養を行っており, 種組成が安定する, シオダマリミジンコの侵入が少ない, 揚水ポンプの電気代の削減などの長所があるが, 流水状態で培養する機関も多い.

付着珪藻を用いず, リビックを付着させた付着板でも採苗は可能であり[11], その場合はこの工程を省略できる.

### 2-5 採苗

採苗とは, 浮遊幼生を付着珪藻板などの付着基質上で稚ナマコへ変態させる工程のことである. 当センターでは幼生飼育を終了し, 採苗に移るタイミングとして, 浮遊幼生の変態が進み, ドリオラリア期以降の幼生が50%以上となった時点を基準としている. この基準はアウリクラリア後期幼生の割合が高まったステージよりも, ドリオラリア期幼生の割合が高まったステージの方が, 効率よく稚ナマコへの変態が進むという知見[38]を基にしている.

この基準に従えば, 当センターでの幼生飼育方法では, 通常, 飼育開始後14日前後での採苗となる. 逆に言えば, 飼育日数が14日経過後, ドリオラリア期幼生の割合が基準より著しく低い場合（20%以下）は, 飼育不良であり, その後飼育を継続しても改善しない（変態が進まない）ことが多い. なお, ドリオラリア期以降の幼生は浮遊力が低く, 飼育水面表層のサンプルでは過小評価となるため, 柱状サンプリングもしくは底掃除により排出された幼生の状況を参考に割合を算出する必要がある. 以下, 項目別に採苗の工程について紹介する.

ⅰ）採苗水槽：採苗には, 加温が可能な屋内の, 長さ9.0×幅1.0×深さ1.5 mの15 m$^3$ 角形コンクリート水槽もしくは, ポリカーボネイト製の屋根がある半屋内の長さ7.2×幅1.8×深さ0.5 mの7 m$^3$ のFRP製水槽を使用する. 自然水

温が18℃以上となり，加温が必要ない場合は，屋外の15m³角形コンクリート水槽を使用する．水槽内に200目のポリエチレン製のネット（目合い122μm）を設置し，幼生の逸散を防ぐ（図4・13）．

ⅱ）**付着基質**：付着基質として前述の付着珪藻板を用い，できるだけ細胞密度の高いもの（100万細胞/cm²以上）を使用するようにしている．また，付着基質からのシオダマリミジンコ侵入を防除するため，炭酸ガス[39]もしくは0.2％KCL溶液[40]で事前に処理し，採苗水槽に設置する（詳細は§4. 参照）．当センターの場合，設置数は水槽当たり100～110セットである．

付着板の設置の向きについては，垂直置きと水平置きで付着数は変わらず，水平置きは上下で付着数がばらつくとの知見[11,36]を参考に，垂直置きとしている．ただし，それは幼生の変態状況や水槽の形状，エアレーションの状況などに左右されると考えられ，機関によっては水平置きの方が多くの付着数を確保できるとし，水平置きを採用している例もある[6,12]．付着板を設置した後の水位は，幼生と付着基質の接触機会を増加させるため，付着板直上となるように調整している．

なお，付着基質として，付着板ではなく，タマネギ袋などのメッシュを利用する例[11,41]や，中国においてはビニールシートなどを使用している例が知られる[42]．

ⅲ）**飼育水**：シオダマリミジンコの侵入を防ぐため，50μm以下の目合いのカートリッジフィルターと目合い45μmのプランクトンネットで濾過した海水を使用する（図4・14）．また，使用可能な水槽では紫外線殺菌海水を使用する（詳細は§4参照）．

採苗時の水温に関しては，12℃～20℃の範囲では水温が高いほど採苗率が高まるが[38]，加温コストとその効果の兼ね合いから，当センターでは18℃に設定している．また，幼生収容後1週間程度は基本的に止水とし，その後定期換水で，0.5～1.0回転/日程度の換水を行う．

ⅳ）**通気**：当センターは塩ビ管2本を用いた通気管で通気を行っているが，幼生と付着基質の遭遇率を高めるため，水槽全体が均一にとなるように通気する（図4・12）．

ⅴ）**照度**：強い光，紫外線は稚ナマコの減耗要因となる[43,44]．ただし，機関

4 章　種苗生産技術の現状と課題　89

図 4・13　採苗状況（屋外 15 m³ コンクリート水槽）

図 4・14　カートリッジフィルターとプランクトンネットによる注水の処理

によって稚ナマコに影響を与える光の強度（照度）に対する認識は異なっている[6, 11, 12, 41]．この要因は，水槽の形状，付着基質の種類，形状，ネオグラシーレ給餌の有無などの飼育方法の違いや，暴露条件の違い，照度の測定方法の違いなどによるのかもしれない．いずれにせよ，当センターの種苗方法では採苗時に直射日光に暴露すると，稚ナマコが減耗することを確認しており，水面直上の照度が 3,000 lx 以下となるように遮光幕を用いて調節する（図 4・15）．採苗直後の稚ナマコの付着珪藻摂餌圧は低く，またその期間も短いため，低照度による付着珪藻に対する悪影響よりも，紫外線による減耗リスクを優先し，暗めに維持している．屋内採苗の場合は，最大でも 1,000 lx 程度であるので，照

図 4・15　遮光幕設置状況（屋外 15 m³ コンクリート水槽）

度調整の必要はない.

　vi）**給餌**：採苗率の上昇，着底後の稚ナマコ餌料として，飼育水中に 2～5 万細胞 /ml となるように，ネオグラシーレを給餌する．給餌は幼生収容後，15 日目前後まで継続する．その理由や効果については後述する.

　vii）**計数**：稚ナマコの計数作業を，目視による確認ができる 10 日目を目安に行い（図 4・16 カラー口絵）．抽出率 1％で無作為に選んだ付着板上の付着数を計測し，全体に引き延ばして推定値を算出する.

　以上の方法で，ドリオラリア期以降の幼生の割合が 50％程度である平均的な幼生群を採苗に用いた場合は，収容全幼生数から算出した採苗率（付着率）は概ね 30％前後，収容幼生中のドリオラリア期以降の個体割合から算出した採苗率は 50％前後である．しかしながら，年や回次，水槽によってその値はばらつくことが多い．その一番の要因は採苗に供した幼生の状態（質）であると考えられ，近年，幼生飼育の不調がよく見られるアカナマコの場合は，平均の採苗率で 5％程度と，かなり低い年もある.

　検証の余地が残されているとされているが，伊藤[36]によれば，ウニ類で変態促進効果のあるヒジキ[45]やカリウムイオン $K^+$（薬事法改正以降は使用不可）[46]のように，生産現場で使用可能なマナマコの変態を促進するもの（物質）は，これまで確認されていない（実験室レベルではマナマコの変態を促進する物質として，ドーパミンが知られている[47]）．したがって，現状ではマナマコの採苗率

を高め，効率的な生産を行うための最善策は，良好な状態の幼生を育生することである．

　幼生の飼育状況と上記の基準となる採苗率を併せ，予定とする付着数となるように収容幼生数を決定する．予定とする付着数は当センターの場合，付着板1枚当たり300個体としている．これよりも多ければ，その後の飼育における成長停滞や後述する大量減耗がみられる場合があるなど飼育成績が不安定になり，これよりも少なければ，採苗用に準備する水槽の増大，加温コストの増大など，非効率的な採苗となる．

　付着数が著しく多い場合（500個/枚以上），採苗から10～20日目に大量に減耗する事例がみられている[13]．直近では，2011年のアオナマコ生産で，採苗後15日前後に，一晩に約100万個体が大量減耗する減少がみられた．減耗した水槽内に別の水槽から稚ナマコを収容すると同様に一晩で減耗することなどから，筆者は細菌性の疾病ではないかと推測した[35]．また，最近では，北海道でスクーチカ Miamiensis avidus という大きさ10～50μm程度の繊毛虫による減耗が確認されている（北海道　酒井氏私信）．酒井氏によれば，このスクーチカによる減耗は体長1.5 mm未満の飼育初期にみられ，シオダマリミジンコなどで体表が損傷した場合は体長10 mmでも発症する場合があるとのことである．原因を特定するにはDNA分析の必要があるが，スクーチカのDNAを十分量集めることは難しい．本種は貯水槽などの浮泥内に生息しており，この被害を防ぐために，幼生飼育期間から稚ナマコ育成期間を通じて貯水槽の洗浄は避けるか（洗浄は飼育前に済ませておく），飼育水を一度40℃以上の高水温で10分間以上殺菌した飼育水を常温に冷やしてから使用するなどの対策しかない．稚ナマコの密度が高いほど被害が大きいため，被害が懸念される場合は低密度で飼育する必要がある．

　これら知見をもとに，対策として，付着数を著しく多くしないように努め（500個体/枚以下），多く付着した場合は，早期の分槽により付着密度を下げるよう努めている．また，直接の減耗要因ともなるシオダマリミジンコ対策をスクーチカによる減耗防除の点からも実施している（詳細は§4. 参照）．

## 2-6 稚ナマコ飼育（10日目の計数後～）

　計数後，注水を開始し，稚ナマコ飼育の工程に移る．当センターにおける直近2年間の稚ナマコ飼育結果を示す（図4・17，表4・3）．直近2年間の平均体長（メントール麻酔時[48]）の推移はアカナマコ，アオナマコとも採苗後20日で約3 mm，30日で約5 mm，60日で約15 mmとなり，タイプによる差はみられない．これを当センターの飼育マニュアルに記載の1994年の通常飼育時[13]と比べると，採苗後30日時点で約2倍，60日時点で約3倍の成長を示している．これは，後述する飼育方法の各項目の改良のうち，付着珪藻に加えて，ネオグラシーレ，海藻粉末主体の配合餌料の給餌を開始したことが主要因と考えている．

　生残率は，採苗後20日以内に大量減耗がなければ，採苗〜1回目の取り上げ

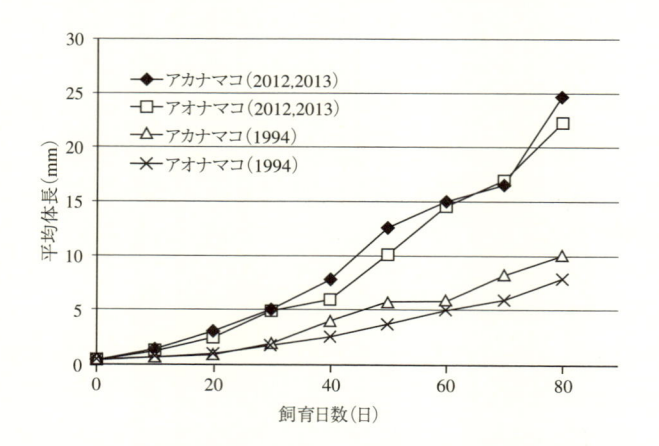

図4・17　稚ナマコ平均体長の推移（直近2年間の平均値と過去の通常飼育事例との比較）

表4・3　稚ナマコ飼育結果（2012，2013年の1回目の取り上げ時）

|  | 生産年 | 初期付着数 (×10⁴) | 水槽数 | 平均飼育 日数（日） | 取上 個体数 (×10⁴) | 平均 生残率 (%) | 全長 (mm) |
| --- | --- | --- | --- | --- | --- | --- | --- |
| アカナマコ | 2012 | 72.2 | 15 | 72.2 | 84.1 | 116.5 | 15.1 |
|  | 2013 | 134.8 | 9 | 68.5 | 113.8 | 89.4 | 14.4 |
| アオナマコ | 2012 | 93.4 | 11 | 70.7 | 100.3 | 107.4 | 15.1 |
|  | 2013 | 201.0 | 14 | 66.6 | 133.8 | 62.7 | 17.3 |

を行う60～70日までで80％以上である．生残率に関しても，年によってバラツキはあるが，アカ，アオのタイプによる差はほとんどみられない．以下，各項目について紹介する．

 ⅰ）**飼育密度**：採苗を屋内の加温水槽で行っている場合，ネオグラシーレの給餌を終了する採苗後15日目前後で屋外の飼育水槽へ移動する．屋内では照度が低く（当センターでは最大で1,000 Lx程度），付着珪藻密度の維持が困難であるためである．移動に合わせ，水槽に設置するネットの目合いを200目から100目（目合い229μm）に交換し，併せて飼育密度の調整を行う．飼育密度に関して，初期付着数と日間成長量（mm/日），生残率（％）の関係を示す（図4・18，図4・19）．付着板当たりの付着数が50～150個体，（水槽当たりの個体数が5～15万個体，容積当たりの個体数が0.7～2.1万個体/m$^{3)}$の範囲内であれば，飼育密度と成長や生残に明確な相関関係はみられない．採苗時の適正付着数は300個体/枚としているため，付着数により1水槽を2～3水槽に分槽し，飼育密度を100～150個体/枚程度（10～15万個体/水槽）に調整する．このとき，稚ナマコが付着している付着板と，新たな付着板（付着珪藻のみ）を1～2枚おきに交互に入れ替え，稚ナマコの分散を促す．概ね2～3週間後には，均一に分散する．また，半屋外のFRP水槽や屋外で採苗した場合でも，同様の密度調整を同様の時期に行う．なお，この，付着板の移動や密度調整は，紫外線によるダメージを極力排除するため，曇りの日に行い，できるだけ迅速な作業を心がけている．

 北海道における高密度飼育事例では，採苗後1カ月程度は，13万個体/100$l$もの高密度で，低密度飼育の場合と成長に顕著な差はなく飼育可能との知見がある[11]．高密度で飼育可能であれば，生産の省力化，低コスト化が大いに図れ，特に後述するシオダマリミジンコ対策を集中的に行えるようになるなどメリットが大きい．当センターにおいては，採苗後15日前後で密度調整を行っているが，成長や生残に影響がない範囲で，その時期をできるだけ遅らせるように検討を進めている．

 ⅱ）**飼育水槽**：採苗水槽と同型の屋外コンクリート水槽を使用する．当センターのコンクリート水槽は二重底で，水槽の上半分に飼育用のネット（100目）を設置し，その中で飼育を行う方式である（実効水量は約7 m$^{3)}$．水深の浅い

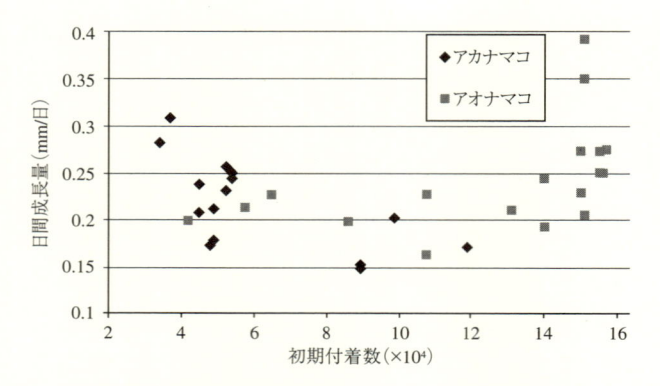

図 4・18　初期付着数と日間成長量の関係（2012 年，2013 年飼育データより）

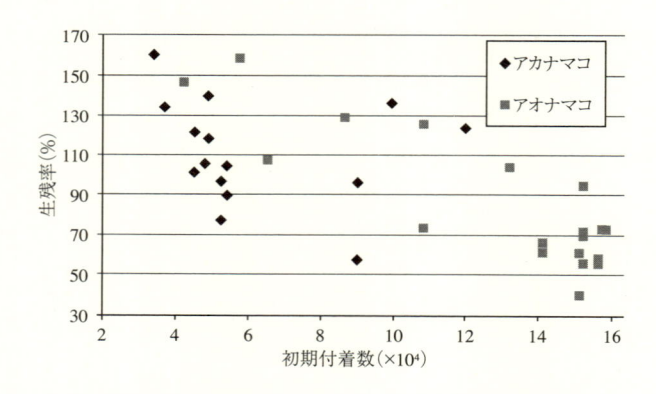

図 4・19　初期付着数と生残率の関係（2012 年，2013 年飼育データより）

FRP 水槽で，直に付着基質を設置して行う方法と比べると，底に堆積した稚ナマコの糞や残餌などの有機物の腐敗が起きにくく，底掃除が不要になる，流水条件下でも配合飼料が流出しにくいという長所がある．他の機関では，水槽に直接付着基質を設置して飼育する場合が多い．

　ⅲ）**飼育水**：採苗期間中，加温していた場合は，1 日に 1〜2℃ 程度の幅で，自然水温に近づける．シオダマリミジンコ対策として，注水は採苗後 40 日程度，遮光幕を撤去するまで，前述のカートリッジフィルター，プランクトンネットで濾過したものを使用し，可能な場合は紫外線殺菌海水を使用する（詳細は

図 4・20 塩ビパイプによる注水

§4. 参照). 採苗後 1 週間程度は止水, その後飼育日数の経過とともに 0.5～8 回転/日程度に増加する. 注水からのシオダマリミジンコ侵入リスクをできるだけ低減するため, 換水率はできるだけ低く維持するが, 遮光幕撤去後は, 日射による水温上昇を防ぐため, 換水率を増加させる必要がある. また, その際は注水側と排水側での水温差を防ぐため, 水槽の長辺と同程度の長さの注水パイプを用いた注水を行う (図 4・20). なお, 後述するネオグラシーレ, 海藻粉末主体の配合飼料 (以下, 配合飼料) の給餌を行う場合は給餌後止水とし, 夕方に通水する定期換水で流出を防ぐ場合もある.

iv) 通気:採苗時と同様に水槽全体の飼育水が均一に撹拌されるように通気する.

v) 遮光:当センターの照度別の稚ナマコ飼育試験結果[49]では, 稚ナマコに悪影響がない範囲では, 高照度下で成長がよい傾向にある (表 4・4). 照度が高い方が, 管棲群体型の *Navicula* や大型の付着珪藻 (*Amphiprora* や *Coscinodiscus* など) の量が多く, 高照度による高成長の要因としてはそれら付着珪藻の量と種類によるものと考えている. 同様の事例は他機関においても報告されている[41]. 当センターでは, 50% と 70% の遮光率の遮光幕を用いて, 採苗～20 日 (平均体長で約 3 mm まで) の期間を照度 3,000 lx 以下 (70% を1 枚), その後 40 日程度 (平均体長で約 5 mm まで) まで 20,000 lx 以下 (50% を 1 枚), それ以降は遮光幕を撤去する (晴天時には 80,000 lx 以上になる) ようにしている. ただし, これらは目安であり, 飼育状況や付着珪藻の状態によっ

表4・4 照度別の稚ナマコ飼育結果

| 試験年 | 遮光率(%) | 試験日数(日) | 試験開始時 収容個体数 | 試験開始時 平均体長(mm) | 試験終了時 取り上げ個体数 | 試験終了時 平均体長(mm) | 生残率(%) | 日間成長量(mm/日) |
|---|---|---|---|---|---|---|---|---|
| アカナマコ 1998 | 70 | 48 | 23,000 | 7.4 | 21,925 | 12.3 | 95.3 | 0.10 |
| | 50 | 49 | 25,000 | 6.1 | 20,297 | 16.7 | 81.1 | 0.22 |
| | 0 | 50 | 33,000 | 6.7 | 27,517 | 20.6 | 83.4 | 0.28 |
| アカナマコ 1999 | 70 | 62 | | | 29,218 | 8.46 | 58.4 | 0.08 |
| | 50 | 57 | 50,000 | 3.31 | 38,050 | 12.15 | 76.1 | 0.21 |
| | 0 | 58 | | | 45,569 | 17.75 | 91.1 | 0.31 |
| アオナマコ 1997 | 90 | 62 | | | 4,706 | 12.1 | 53.0 | 0.16 |
| | 70 | 62 | 8,800 | 2.4 | 5,667 | 15.1 | 63.8 | 0.24 |
| | 50 | 63 | | | 7,171 | 18.5 | 80.8 | 0.29 |
| | 0 | 63 | | | 5,999 | 30.3 | 67.6 | 0.48 |
| アオナマコ 1998 | 70+50 | 66 | 15,000 | | 15,816 | 12.1 | 100.0 | 0.14 |
| | 50 | 65 | 14,000 | 2.7 | 14,003 | 15.1 | 100.0 | 0.23 |
| | 0 | 64 | 14,000 | | 12,534 | 18.5 | 89.5 | 0.29 |
| アオナマコ 1999 | 70 | 67 | | | 27,226 | 16.71 | 49.5 | 0.20 |
| | 50 | 69 | 55,000 | 3.29 | 32,737 | 24.97 | 59.5 | 0.36 |
| | 0 | 71 | | | 46,215 | 26.09 | 84.0 | 0.37 |

て異なる．遮光率の変更を行う場合は，事前に部分的に行い，問題がないことを確認してから全体で行う．また，晴れの日中に遮光幕を撤去するなどの急激に照度を変化させた場合，体長5 mm以下の稚ナマコは光から逃避する時間がなく，萎縮して斃死する場合がある．したがって，遮光率を変更する際は，曇りや雨の日か，夕方に行うようにしている．

vi) 施肥：付着珪藻の繁茂を促すための栄養塩供給源として，イオンカルチャーパック（(株)不動テトラ製），ゲルカルチャー（第一製網（株）製）を水槽内に設置する．使用量は水槽当たりそれぞれ2 kgとし，タマネギ袋に小分けして設置する．

vii) 付着板の反転：v），vi) に加え，1回/週程度（遮光幕撤去後は2回/週程度），付着板の上下を入れ替える反転作業を行うことで，付着珪藻の維持に努める．特に遮光幕撤去後は，稚ナマコの減耗要因となり[12]，取り上げ選別作業に多大な労力が必要ともなるシリオミドロ類が繁茂しやすい状態となるため，頻繁に行う必要がある．これら緑藻類の繁茂が確認された場合は遮光幕を設置

するが，設置を早い段階で行わなければ，消失にかなりの期間を要し，その間の付着珪藻の維持が困難となる．

viii) 給餌：稚ナマコ飼育時の主な餌料は付着珪藻であるが，採苗～15日目（体長約2 mm）を目安にネオグラシーレを，それ以降は海藻粉末を主体とした配合飼料の併用給餌を行う．

ネオグラシーレの給餌については，着底後1カ月程度の初期では，リビックに比べ，キートセロス（ネオグラシーレと同じもの）の方が餌料として優れ，その後の餌料としてはリビックの方が優れているという北海道の知見[11]を参考にしている．当センターにおける試験[50]においても，アカナマコで採苗後15日目まで付着珪藻のみで飼育する場合と，付着珪藻とネオグラシーレ（2万細胞/ml）を併用給餌する場合の成長比較で，後者が前者の約1.3倍となるという結果を得ている．また，その後，30日目まで飼育する場合は，ネオグラシーレよりも海藻粉末主体の配合飼料や市販の付着珪藻粉末（商品名：ダイアパウダー，マリンテック（株））を給餌した方が成長がよいとの結果を得ている．他の機関においても着底後ある一定の期間はネオグラシーレを給餌している期間が多い[6, 11, 12]．

以上の知見などから，ネオグラシーレは着底初期において餌料価値が高く，また海藻粉末などに比べ飼育水の水質悪化も少ないが，一方で，成長に従い相対的な餌料価値が低下し，培養の手間やコストがかかる飼料である．したがって，当センターでは給餌期間を，効果の高い採苗から15日目（体長約2 mm）までとし，その後は後述する配合飼料を給餌している．

配合飼料は海藻粉末2種と貝化石の同重量混合物で，当センターにおける給餌量と頻度は表4·5のとおりである．給餌にあたっては，ミキサーで海水に懸濁後，水槽全体に散布する．遮光幕を設置していて水温の上昇がない，採苗から40日前後までは，散布後に2～5時間程度止水とし餌料の流出を防ぐ．以前は沈降を促すため，止水時間中は併せて無通気としていたが，効果が認められなかったため，現在は通気している．国内で稚ナマコ用餌料として市販されているものは複数あるが，当センターでは使用量が多く（1シーズンの生産で，海藻粉末を50～100 kg程度使用する），コスト面から導入は難しいと考えている．

海藻粉末の種類は，親ナマコの補助餌料としても使用するマコンブとアスコ

表4・5　配合餌料の給餌基準表

| 採苗後日数（日） | 配合餌料の種類と混合割合* | 給餌量（g）/水槽 | 給餌量（mg）/個体数** | 給餌頻度 |
|---|---|---|---|---|
| 15～30日 |  | 100 g | 1 |  |
| 30～60日 | LJ：AG：FG ＝ 1：1：2 | 150 g | 1.5 | 週2-3回 |
| 60日～ |  | 200 g | 2 |  |

＊LJ：ラミナリアジャポニカ，AG：アルギンゴールド，FG：フィッシュグリーン
＊＊水槽あたりの個体数を10万個体とした場合

　フィルムと暫定的に決めている．その理由を以下に述べる．
　これまでに使用実績[6,9,11,12,50]のあるリビックが製造中止となり，緊急的に代替となるようなものを探索した結果，ほぼ同じ成分内容であるアスコフィルムが稚ナマコ餌料として使用可能という結果を得た[51]．その後，国内で，安価に，大量に入手可能な海藻粉末3種，アスコフィルム，マコンブ，南アメリカやチリに分布する大型の褐藻類であるレッソニア（商品名；レッソニア，（株）アンデス貿易）で小規模な比較試験を行った結果，嗜好性はマコンブ＞レッソニア＞アスコフィルムの順で，生残率に差はなく，成長はマコンブ＞アスコフィルム＞レッソニアの順であった[52]．さらに，その結果をふまえて，マコンブとアスコフィルムを比較した実証試験においては，生残率に差はなく，成長はほとんど差がみられないもののマコンブ＞アスコフィルムという傾向がみられた[52]．また，比較した種類は異なるが，6種の海藻粉末（ウミトラノオ *Sargassum thunbergii*，コバモク *Sargassum polycystum*，アマモ *Zostera marina*，オオバアオサ *Ulva lactuca*，マコンブ）のマナマコ餌料としての評価を行った例では，嗜好性はマコンブが高く，成長はマコンブとオオバアオサがよいとの知見がある[53,54]．
　以上の知見より，現状で，安価に入手可能な海藻粉末の中ではマコンブ粉末がマナマコの餌料として最も適すると考えている．当センターでは，これに栄養バランスなどを考慮し，実証試験でほとんど差がみられなかったアスコフィルムも併用する方法を暫定的に採用している．また，貝化石に関しては，砂粒とともに給餌した方が，給餌効果が高いという知見[55,56]をもとに混合し，岩手県[12]における方法を参考に，混合比率は50％としている．
　マナマコの種苗生産や養殖が我が国よりも盛んに行われている中国において

は，海藻粉末に加え，魚粉，魚油，海底の泥，大豆粕，ビタミン，ミネラル，酵母，免疫賦活剤などを混合して与えることが多い[42, 57]．マナマコの飼料や栄養要求に関しては，近年，中国を中心に盛んに研究が行われている．例えば，Sun et al.[58]，Liu et al.[54] 小林ら[59]，Seo and Lee[60] Gao et al.[61]，Shi et al.[62] などのマナマコ飼料に適した飼料成分の種類や栄養成分（主にタンパク質と脂質含量），混合する砂泥の影響に関する研究例，Okorie et al.[63, 64]，Gao et al.[65] などの飼料に添加するビタミン類（ビタミンCとE）の影響に関する研究例，Hasegawa et al.[66] による飼料の微生物分解による影響に関する研究例，Zhang et al.[67]，Zhao et al.[68]，Wang et al.[69] などの免疫賦活剤に関する研究例，Xia et al.[70] などの飼料の形状に関する研究例，Jiang et al.[71] のアカナマコとアオナマコの栄養要求の差違に関する研究例などがある．

以上のような知見を参考にしながら，今後，マコンブ粉末を主体としつつ，他の海藻粉末や栄養成分を混合し，稚ナマコの栄養要求や摂餌生態に即し，かつコストや給餌の容易さなどを加味した，好適な配合飼料の検討を継続していく考えである．

配合飼料の給餌の効果については，その他の飼育方法が若干異なるため，一概に比較することは難しいが，配合飼料を給餌せず，付着珪藻のみで飼育していた過去の事例と比較すると，配合飼料給餌期間中の成長や生残は大幅に向上している[50]．それに伴い，生産数量の増加，生産期間の短縮化が可能となっている．給餌にかかるコストについては，海藻粉末が300円/kg程度，貝化石が350円/kg程度であり，種苗生産全体にかかるコストに比較して，低い（当センターの使用量で1シーズン3～5万円前後）．また，当センターでは底掃除も行わないことから，作業量増加などの配合飼料の給餌によるデメリットはないと考えている．

ix）底掃除：先述のとおり二重底の角形コンクリート水槽で飼育している場合は，基本的に1回目の取り上げを行う採苗後60～70日程度まで実施しない．底掃除を行うFRP水槽に比べ，堆積物は多いが（図4・21），コンクリート水槽での飼育の方が高成長である事例が多く，おそらくこの堆積物を飼料として有効に利用していると予想している．二重底でないFRP水槽で飼育した場合は，堆積した有機物が腐敗し，硫化水素を発生するため，2週間に1～2回程度の底

掃除が必要である．

　x）**取り上げ選別**：平均体長が15 mm前後となる採苗後60～70日で（図4・22），1回目の取り上げ作業を行う．取り上げは，基本的に刷毛による手作業で行うが，水槽内（ネット内）に残った個体は，底掃除と同じ要領でサイフォンを用いて回収する．

　取り上げ後，目合い3 mmのステンレス金網製の篩い（図4・23）でサイズ選別を行い，大サイズ（図4・24A）と小サイズ（図4・24B）に分ける．平均体長が15 mm程度の場合では，大サイズの平均体長は20 mm程度，小サイズの平均体長は10 mm程度で，その個体数割合は1：1程度である．

　個体数の計数は重量法による．すなわち，大と小それぞれで，全体の5～10％程度（水槽当たり5,000～10,000個体）の個体数の重量を計測し，それをもとにした個体当たりの重量で個体数を推定する．大サイズはそのまま出荷用のイケスに収容し，各漁協，漁業者に配布する．小サイズは，後述する再付着飼育に供する．

　取り上げ，選別の際はできるだけ丁寧な作業を心がけ，びらんの発生要因となる体表のスレや内蔵吐出に注意する．夏場の高水温時期はそれらが発生しやすいため，特に注意が必要である．

　xi）**再付着飼育**：1回目の取り上げ時の小サイズは，再び同じ飼育方法で飼育する．付着板に再度付着させる場合は，通気を止め，付着を確認した後（30分後程度）に通気する．

　収容密度は，付着板1枚当たり100～200個体程度とし，通常の場合，体長10 mm程度での再付着から15～30日程度の飼育で平均体長が15 mm程度に成長する．その段階で再び取り上げ，選別作業を行う．この期間中の生残率は，概ね80％以上である（表4・6）．

4章　種苗生産技術の現状と課題　101

図4・21　水槽底面の堆積物

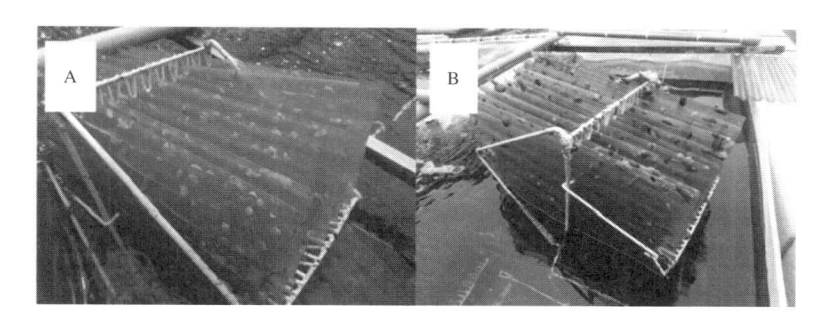

図4・22　取り上げ直前の稚ナマコ
　　　　A：アカナマコ，B：アオナマコ．

図4・23　稚ナマコ選別用のステンレス金網製篩い（目合い3mm）

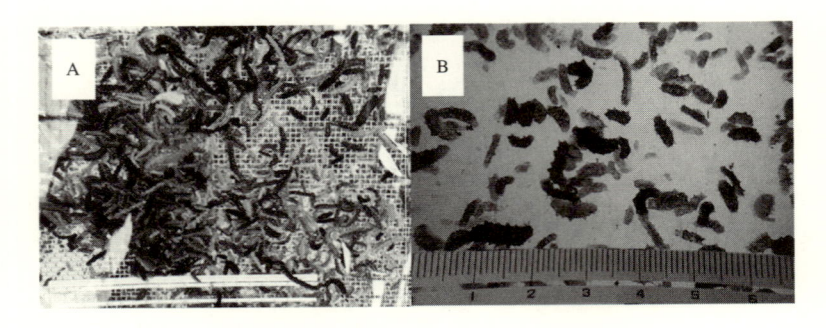

図4・24 選別後のアオナマコ
A：篩上がり個体，B：篩落ち個体

表4・6 再付着飼育結果（2012年飼育データ）

| | 水槽No. | 再付着個体数（×10⁴） | 開始時全長（mm） | 飼育日数（日） | 延べ飼育日数（日） | 取り上げ個体数（×10⁴）大 | 小 | 計 | 取り上げ時全長（mm）大 | 小 | 平均 | 生残率（％） |
|---|---|---|---|---|---|---|---|---|---|---|---|---|
| アオナマコ | 1 | 19.5 | 8.9 | 約15 | 86 | 7.5 | 10.0 | 17.5 | 17.2 | 10.6 | 13.4 | 89.7 |
| | 2 | 15.6 | 8.9 | 約13 | 85 | 7.8 | 7.3 | 15.1 | 18.5 | 10.6 | 14.7 | 96.4 |
| | 3 | 16.6 | 8.9 | 約18 | 89 | 6.6 | 6.1 | 12.7 | 18.8 | 10.6 | 14.9 | 76.7 |
| | 計 | 51.7 | 8.9 | | 86.7 | 21.9 | 23.4 | 45.3 | 18.2 | 10.6 | 14.3 | 87.6 |
| アカナマコ | 1 | 5.8 | 9.9 | 33 | 102 | 3.6 | 2.9 | 6.5 | 24.2 | 9.9 | 17.8 | 112.2 |
| | 2 | 8.1 | 9.9 | 約30 | 103 | 4.1 | 4.0 | 8.1 | 16.4 | 9.9 | 13.2 | 99.9 |
| | 3 | 5.8 | 9.9 | 約30 | 105 | − | − | 4.4 | | | 12.8 | 77.1 |
| | 計 | 19.7 | 9.9 | | 103.3 | 7.7 | 6.9 | 19.0 | 20.3 | 9.9 | 14.6 | 96.4 |

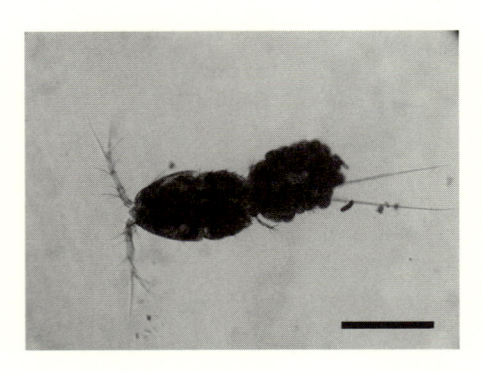

図4・25 シオダマリミジンコ *Tigriopus japoonicus* の抱卵個体
スケール・バーは500μm.

## §3. シオダマリミジンコ対策

　シオダマリミジンコ *Tigiopus japonicus*（図 4・25）とは匍匐性の小型の甲殻類（カイアシ類）で，天然の海域では潮間帯などに生息する．このシオダマリミジンコ（機関によっては類似種である可能性がある）は，稚ナマコの飼育水槽内に侵入し，増殖することで減耗を引き起こすマナマコの害敵生物といえる．このシオダマリミジンコがマナマコを摂餌し，斃死させるという報告もあるが[43]当センターの試験結果では，マナマコが胃内に取り込まれている例を確認できないため，食害ではなく物理的な損傷による減耗と考えている[72]．稚ナマコと同居させると，稚ナマコの体表に付着し，激しく動き回り，時間の経過とともに稚ナマコが斃死する（図 4・26）．またシオダマリミジンコによる体表の物理的損傷が原因で，スクーチカの寄生による減耗（酒井氏私信）や，体表のびらんによる斃死が発生する場合，稚ナマコが萎縮し成長が停滞する場合もある．さらに，これらの直接的な作用だけでなく，餌料である付着珪藻を食害するため，餌料競合種でもある．薬事法の改正以降，駆除に有効な薬品[9,43]が使用不可となった現在，シオダマリミジンコによる減耗や成長の停滞は，全国のマナマコの種苗生産機関の共通で深刻な問題となっている．
　これまでのシオダマリミジンコに関する知見の中で，稚ナマコ減耗防除の観

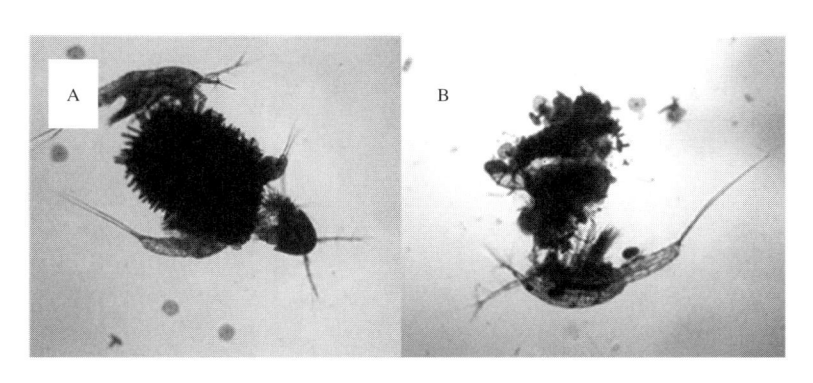

図 4・26　稚ナマコの体表で這い回るシオダマリミジンコ
　　　　　A；稚ナマコ生存，B；稚ナマコ斃死．

点から重要と思われるものは以下のとおりである.

①成体の体長は約 1 mm で,卵の大きさは $50\mu m$ 程度である.孵化後脱皮を繰り返しながら成体となり,その期間は,水温の低下とともに長くなる[73,74].成体は 2 日に 1 回,50 個程度の卵を産む[73].

② 16～20℃では,卵は 2 日程度で孵化に至る[11].

③生息密度が高くなると,稚ナマコの減耗要因となる.10 個体/21.2 cm$^2$ 以上[40],2 個体/cm$^2$ 以上[72]で減耗が始まるとの知見がある.

④稚ナマコの体長が小さいほど影響(減耗)を受けやすく,特に影響を受けやすいサイズは 3 mm 以下である[72,74].ただし,それ以上のサイズでもシオダマリミジンコの密度によっては減耗が起きる[40].

⑤付着板に付着珪藻が繁茂している間は,付着珪藻を摂餌し,なくなると稚ナマコの体表に付着し,減耗を引き起こす[72,74].

以上の知見をもとに,シオダマリミジンコ対策について,飼育水槽内へのシオダマリミジンコの侵入を防ぐ方法(侵入防除),飼育水槽内に侵入した後に,シオダマリミジンコの増殖を防ぐ方法(増殖抑制),シオダマリミジンコが増殖した後で減耗を防ぐ方法(減耗防除)の 3 つの観点から対策を紹介する.

残念ながら,1 つ,2 つの対策で完全に効果が認められるものはなく,実際の種苗生産現場では,これらの対策を可能な限り複数組み合わせて行っている.また,複数組み合わせて対策を行っても,年や回次によってシオダマリミジンコによる大量減耗が起きることがあり,依然として課題の解決には至っていないことも付け加えておく.

### 3-1 侵入防除

#### 1)注水からの侵入防除

シオダマリミジンコは,天然海域に存在する普通種であり,そのサイズも小さいことから,多くの種苗生産施設で行われている砂濾過処理後の海水中にも存在している.よって,注水からの侵入を防ぐためには,卵のサイズ($50\mu m$)以下のフィルターで再度濾過する必要がある[40].

当センターでは,注水量が少ない採卵や幼生飼育などの場合は,カートリッ

ジ式のフィルターを使用し，最終的な目合いを 1 $\mu$m としている．注水量が多い稚ナマコ飼育の場合は，カートリッジフィルターの目合いを 25 $\mu$m 程度とし，プランクトンネット（目合い 45 $\mu$m）と併用して使用する．注水量が多い場合は，1～2 週間に 1 度程度のフィルターの交換，毎日のネット洗浄が必要となる．ただし，使用するカートリッジフィルターは簡易式のものであるため，目合い 1 $\mu$m のフィルターを設置していても完全には排除できないということを認識しておく必要がある．

### 2）人からの侵入防除

マナマコの飼育作業を行う場合は，作業従事者の全身（特に手）と使用する飼育器具を水道水でよく洗ってから作業する．

### 3）親ナマコからの侵入防除

採卵の節で述べたが，親ナマコの体表や体内に存在するシオダマリミジンコを除去する必要がある．具体的には，北海道で行われている方法を参考に，淡水浴を 2 分程度実施し，体表をこすり脱落させる[11,40]．1 個体の親から数十～数百個体のシオダマリミジンコが回収される．ただし，体腔内に侵入している個体の排除は難しい．

### 4）付着基質からの侵入防除

採苗に使用する付着珪藻板には，特別な管理をしていなければ，必ずシオダマリミジンコが存在するため，採苗の直前に可能な限り排除しておく必要がある．方法としては，炭酸ガス通気海水[39]，0.2％ KCL 溶液[40]，淡水（水道水での洗浄）[6,11,40]，低塩分海水[75]，濃塩水（食塩水）[76] などに付着板を浸漬し，シオダマリミジンコを脱落させる方法が用いられている．各溶液で浸漬時間は異なるが，作業の流れは同様である．ここでは，当センターが開発した，炭酸ガス通気海水を用いた手順[39,78] を紹介する．

①シオダマリミジンコは pH 5.0 では 30 分，pH 5.2 では 1 時間の浸漬で，卵以外はその大きさに関わらず斃死する（コペポダイト期よりもノープリウス期の方が耐性はある）．よって海水中の pH を基準とし，pH 5.2 以下の炭酸ガス通気海水を作製する．作製に要する時間は通気量，水量，水温で異なるが，通気量 10$l$/分，水量 100$l$，水温 20℃ で 5 分程度である．通気には，気泡が細かい分散器かユニホースを使用する．

②作製した炭酸ガス通気海水に，付着板を1時間程度浸漬する．この間，付着珪藻に対する悪影響はない．

③浸漬後，炭酸ガスに抵抗力のある卵をできるだけ排除するため，海水中で付着板を激しく振る．

④あらかじめカートリッジフィルターとネットで2重に濾過した海水（目合いは前述のとおり）を貯めた水槽に移す．

以上の処理で，付着板に存在するシオダマリミジンコの99％以上は除去可能である．しかしながら，卵の不活化にはpH 5.0の条件下で24時間程度の浸漬が必要であり（野口未発表），残存した卵による増殖が懸念される．よって，効果をより高めるには，北海道で行われているように[11]，先の手順を，残存している可能性のある卵の孵化が始まる時期～成体となって産卵する時期の間（水温20℃で3日前後）に再び繰り返す必要がある．

5）紫外線殺菌海水の使用

注水に紫外線を照射することで，飼育水槽内でのシオダマリミジンコの増殖が遅れるという知見[6]がある．当センターでは，クロアワビやアカウニの飼育に紫外線殺菌処理海水を使用するが，砂濾過のみの海水を使用する水槽に比べ，シオダマリミジンコの増殖が遅いという同様の感覚を筆者ももっている．紫外線照射により，シオダマリミジンコの活力や繁殖力を低下させることができるのではないかと考え，現在，その効果について検証を行っている．

以上の1）～5）の侵入防除をもれなく行うことにより，当センターでは採苗から少なくとも1ヵ月程度は，シオダマリミジンコの増殖を抑えることが可能となっている．

## 3-2　増殖抑制

3つの方法のうち，この増殖抑制は，稚ナマコとシオダマリミジンコが同所的に存在する状況で行うため，稚ナマコへの影響も考慮する必要があり，技術的に最も難しく，手間もかかる方法である．

1）飼育水槽内での物理的除去

飼育水を水槽内で循環し，$50\mu m$以下のネットで濾過することで，物理的に除去する方法である．北海道では，水中ポンプで循環させる方法や，より簡便

にエアリフトを用いて循環させる方法を開発し，薬浴による除去と同程度の飼育結果を得ている[11, 40, 79]．この方法が増殖抑制の方法の中で，現時点では最も効果的かつ比較的省労力と考えられる．

### 2）水槽替え

稚ナマコが取り上げ作業に耐えられる大きさであれば，水槽替えによるシオダマリミジンコの密度低下は効果的である．北海道では，濃塩水（食塩水）を用いて取り上げ作業を行い，その後にメッシュを用いて稚ナマコとシオダマリミジンコを分離する方法が開発されている[76]．しかし，取り上げ，分離・選別作業は作業量が多く，また採苗前の付着板の処理とは異なり，稚ナマコに対するダメージも考慮して実施する必要があるという短所もある．

### 3）捕食生物による除去

シオダマリミジンコを含むカイアシ類は天然海域において他の生物の（初期）餌料であり，稚ナマコ飼育水槽内に捕食生物を導入し，シオダマリミジンコを捕食させるという方法である．捕食生物を収容するだけで済み，手間がかからないという長所がある．

これまでに捕食生物としてアゴハゼを用いた例が知られている[6]．少なくとも体長 2 mm 以上のマナマコはアゴハゼによる食害は受けず，一定の駆除効果は認められているようである．筆者は同様の考えで，アゴハゼよりも入手が容易（大量に安価に購入可能）と考えられるミナミメダカ *Oryzias latipes*（従来のメダカの南日本集団，以下メダカ）を海水馴致したもので駆除効果を検証した．その結果，体長 2 mm 以下のマナマコはメダカによる減耗（おそらく捕食による）を受けること，それ以上のサイズの個体でも減耗はないが，メダカにつつかれることにより大半の個体が付着板から脱落する例があることなどを確認している（筆者未発表）．しかしながら，シオダマリミジンコの駆除効果は高いことを確認しており，今後，稚ナマコに影響を与えない適正なメダカのサイズや収容密度などを解明し，実用化に向けて検討を進めていく考えである．

## 3-3 減耗防除

### 1）付着珪藻密度の維持

付着珪藻の存在下では稚ナマコの減耗は抑制されることに着目し，付着珪藻

の密度を高く維持することで減耗を防ぐ（低減する）方法である．具体的方法としては稚ナマコ飼育で述べた遮光の調整，施肥，反転作業である．遮光幕を撤去し，付着珪藻の繁茂を促した場合，シオダマリミジンコが増殖しても，ある程度の付着珪藻密度を維持できる．したがって，後述するように，遮光幕を撤去可能な（紫外線による減耗が起こらない）体長まで速やかに稚ナマコを成長させることが併せて重要である．

### 2) メッシュによる飼育

付着基質として付着珪藻板でなく，タマネギ袋などのメッシュを使用することで，シオダマリミジンコの影響を低減できるという知見がある[11]．付着板に比べ，水槽当たりの飼育可能個体数は減少するが，稚ナマコがタマネギ袋内部に入り込むことで，シオダマリミジンコから避難でき，減耗を抑制できると考えられている．

### 3) 稚ナマコの成長促進

シオダマリミジンコの減耗を受け易いサイズは，3 mm 以下であり，そのサイズまで速やかに成長させることが対策となる．当センターでは，これに，前述の侵入防除を併せて行うことが，シオダマリミジンコによる減耗に対する最も効果的かつ労力のかからない方法と考えている．

成長が良好である場合，シオダマリミジンコの増殖がみられる採苗後 30 日前後には，減耗が抑制される体長 4〜5 mm まで成長させることが可能である．

## §4. おわりに

本章は佐賀県玄海水産振興センターにおいて筆者が実際に行っている生産方法と直面している課題を中心に，マナマコ種苗生産の現状と課題を紹介した．ここまで読み進めていただけた方はおわかりだとは思うが，半世紀以上の歴史をもつマナマコ種苗生産技術ではあるが，依存としてその各工程において課題が多く残されているという現状である．

マナマコの種苗生産技術は当センターにおいても技術発展の途上であり，また，筆者の種苗生産経験も浅く，今回ここに紹介したものの中には，主観によるものや検証不足であるものが含まれ，時間の経過とともに科学的に否定され

るものもあるかもしれない．それでも敢えて，種苗生産技術向上の一助となることを願い，筆者が経験し，検証し，それをもとにした考察と，さらに今後取り組みを予定している内容についてはありのままの形で紹介させていただいた．

また，できるだけ客観的でわかりやすく，かつ現場の種苗生産担当者にも広く役立つ内容であることを重視したため，誌面の関係上，種苗生産に焦点を絞って紹介し，それとセットである放流手法や放流効果（経済効果）に関する内容については触れていない．

マナマコ漁業をこれからも持続的に維持するためには，今回紹介した種苗生産と種苗放流をセットとした栽培漁業などによる「資源添加」と，天然資源の把握に基づく「資源管理」を効果的に組み合わせて行うことが重要である．

これまでにも，マナマコにおける放流手法や放流効果に関する研究例は多くあるが，放流個体と天然個体を識別する有効な標識がないという大きな課題があった．この課題に関しては，現在，北海道と東北大学の共同研究で，DNAを標識（マーカー）とした手法が開発され，その手法に基づいた研究が進んでいる[80]．また，本書の5, 6, 8章には，現在行われているマナマコの資源に関する最新の研究成果が紹介されている．これら最新の手法に基づいた，効果的な「資源添加」と「資源管理」が行われ，これからも我が国のマナマコ漁業が持続することに期待し，またそれに対し少しでも貢献できるよう努めていきたい．

## 文　献

1) 廣田将仁，国際商材ナマコ製品の市場と流通事情，水産振興，東京水産振興会，2012；533；1-68.
2) 澁谷長生，第9章　流通・経済，「ナマコ学―生物・産業・文化―」（高橋明義，奥村誠一編）成山堂書店，2012；143-168.
3) 酒井勇一，第6章　種苗生産と栽培漁業，「ナマコ学―生物・産業・文化―」（高橋明義，奥村誠一編）成山堂書店，2012；101-114.
4) Kanno M, Suyama Y, Li Q, Kijima A. Microsatellite analysis of japanese sea cucumber, *Stichopus* (*Apostichopus*) *japonicus*, supports reproductive isolation in color variants. *Mar. Biotech.* 2006; 8: 672-685.
5) Yamada K, Hori M, Matsuno S, Hamano T, Hamaguchi M. Spatial variation of quantitative color traits in green and black types of sea cucumber *Apostichopus japonicus* (Stichopodidae) using image processing. *Fish. Sci.* 2009; 75: 601-610.
6) ナマコ種苗生産マニュアル，青森県産業技術センター水産総合研究所，2010.
7) 今井丈夫，稲葉傳三郎，佐藤隆平，畑中正吉，無色鞭毛虫によるナマコ（*Stichopus japonicas*

Selenka) の人工飼育，東北大学農学研究所彙報 1950；2：269-277.
8) 石田雅俊，マナマコの種苗生産，栽培技研 1979；8（1）：63-75.
9) 伊藤史郎，マナマコの人工大量生産技術の開発に関する研究，佐栽漁セ研報 1994：4；1-87.
10) 江口勝久，種苗量産技術開発事業（2）マナマコの種苗生産，平成 24 年度佐玄水振セ業報　印刷中.
11) 北海道立栽培水産試験場，北海道立稚内水産試験場，マナマコ人工種苗の陸上育成マニュアル，北海道立栽培水産試験場，2009.
12) (社) 岩手県栽培漁業協会種市事業所におけるナマコ種苗生産実践マニュアル，岩手県水産技術センター，2010.
13) 伊藤史郎，第 3 章　マナマコの種苗生産，「佐賀県栽培漁業センターにおける種苗生産マニュアル」（佐賀県栽培漁業センター），1996；69-109.
14) 酒井克己，小川七郎，池田修二，大浦湾におけるナマコの天然採苗，栽培技研 1980：9；1-20.
15) 池田善平，片山勝介，マナマコの種苗生産について，岡山水試事報 1983；84-89.
16) 伊藤史郎，川原逸朗，森勇一郎，江口泰蔵，佐賀県北部沿岸域におけるマナマコの産卵期（予報），佐栽漁セ研報 1994；3：1-13.
17) 伊東義信，真崎邦彦，金丸彦一郎，伊藤史郎，アカウニの生殖巣成熟に対する飼育水温のコントロールの効果，佐栽漁セ研報 1987；1：1-4.
18) 伊藤史郎，川原逸朗，マナマコの水温制御による成熟・産卵促進（予報），佐栽漁セ研報 1994；3：19-25.
19) 太刀山透，篠原直哉，深川敦平，アカナマコの行動様式の季節変化，福岡水海技セ研報 1997；7：1-8.
20) 片野晋二郎，木村聡一郎，米田一紀，放流対象魚介類（ナマコ）の種苗生産の研究　アカナマコ放流増殖技術開発事業①—種苗生産，大分水研事業報告 2012；159-164.
21) 太刀山透，深川敦平，福澄賢二，アカナマコの親養成と採卵，福岡水海技セ研報 2000；10：23-28.
22) 岡村康弘，甲斐正信，ナマコ種苗生産の現状，「豊かな海」（全国豊かな海づくり推進協会），2007；40-42.
23) 伊藤史郎，川原逸朗，マナマコの養成餌料に関する研究，佐栽漁セ研報 1994；3：15-17.
24) Deng H, He CB, Zhou ZC, Liu C, Tan KF, Wang NB, Jiang B, Gao XG, Liu WD. Isolation and pathogenicity of pathogens from skin ulceration disease and viscera ejection syndrome of the sea cucumber *Apostichopus japonicus*: Aquaculture. 2009; 287: 18-27.
25) Kato S, Tsurumaru S, Taga M, Yamane T, Shibata Y, Ohno K, Fujiwara A, Yamano K, Yoshikuni M. Neuronal peptides induce oocytes maturation and gamete spawning of sea cucumber, *Apostichopus japonicas*. Dev. Biol. 2009; 326: 169-176
26) Fujiwara A, Yamano K, Ohno K, Yoshikuni M. Spawning induced by cubifrin in the Japanese common sea cucumber *Apostichopus japonicus*. Fish. Sci. 2010; 76:795–801.
27) 山野恵祐，産卵誘発ホルモン「クビフリン」を用いたマナマコの採卵技術，養殖 2009；577：40-42.
28) 山野恵祐，マナマコの産卵を誘発するホルモンの発見と種苗生産への応用，「うみうし通信」2010；68：10-11.
29) 吉田通庸，第 3 章　成熟・産卵，「ナマコ学—生物・産業・文化—」（高橋明義，奥村誠一編）成山堂書店，2012；35-60.

30) 経塚啓一郎, 良質な種苗を確保するための成熟制御技術の開発, 「新たな農林水産政策を推進する実用技術開発事業「乾燥ナマコ輸出のための計画的生産技術の開発」平成 21 年度報告書 (最終年度)」((独) 水産総合研究センター 北海道区水産研究所) 2010; 50-53.
31) 伊藤史郎, 川原逸朗, 青戸 泉, 江口泰蔵, マナマコの精子濃度と受精率およびふ化率との関係 (予報), 佐栽漁セ研報 1994; 3: 35-37.
32) 伊藤史郎, 小早川 淳, 谷 雄作, マナマコ (アオナマコ) 浮遊幼生の飼育適水温について, 水産増殖 1987; 34 (4): 257-259.
33) 伊藤史郎, 川原逸, マナマコの浮遊幼生の飼育餌料に関する研究, 佐栽漁セ研報 1994; 3: 39-50.
34) Wang YG, Zhang CY, Rong XJ, Chen JJ, Shi CY. Diseases of cultured sea cucumber, *Apostichopus japonicus*, in China. In: Alessandro L (eds). *Advances in sea cucumber Aquaculture and management.* FAO Fisheries Technical Paper, Roma, FAO, 463. 2004; 297-310.
35) 江口勝久・森勇一郎, 種苗量産技術開発事業 (2) マナマコの種苗生産, 平成 23 年度佐玄水産業報 2011; 70-74.
36) 伊藤史郎, 川原逸朗, 平山和次, マナマコ (アオナマコ) Doliolaria 幼生から稚ナマコへの変態促進, 水産増殖 1994; 42 (2): 287-297.
37) 畑中宏之, マナマコ種苗生産の省力化および飼育技術の開発, 栽培技研 1996; 25 (1): 7-10.
38) 伊藤史郎, 川原逸朗, 平山和次, マナマコ浮遊幼生の採苗ステージの検討, 水産増殖 1994; 42 (2): 299-306.
39) 野口浩介, 野田進治, 炭酸ガス通気海水を用いたコペポーダ除去法の開発, 佐玄水振セ研報 2013; 6: 15-20.
40) 酒井勇一, 近田靖子, マナマコ人工種苗の食害防除技術について, 北水試だより 2008; 76: 8-14.
41) 江崎恭志, マナマコ種苗生産安定化のための飼育条件, 福岡水技研報 2001; 11: 17-20.
42) 吉田 渉, 第 7 章 中国におけるナマコ養殖, 「ナマコ学―生物・産業・文化―」 (高橋明義, 奥村誠一編) 成山堂書店, 2012; 115-128
43) 小林 信・石田雅俊, 稚ナマコの減耗要因に関する二・三の実験, 栽培技研 1984; 13: 41-48.
44) 藤崎 博, 岡山英史, 青戸 泉, マナマコの初期飼育における照度― I, 佐玄水振セ研報 2005; 3: 39-42.
45) 伊藤史郎, 小早川淳, 谷 雄作, 中村展男, バフンウニ, アカウニ幼生の変態促進に及ぼす付着珪藻とヒジキの併用効果, 栽培技研 1991; 19 (2): 61-66.
46) 川原逸朗, 広瀬 茂, 伊藤史郎, 北村 等, アカウニ幼生に対する塩化カリウムの変態誘起効果 (予報), 佐栽漁セ研報 1994; 3: 79-83.
47) Matsuura H, Yazaki I, Okino T. Induction larval metamorphosis in the sea cucumber *Apostichopus japonicus* by neurotransmitters. *Fish Sci.* 2009; 75; 777-783.
48) 畑中宏之・谷村健一, 稚ナマコの体長測定用麻酔剤としての menthol の利用について, 水産増殖 1994; 42: 221-225.
49) 山浦啓治, 江口勝久, 付着珪藻板飼育時の照度が稚ナマコの成長と生残に及ぼす影響, 佐玄水振セ研報第 7 号; 印刷中.
50) 畑中宏之, マナマコ種苗の中間育成における適性給餌量の検討, 栽培技研, 1996; 25: 11-14.
51) 江口勝久, 稚ナマコの成長, 生残に及ぼす海藻粉末の併用給餌効果, 佐玄水振セ研報 2013; 6:

9-13.

52) 江口勝久，稚ナマコ（アカナマコ）飼育における付着珪藻以外の餌料の比較，佐玄水振セ研報第7号；印刷中．

53) Xia, F., Zhao, P., Chen, Y., Li, Y., Liu, S., Zhang, L., Yang, H. Feeding preferences of the sea cucumber *Apostichopus japonicus*（Selenka）on various seaweed diets. *Aquaculture*. 2012: 344-349; 205-209.

54) Xia, F., Yang, H., Li, Y., Liu, S., Zhou, Y., Zhang, L. Effects of different seaweed diets on growth, digestibility, and ammonia-nitrogen production of the sea cucumber *Apostichopus japonicus*（Selenka）. *Aquaculture*. 2012: 338-341; 304-308.

55) 木原　稔，田本淳一，星　貴敬，水槽内のマナマコ摂餌行動におよぼす砂粒の影響，水産技術 2009；2（1）：39-43.

56) Liu Y, Dong SL, Tian XL, Wang F, Gao QF. Effects of dietary sea mud and yellow soil on growth and energy budget of the sea cucumber *Apostichopus japonicus*（Selenka）. *Aquaculture*. 2009; 286: 266–270.

57) 任同軍，中国におけるナマコ産業の現状について，養殖ビジネス 2012；32-34.

58) Sun HL, Liang MQ, Yan JP, Chen BJ. Nutrient requirements and growth of the sea cucumber, *Apostichopus japonicus*. In: Alessandro L (eds). Advances in sea cucumber *Aquaculture* and management. FAO Fisheries Technical Paper, Roma, FAO, 463. 2004; 327-332.

59) 小林俊将，山口　仁，根田　幸三，稚ナマコ飼育のための配合飼料の研究，岩手水技セ研報 2011；7：15-18.

60) Seo JY and Lee SM. Optimum dietary protein and lipid levels for growth of juvenile sea cucumber *Apostichopus japonicus*. *Aquaculture Nutrition*. 2011; 17: e56-e61.

61) Gao QF, Wang YS, Dong SL, Sun ZL, Wang, F. Absorption of different food sources by sea cucumber *Apostichopus japonicas*（Selenka）(Echinodermata: Holothuroidea): Evidence from carbon stable isotope. *Aquaculture*. 2011; 39: 272-276

62) Shi C, Dong SL, Pei SR, Wang F, Tian XL, Gao QF. Effects of diatom concentration in prepared feeds on growth and energy budget of the sea cucumber *Apostichopus japonicas*（Selenka）. *Aquaculture Research*. 2013; 1-9.

63) Okorie OE, Ko SH, Go S, Lee S, Bae JY, Han KM, Bai SC. Priminary study of the optimum dietary ascorbic acid level in sea cucumber, *Apostichopus japonicas*(Selenka). Journal of the World *Aquaculture Society*. 2008; 39: 758-765.

64) Okorie OE, Ko SH, Go S, Kim YC, Lee S, Yoo GY, Bai SC. Priminary study of the dietary alpha-tocopherol requirement sea cucumber, *Apostichopus japonicas*（Selenka）. *Journal of the World Aquaculture Society*. 2009; 40: 659-666.

65) Gao J, Koshino S, Ishikawa M, Yokoyama S, Nose D. Interactive effects of vitamin C and E supplementation on growth, fatty acid composition, and lipid peroxidation of sea cucumber, *Apostichopus japonicas*, fed with dietary oxidized fish oil. *Journal of the World Aquaculture Society*. 2013; 44(4): 536-546.

66) Hasegawa N, Sawaguchi S, Tokuda M, Unuma T. Fatty acid composition in sea cucumber *Apostichopus japonicas* fed with microbially degraded dietary sources. *Aquaculture Research*. Article first published online: 26 FEB 2013.DOI: 10.1111/are.12149.

67) Zhang Q, Ma HM, Mai KS, Zhang WB, Liufu ZG, Xu W. Interaction of dietary *Bacillus subtilis* and fructooligosaccharide on the growth performance, non-specific immunity of sea cucumber, *Apostichopus*

*japonicus. Fish Shellfish Immunol.* 2010; 29: 204-211.
68) Zhao Y, Ma HM, Zhang WB, Ai QH, Mai KS, Xu W, Wang XJ, Liufu ZG. Effects of dietary $\beta$-glucan on the growth, immune responses and resistance of sea cucumber, *Apostichopus japonicus* against *Vibrio splendidus* infection. *Aquaculture*. 2011; 315: 269-274.
69) Wang SX, Ye HB, Li TB, Yang XS, Fan Y, Yu XQ, Wang YQ. Effects of small peptides on nonspecific immune responses in sea cucumber, *Apostichopus japonicus*. *Journal of the World Aquaculture Society*. 2013; 44(2): 249-258.
70) Xia SD, Yang HS, Li Y, Liu SL, Xu QZ, Rajkumar, MG. Effects of food processing method on digestibility and energy budget of *Apostichopus japonicus*. *Aquaculture*. 2013; 384-387: 128-133.
71) Jiang SH, Dong SL, Gao QF, Wang F, Tian XL. Comparative study on nutrient composition and growth of green and red sea cucumber *Apostichopus japonicus*(Selenka, 1876), under the same culture conditions. *Aquaculture* Research. 2013; 44; 317-320.
72) 野口浩介，野田進治，ナマコ種苗生産時に出現するコペポーダの影響について，水産技術 2011；3（2）：131-135.
73) 古賀文洋，魚類の初期餌料としての動物プランクトンの探索と大量培養研究—Ⅵ，福岡県水産試験場，1978.
74) 小林俊将，山口 仁，マナマコ種苗生産におけるシオダマリミジンコの影響，岩手水技セ研報 2011；7：19-24.
75) 奥村誠一，第8章 ビジネスとしての陸上完全養殖，「ナマコ学―生物・産業・文化―」（高橋明義，奥村誠一編）成山堂書店，2012；129-142.
76) 酒井勇一，近田靖子，食塩を利用したシオダマリミジンコの侵入防除と除去方法，試験研究は今 No.640，2008.
77) 野口浩介，野田進治，ナマコ種苗生産時に出現するコペポーダの影響について，水産技術 2011；3（2）：131-135.
78) 中牟田弘典，炭酸ガスを用いたアワビ類付着珪藻板飼育時のカイアシ類の除去方法，水産技術 2008；35（2）：15-19.
79) 酒井勇一，近田靖子，ペットボトルを利用した揚水機によるシオダマリミジンコの除去法，試験研究は今 No.641，2009.
80) 酒井勇一，菅野愛美，DNA 解析によるマナマコの放流効果推定技術の開発と系群構造の解明，北海道立総合研究機構水産研究本部 平成22年度栽培水産試験場事業報告書 2012；6-13.

## 5章 西日本海域でのマナマコ資源増殖
### ―生態や色彩変異から考える

堀　正和・吉田吾郎・浜口昌巳

　西日本海域はマナマコ研究が盛んな地域であり，マナマコ研究において先行事例として扱われている知見が多く存在する．本章で紹介する内容は，野外実験・遺伝子解析を用いてこれらの知見の検証を行いつつ，西日本海域のマナマコの再生産においてブラックボックスであった生活史初期の生態解明への取り組みである．特に，浮遊幼生から着底期をへて稚ナマコとなる生活史初期における着底場所選択や，着底後の色彩変異に関する内容を主軸にそえている．筆者たちの取り組みが自然海域におけるマナマコ管理，あるいは自立的な資源再生の回復に少しでも貢献できれば幸甚である．

## §1. 西日本海域のマナマコの生活史とその生息環境の特性

### 1-1　西日本のマナマコ生息環境

　西日本海域におけるマナマコ漁場としては，瀬戸内海，三河湾，小浜湾などが有名である[1-4]．これらの海域の環境や景観の特徴としては，マナマコの生息場所となる水深20 m以浅に広域な砂泥底を有することがあげられる．河川によって運ばれた砂が海底に堆積していることに加え，半閉鎖性海域が多く，特に瀬戸内海では島しょ部が多いために海岸線の傾度が急であり，その海底の窪地に砂が堆積した地形を有している．

　そのため，北日本海域でマナマコの主要な生息場所となっている岩場や転石は，西日本海域では岸側の狭い範囲にしか存在していない．また，西日本海域の海岸線は人間活動の場として利用されてきたため，多くの場所が高度経済成長期を中心に護岸化されていることも[5]，この傾向を強める大きな要因となっている．すなわち，西日本海域のマナマコは，岸際の狭い岩礁・転石帯から沖合に連続する広大な砂泥底まで，砂泥底にかたよった生息環境の勾配を利用でき

るような生活史特性をもち，再生産を行ってきたはずである．

　このような"砂泥型"の生息環境では，障害物が少ないために小型底引き網などの手法を用いた漁業が容易であり，底質上にいるマナマコは漏れなく漁獲されるため，資源の乱獲につながりやすいことがいえる．現に，1990年代から続く中国への輸出用である乾燥ナマコ需要の急激な増加，いわゆる"ナマコフィーバー"によって西日本でも生産量は上昇した反面，多くの漁場からマナマコの姿が消えてしまった．このような状況では，マナマコの増殖，特に天然資源の再生には困難を伴うであろうことが容易に想像できる．しかし，資源回復の可能性が全くないとは考えていない．種苗生産・放流技術など人工増殖の進展に加え，天然資源では局所的に生き残った集団，すなわち資源回復の源となる個体群が必ず存在するはずである．特に瀬戸内海などの島しょ部やリアス海岸のような入り組んだ海岸線を少しでも有する海域では，その地形効果によって海底面も複雑となり，底引き網による漁が不可能な"Refuge（逃避場所）"となっていることが予想できる．

　また，そのような場所は海域面積に占める岩礁・転石帯の割合が多く，マナマコにとって砂泥型の生息環境のなかでも，より好適な生息場所であると思われる．すなわち，西日本海域でのマナマコの天然資源の再生には，砂泥型生息環境におけるマナマコの生活史特性を的確にとらえるとともに，数は少ないながらも島しょ部などに局在的に残されたマナマコ局所個体群をソースとした資源回復を目指すことが重要となろう．

## 1-2　西日本のマナマコの生活史特性

　西日本海域の砂泥型環境に生息するマナマコは，地域による生物季節（フェノロジー）のずれはあるにせよ，以下のような生活史を送っていることが知られている[1,3,4]．まず，成熟個体が春～初夏にかけて産卵し，生まれた浮遊幼生は約2週間の浮遊幼生期間を経て着底する．浮遊幼生期をもつ他のベントスと同様に，マナマコの場合も浮遊幼生期間が分布を決める広域分散ステージとなり，着底後は浮遊幼生期ほど分散することは少ない．そのため浮遊幼生の着底場所周辺＝親個体の生息場所となり，すなわちその場所にマナマコ漁場が形成される．このことから，三河湾など古くからマナマコ漁業が盛んな地域では，海水流動に

よって運ばれる浮遊幼生の分散過程に関する研究が1980年代より盛んに行われている[1].

次にマナマコ浮遊幼生が着底する段階では，浮遊幼生は着底時にかなり厳しく基質選択をしているようである[1]. 野外実験などによる基質選択・生息場所選択性の直接的な検証は行われていないが，着底後の稚ナマコの分布を調べた結果では，ガラモ（ホンダワラ属の海藻）類や他の大型海藻の葉上や基部[4,6]，あるいは岸側の転石帯[1,3,4,6,7]などに多く出現することが報告されている．ただし，これらの場所以外に着底した個体は，着底後すぐに捕食されるか物理的に流されるなどにより，死亡・流出しているかもしれない．つまり，基質・生息場所選択ではなく，着底後のプロセスによって稚ナマコ個体数が制限されている可能性も否定できない．確かにいくつかの海域では，着底後すぐの体サイズの稚ナマコがヒトデ類に捕食される事例もある[8]. このように，着底後の個体が死亡・流失するという仮定が成り立たなければ，浮遊幼生が着底時に基質や生息場所を選択している可能性は十分にありうるだろう．

初夏頃に着底を終えた稚ナマコは，その後は着底した場所周辺の潮間帯や極浅い潮下帯の岩盤，転石などの環境下で翌年まで成長を続ける[4,7]. マナマコは典型的な堆積物食者であり，底質の砂泥粒や岩盤などの表面の付着物・堆積物をそのまま飲み込み，消化可能なものだけ消化して排泄する摂餌方式をもつ．栽培漁業の現場では，着底後の稚ナマコの中間育成において，飼料として浮遊珪藻，付着珪藻，海藻粉末，および海藻由来の市販配合飼料が成長に有効であることが知られているので[9]，おそらく天然海域でも類似した飼料を消化して成長していると考えられる．現に，着底後の稚ナマコが多く見つかるガラモ類や他の大型海藻が生育する場所，岸側の転石帯などは，このような飼料が堆積しやすい場所であろう．

また，瀬戸内海では潮間帯の稚マナマコを対象に，生息場所の適地選定を試みた先行研究もある[6]. この研究では，稚ナマコの好適な生息場所の指標として，①潮間帯にホンダワラ類がいる，②アオサ・アオノリ類がいる，③マガキがいる，④その他の付着生物がいる，⑤連続する潮下帯にホンダワラ藻場かアマモ場がある，の5つを上げ，指標がそろっている場所ほど生息するマナマコ個体数が多い結果を得ている．つまり，上記の5つがマナマコにとって生息するに好適

な条件となることを示している．他の海域でも，小型個体は岸際の転石帯や岩盤部に多いことが報告されており[1,2]，そのような場所は潮間帯だとヒジキやウミトラノオなど，潮下帯だとアカモクやジョロモク，タマハハキモクなどのガラモ類が成育する場所でもある[10]．これらのことも，ガラモ類や他の海藻が成育できる環境が稚ナマコにとって好適であることを示唆している．

　次に，翌年の春先まで成育したマナマコは，夏を迎えるころになると潮間帯の転石の裏や岩礁の間隙などに移動し，そこで夏眠を行う[4,11,12]．夏眠中は成長が著しく滞るが，夏を越えて秋になり，水温が低下を始めるとともに徐々に活動を再開する．その後，潮間帯や極浅場からより深場へ移動し，成長するにしたがってさらに深場へと生息場所を変えていく．夏季にはまた転石帯などに戻り[1,3,4]，水温低下とともにまた深場へ移動する生活サイクルを繰り返す．

　このような西日本のマナマコの生活史特性や生息環境は，マナマコの色彩タイプ間で若干異なるとも言われている[1,3,6]．西日本海域にはマナマコの3つの色彩型，アカ型，アオ型，クロ型すべてが生息しているが，特にアカ型とアオ・クロ型間での生息場所の違いに触れられていることが多い．アカ型は大型個体であっても潮通しのよい岩礁・転石帯を主な生息場所として利用し，一方でアオ・クロ型はアカ型より内湾の砂泥域に多いと言われている[1,3,13]．現に，西日本海域の"砂泥型"環境に出現するマナマコはアオ・クロ型が優占している．近年のマクロサテライト領域を用いた遺伝子解析の結果でも，アカ型がアオ・クロ型より分化しており，アオ型とクロ型間では分化が全く見られない結果が得られているため[14]，アカ型とアオ・クロ型間での生息場所の違いもこの遺伝的差異を反映していると考えられている．

　その一方，アオ型とクロ型の間は生息場所の違いについて定まった知見はなく，潮間帯のホンダワラ類，他の海藻や付着生物がいるような転石帯や岩礁にアオ型が多いとする事例や[6]，逆にそのような転石帯はクロ型が多く，アオ型は内湾の砂泥に多いとことを報告する例もある[3]．上述の遺伝子解析の結果でアオ型とクロ型を同一集団とみなしていることを考えれば，アオ型とクロ型間で生息場所に明確な差がないことも当然なのかもしれない．確かに，現場ではクロ型とアオ型の色彩間では両者の中間を示す個体，たとえば背側がアオ型の色彩だが腹側がクロ型の色彩をもつ個体がいたり，背側も腹側もクロとアオがまじ

りあった色彩を示す個体など，まさに色彩多型のようなバリエーションが存在する．また，種苗生産の現場でも，アオ型の両親から生産した種苗からクロ型が出ることがよくあると聞いている．

ただし，アオ型とクロ型が同一集団であっても，クロ型とアオ型にその中間となる形質が多数出現する事実は，色彩の決定に何らかの遺伝的要因あるいは環境要因が関係していることを示唆している．もし色彩の発現に遺伝的要因が関与しているのであれば，卵が受精した段階でその個体が発現する色彩形質の原則が決まることになる．たとえば，アオ型とクロ型を決める色彩形質がある色素の量で制限されており，その色素は特定の優性遺伝子でのみ合成される場合，遺伝子量効果が働く不完全優性型のメンデル遺伝のように，色彩形質を決定する何らかのメカニズムが働いている可能性もないとは言えない．

一方，色彩のバリエーションがなんらかの環境要因によって真に後天的に決まるのであれば，そのバリエーションを生み出す要因の勾配，すなわち生息環境の微細な違いなどが存在するはずである．体サイズが大きい個体はアオ型・クロ型ともに潮下帯の砂泥域に出現しており，各地での底引きの漁獲物にもアオ型・クロ型両方が含まれているので，同じ環境下で大型のアオ型・クロ型が同所的に分布することになる．したがって大型個体の生息環境で色彩が後天的に決まるとは考えにくい．また，種苗生産の現場でアオ型の両親からクロ型が出ることも，おそらく着底後すぐの個体および小型サイズの個体が出現する潮間帯から潮下帯の浅場で何らかのメカニズムが働いているように思われる．

## §2. 西日本海域のマナマコ資源増殖に向けて残された課題

このように西日本海域のマナマコに関しては，小浜湾，三河湾，瀬戸内海などを中心とした先行研究により，各海域での生息場所・生態情報をはじめ，種苗生産技術に至るまで確立されてきた．さらに近年では，これらの生息環境・生態特性に関する知見を活かしたナマコ礁の造成や種苗放流など，様々な試みがなされるようになった．また，本書7章では逆さ竹林礁といった人工的な基質で稚ナマコを収集して現場に添加する技術に加え，本書8章では海域での資源推定量の推定手法など，新しい試みまでなされている．

こういった先行研究やその知見を活かした現場での実践に携わってきた方々のなかには，マナマコの資源増殖に向けた生態研究は，西日本海域ではすでにやりつくしたと感じるかもしれない．しかしながら，前述のように先行知見を整理していくと，生活史初期の生態特性に関していくつか疑問が残る．第1に，マナマコの浮遊幼生が着底時に"着底場所や着底基質を真に選択しているのか"，という点である．浮遊幼生が着底場所を選択していると考えられている理由として，着底直後の稚ナマコの分布が特定の生息場所に偏っていることがあげられていた．しかし，他の場所には着底してすぐに死亡したか，あるいは着底後に稚ナマコに変態した後に移動したか，その可能性が残っている．つまり，浮遊幼生は能動的に自身の着底場所を選択しているのか，あるいは受動的に浮遊幼生が運ばれた後，着底後のプロセスで特定の生息場所に生残しているのか，稚ナマコの分布を決める着底プロセスを明らかにする必要がある．

　次に，この"着底プロセスはマナマコの色彩形質によって異なるのか"，という点である．多くの先行研究において，色彩形質別に生息場所が異なることが述べられていた．しかし，遺伝子解析において同じ集団と認知されているアオ型とクロ型では，分布の隔たりが小さいとする例がある一方で分布が異なるという例もあり，不明な点が多く残っている．例えばアオ型とクロ型で浮遊幼生の着底場所から異なっている場合，遺伝的に色彩が決まっていて異なる着底場所を選択しているのか，あるいは着底場所の生息環境によってアオ型・クロ型の形質が後天的に分かれるのかなどが考えられる．また，浮遊幼生の着底場所に違いがなければ，着底後の移動や生息環境によってアオ型・クロ型の分布が決まっていることになる．

　このような色彩形質別の着底プロセスを考えるうえで，そもそも"色彩形質を決めるメカニズムは何なのか？"という疑問も生じる．種苗生産の現場でアオ型の親からクロ型の稚ナマコが生じることがあるようだが，野外でもアオ型の比率が高い集団からクロ型の比率が高くなった例が報告されている[15]．主要漁場の1つである三河湾では3つの海域で色彩形質の比率が調べられており（図5・1），1960年代に漁獲されたナマコはどの海域もアオ型およびアカ型であったのが，1990年代にはどの海域もクロ型の比率が高くなっており，漁獲量自体も1960年代の約50％に減少したと報告されている．その原因として，漁獲によっ

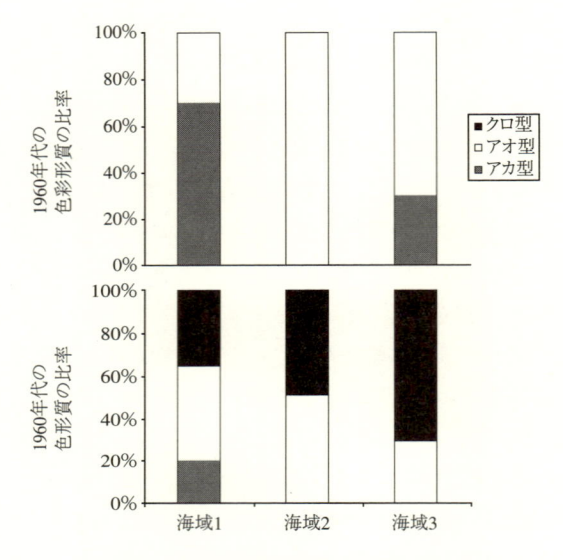

図 5・1　三河湾における色彩形質の変化
Yanagisawa[15]（1995）をもとに作成.

てアオ型・アカ型が選択的に漁獲されたことが原因でマナマコのニッチ（環境収容力）に空きが生じ，その空いた分をクロ型が利用して増えた可能性を考察している．しかしながら，アオ型とクロ型は遺伝的に同一集団とされていることから考えると，おそらく，数十年の間にアオ型よりクロ型に適した生息環境に変化したことも原因であろう．クロ型の形質が優占するようになったか，あるいは環境の直接的な影響により後天的にアオ型からクロ型に形質が変化している可能性がある．

　一般に，環境変動が顕在化しつつある沿岸域では，その影響により種の置換や消失が生じたり，種によっては形質変化が生じることがある．特に西日本海域はマナマコの分布の南限に相当し，環境変動の影響をいち早く経験してきた経緯をもつ．そのため，マナマコに対しても生息場所の変化や色彩形質の変化に影響が生じている可能性も考えられる．アカ型は生食，アオ型は生食と乾燥，クロ型は乾燥という具合に，色彩形質によって水産物としての経済価値に差があるため，過去には色別に管理することも考えられていた．このような背景から，色彩形質

のメカニズムを解明することは，資源増殖手法および管理プランの提案などに必要な情報となるだろう．

　最後の疑問は，生息環境によって色彩形質が変化するのであれば，"色彩形質に何らかの機能があるのか"，という点である．環境の変化に伴いクロ型の形質をもつ個体の割合が増加するということは，色彩形質を決定する要因が先天的・後天的のどちらであっても，クロ型の色彩形質に環境に適した機能が付随していることを意味する．

　以上のような疑問点を少しでも解消するために，筆者らのグループではマナマコの生活史初期における色彩変異，特にアオ型とクロ型に関する研究に着手した．次節ではアオ型とクロ型の色彩変異に影響する究極要因を解明するための野外生態調査の結果，さらに次々節では色彩変異への至近要因としての遺伝的変異を調べた解析結果を紹介する．

　また，西日本海域でのマナマコの天然資源の再生には砂泥型生息環境におけるマナマコの生活史特性および色彩変異を的確にとらえるとともに，少ないながらも島しょ部などに局在的に残されたマナマコ局所個体群をソースとした資源回復を目指すことが重要となることを述べた．ところが乱獲によって小型底引き船での漁獲量が低迷してきたこともあり，最近では局在的に残っている場所を対象に潜りによる漁獲を行うケースも増加しているようである．潜りでは局所的な"Refuge"に残された個体すら獲り尽くしてしまうだろう．そのため，局所個体群からの幼生分散や移動分散の重要性を解明し，重要な幼生供給場所を禁漁区に設定するなど，早急な対策を取る必要性を感じている．そのためにはマナマコの遺伝子解析技術の確立が急務であり，この結果についても次々節で紹介する．

## §3. 生活史初期におけるマナマコ色彩変異と生息場所との関係

### 3-1　色彩形質の定量化

　マナマコの色彩変異に関する研究を始めるに当たり，最初の障壁となったのは色彩形質を定量化することであった．山口県内の主要な漁場から集められたマナマコを見ると，アオ型とクロ型はその中間色を示す個体も多く，また背面

がアオ型の個体でも腹面がクロ型に見えたり，その逆の個体もいた．時にはアカ型の色彩を示す個体もあり（ただし，アカ型の特徴である球状への収縮は見られない），具体的に色彩を判断する基準がなく困難であった．漁師のみなさんにはアオ型，クロ型と認識しながら採集してもらったが，我々と同様に判断に困る個体が多くいたと聞いている．

そこでまず，見た目のアオ・クロで判断していたものを科学的根拠により定量化するべく，その基準となる手法を開発した[16]．その手順としては，先行研究に倣った撮影手法[17]でマナマコの背面と腹面の画像撮影を行い（図5・2），撮影した画像を画像編集ソフト上でRGB（赤，緑，青の3色）表示系として数値化し，その数値を用いて判別分析によりアオ型とクロ型の色彩形質を区別する判別式を作成し，色彩形質の境界線を求めている．

山口県水産研究センターの協力により山口県下の7つの漁場で採集されたアオ型およびクロ型のマナマコ約400個体のRGB値の関係を図5・3に示す．赤色（R），緑色（G）に比べて青色（B）のばらつきが大きいことを示している．この数値を用いた判別式により，クロ型とアオ型を分ける基準を確定することができた（図5・4）．調べたいマナマコの画像を撮影してRGB値を採取し，この判別式にRGB値を入れ，Zの値（判別得点と呼ばれる）が正の値をとればアオ型，負の値ならばクロ型，ということになる．山口県下で採集されたマナマコを対象にZ値の頻度分布を確認すると，クロ型よりアオ型のほうで値のばらつきが大きく，すなわち色彩の変異が大きいことを示している．

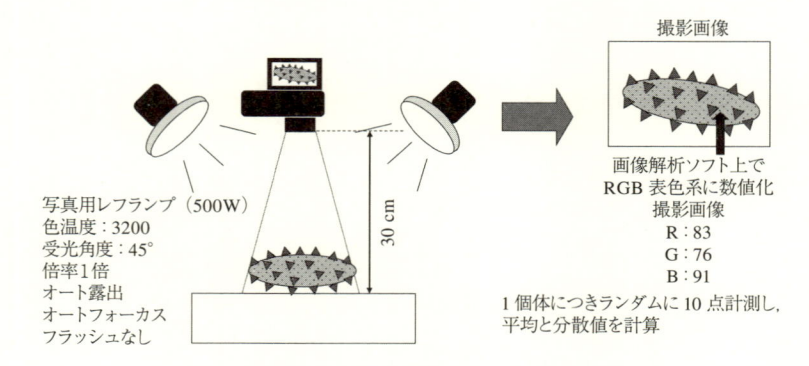

図5・2 色彩形質の判別に用いた画像撮影方法の概要

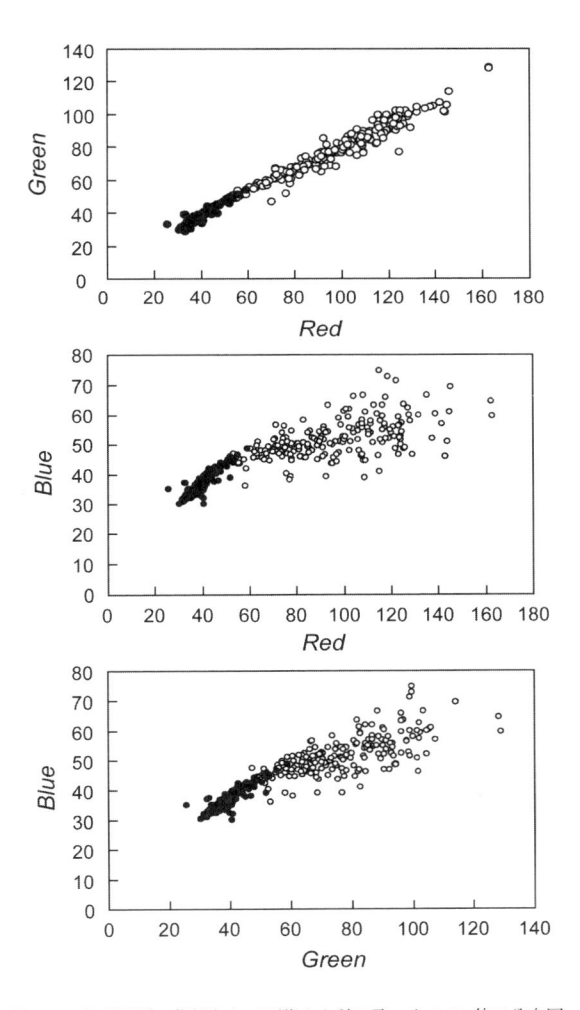

5章　西日本海域でのマナマコ資源増殖　123

図5・3　色彩形質の指標として画像から読み取ったRGB値の分布図
　　　　漁業者が見た目で判定したクロ型（黒丸），
　　　　およびアオ型（白丸）別に示してある．

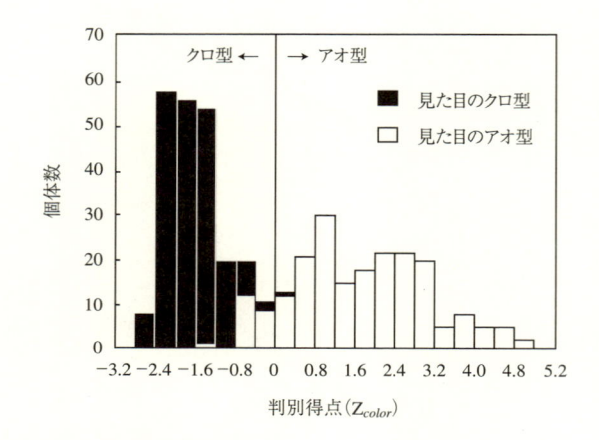

判別式:
$Z_{color} = 0.091*Red - 0.091*Green + 0.124*Blue - 6.323$ ($p < 0.0001$)

図5・4　判別式および判別得点の分布図
　　　　判別確率は94.4％であり，見た目から判断した色彩形質とは5.6％
　　　　異なる結果を得たことになる（見た目でアオ型と判断されたが，
　　　　判別式でクロ型と判断されている個体が若干含まれている）．

## 3-2　野外調査と採苗器を用いた野外実験

　アオ型，クロ型の色彩形質を具体的に分ける基準の作成に成功したので，次に先行研究が行われていた山口県周防大島を調査地に，本格的な野外調査を開始した．この海域は水深が深くなるにつれ岸側の岩場からガラモ場，アマモ場，砂泥と続く，西日本海域に典型的な砂泥型生息環境となっている．まず，海域内のマナマコの分布状況を把握するために，マナマコの夏眠期の夏場および活動期の冬場を対象に，1 m$^2$のコドラートを用いた密度調査を行った（図5・5）．先行研究において好適な生息環境とされているガラモ場およびアマモ場を中心に，水深に沿って藻場の中から縁辺部，藻場の外（砂地）へと調査ラインを3本引き，計6本の調査ラインを設定した．各ラインの水深ごとに5つのコドラートを置き，潜水目視によってコドラート内の個体数と各個体の色彩形質を記録した．見た目で判断できない個体がいた場合は，持ち帰って前述の判別分析の手順で色彩形質を同定している．

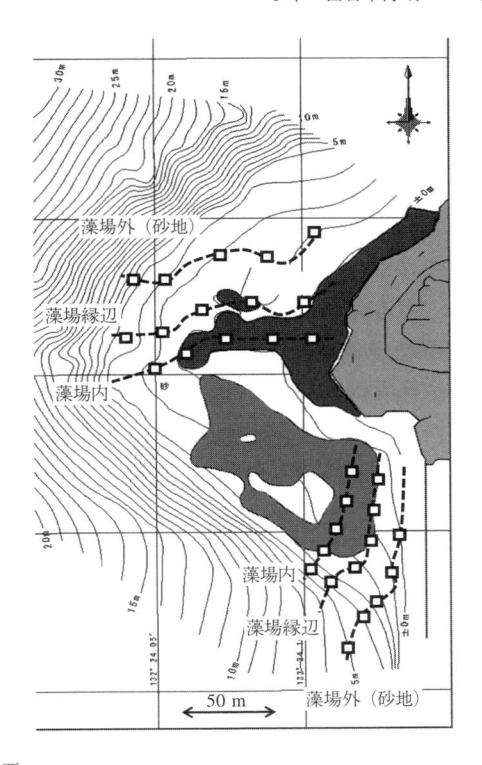

5章　西日本海域でのマナマコ資源増殖　*125*

図5・5　調査の概要
色がついている部分が岩礁部（右上側：■），ガラモ場（左上側：■），アマモ場（下側：■）を示している．アマモ場，ガラモ場ともに等深線にあわせて調査ライン（点線）を各3本引き，水深ごとに1 m$^2$のコドラート（□）で密度調査を行っている．

　その結果，夏場はガラモ場内の転石の下か岩盤の隙間でしか個体が見つからず，調査海域のマナマコも先行研究と同様に夏場は夏眠状態にあった（図5・6）．また，この時に記録された色彩形質の比率はアオ型が42％，クロ型が58％であった．その一方，活動期である冬場においては，ガラモ場内よりもむしろガラモ場の縁辺から砂地にかかる境界域に多く出現し（図5・7），またアマモ場の周囲にも出現していた．冬場はガラモやアマモ，さらには他の海藻類も成長時期に相当し，現存量が多く株密度も高い時期である．特に調査海域のアマモ場の場合，ガラモ場に隣接するような場所は潮の流れが強めであることから株密度が通常よりもかなり高くなる傾向がある．そのため，ガラモ場内やアマモ場の底質・基

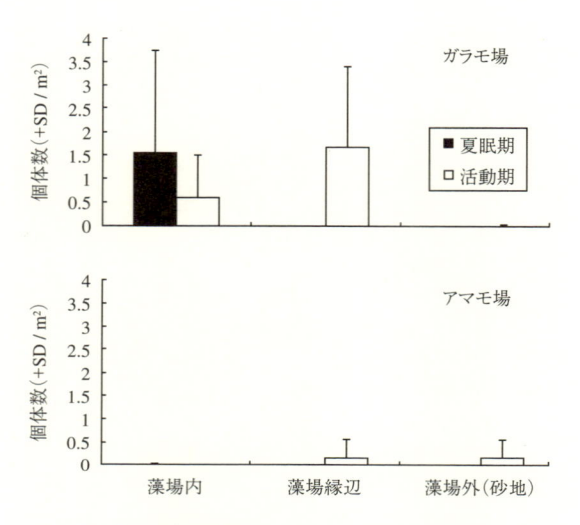

図 5・6 調査地におけるマナマコの分布の季節変化
縦軸の誤差範囲は標準偏差を示す.

図 5・7 調査地の水中風景
藻場の境界,特にガラモの基部に分布する個体が多い.

質上はガラモ・アマモ・海藻群落に覆い尽くされてしまい,物理的に侵入しづらくなっていることを潜水観察によって確認している.また,この時の色彩形質の比率はガラモ場周辺においてアオ型63%およびクロ型37%,アマモ場周辺においてアオ型10%およびクロ型90%であった.

5章　西日本海域でのマナマコ資源増殖　*127*

図 5・8　実験に用いた採苗器
カキ殻を 60 個，網袋に詰めてある．

　この野外調査は 2007 年から 2008 年にかけて行っており，先行研究が行われた 1980 年～1990 年代とは時間的に大きな隔たりがある．海洋環境や周辺の状況も異なっているであろう．このような状況にもかかわらず，調査海域では前述の先行研究と類似した結果が得られている．まず，夏場から冬場にかけての分布パターンの季節変化は先行研究と同様であり，西日本海域に典型的な砂泥型の生息環境に沿った生活史を送っていることを示している．また，ガラモ場周辺にアオ型の形質をもった個体が多く，砂地や泥分が多くなるアマモ場にはクロ型の個体が多いことも，いくつかの前述の知見に矛盾しない．

　このように調査海域のマナマコは西日本海域の生態特性に大きく違わないことを確認することができたので，次にマナマコ研究において残された課題である生活史初期の生態特性，特に着底場所の選択性の強度を調べるために，自作の採苗器を用いた野外実験を行った（図 5・8）．採苗器は玉ねぎネットにカキ殻を 60 個ほど詰め込んで直径 30 cm ほどの大きさにし，それをゴムひもでコンクリート板に括り付けたシンプルな構造にした．これは，西日本海域の先行事例として長崎県大村湾でカキ殻を用いて天然採苗が行われていたことを参考にしており，さらに着底後に発生する稚ナマコへの捕食[8]を玉ねぎ袋のメッシュで避けることをねらっている．ナマコの浮遊幼生が最も多く着底すると考えられる 5 月から 6 月にかけて，この採苗器をガラモ場内，アマモ場内，砂地の各

調査ライン上に水深1mごとにDL基準で0mから-4mの水深まで沈め，採苗器に加入してくる稚ナマコの採集を行った．また，調査海域はカキ養殖が盛んな広島湾の南部に位置し，調査海域の沖にも多くのカキ棚が浮かんでいる．現地でカキ養殖を行っている漁業者の話によると，カキ棚に垂下したカキに稚ナマコがよく付着しているらしい．そこで，調査ライン上に加え，カキ棚にも採苗器を設置した．

一般に野外では1つの現象に多くの要因が複合的にかかわっているため，観察だけでは特定の要因の効果を論じることは難しい．マナマコの浮遊幼生から着底にいたる過程では潮間帯のガラモ類や海藻類，あるいは転石帯に着底することが多いとされているが，これにもいくつかの要因が絡み合っている．まず，これらの場所が幼生のトラップ効果をもつことが1つ目の要因としてあげられる．ガラモや海藻などは海中に三次元構造を作り出すため，流れてきた着底直前の幼生を取り込み，その場所に落とす効果がある．このようなトラップ効果は藻場では多く知られている[18]．次に，ガラモ類や海藻類，転石帯が生息場所基質として優れていることが考えられる．これらの場所には着底後すぐの稚ナマコにとっての餌が豊富に存在することに加え，付着力の弱い稚ナマコでも流されずにとどまることができる．捕食者にも見つかりにくいだろう．その一方，砂地などではたとえ餌が豊富であったとしても逆に捕食者に発見されやすいことに加え，付着する基質がないためにすぐに流されてしまいそうである．また他種の幼生でみられるように，着底までの成長に伴い浮力を能動的に変化させ，流れる水深帯を選択していることも考えられるので，着底時に選択した水深帯が海域によってはガラモ場であり，別の海域では転石帯であったというような日和見的な選択を行っている可能性も考えられる．したがって受動的あるいは能動的に到達したマナマコ幼生の着底後の分布に最も影響しているのはどの要因なのか，その解明にはいくつかの要因を操作した実験が必要となる．この野外実験では，着底基質をすべての水深帯，すべての生息場所でそろえることで基質としての要因を除去し，他の要因となる水深の選択性や生息場所の選択性について検証しようと試みていることになる．

7月に採苗器を回収したところ，採苗器が小さかったためか数は多くないものの，無事に稚ナマコを採集することができた（図5・9）．水深間での着底数のば

らつきが大きかったため（図5・10），4つの生息場所間の同時比較では統計的に有意な差を得ることはできなかったが，ガラモ場が最も稚ナマコ着底数が多く，次いでアマモ場，カキ棚，砂地の順に少なくなる傾向が見られた．その一方，水深については生息場所よりも明確な傾向が見られ，DL基準で$-1$ mから$-2$ mの水深帯に多くの稚ナマコが着底していることが明らかになった．

これらの結果を解釈すると，まずすべての生息場所の採苗器で稚ナマコが確認されているため，特定の生息環境を選んで加入しているわけではなさそうで

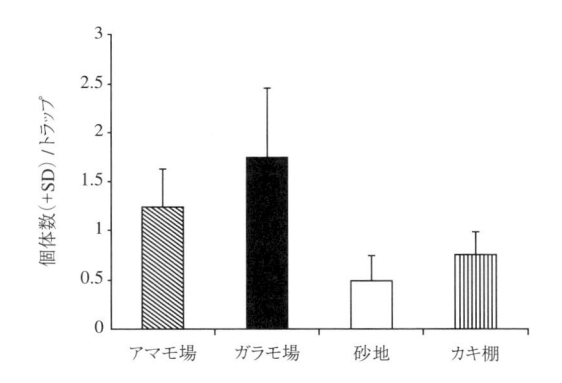

図5・9　生息場所別に見た採苗器内の稚ナマコ個体数
　　　　縦軸の誤差範囲は標準偏差を示す．

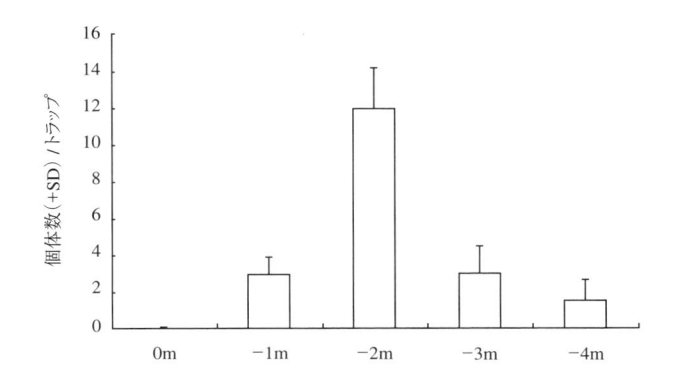

図5・10　水深別に見た採苗器内の稚ナマコ個体数
　　　　　縦軸の誤差範囲は標準偏差を示す．

ある．砂地の採苗器にも着底しているので，おそらく着底できる基質さえあればどこでも着底できる可能性を秘めているのであろう．逆の言い方をすれば，砂地にも浮遊幼生が到達しており，無効分散となる危険をもった幼生がいることを示しているとも考えられる．砂地に到達したマナマコの浮遊幼生は，砂地に着底して付着できずに死亡・流失するか，あるいは着底せずに他の生息環境にたどり着くまで移動し続けることになろう．いずれにせよ，砂地だけの生息環境ではマナマコの着底は望めそうにない．

次に，ガラモ場で多少なりとも着底個体数が多くなった結果は，ガラモの藻体による浮遊幼生のトラップ効果があったことを示していると考えられる．またガラモだけでなく，アマモやあるいはカキ棚のロープなど，揺れながらでも水中で林立する構造があれば内部の水流は弱まり，その効果によって浮遊幼生が滞留しそうである．そして，そこに着底できる基質があれば着底し，稚ナマコとなるのであろう．しかしながら，ガラモ場の三次元構造はその年のガラモ類の生育状況に強く依存し，数mから数十cmまで藻体の長さが変異することに加え，株数も大きく変動する．そのため，トラップ効果も年や場所などによって時空間的に大きく異なることが容易に想像される．その影響によって，ガラモ場に着底する稚ナマコの着底量も時空間的に大きく変動するだろう．ただ，カキ殻によって基質の効果を均質化した本実験では検出できないが，ガラモはトラップ効果だけでなく着底基質としても優れているようなので[6]，実際のガラモ場ではさらに着底個体数が多く，その結果として時空間変動も小さくなる場合も予想できる．つまり安定したトラップ効果とよい着底基質効果をもつ生息環境を準備すれば，ガラモ場でなくても浮遊幼生はその場所に多く着底しそうである．その点では，7章で紹介する逆さ竹林礁は的を射た構造を有していると思われる．

また，着底した個体が水深−2 mを中心に一山型の分布を示した結果は，浮遊幼生の水深選択の可能性を示唆しているように見える．しかしながら，本実験で稚ナマコの個体数が最も多かった−2 mはガラモ場の分布下限，あるいはアマモ場の分布中心付近に相当するため，アマモやガラモ場に多く着底していることが原因で，あたかも水深選択を行っているような分布型になったとも考えられる．ただし，同じガラモ場内，あるいはアマモ場内で水深間の着底個体数の

違いをみると，−1 m よりも−2 m に着底している個体が多く，砂地でも同様に−2 m に着底していたことも事実である．したがって，完全に水深選択性がないわけではなく，着底する際にある程度の適正水深帯が存在するのであろう．

　次に，着底した稚ナマコの色彩形質は着底場所間で異なるかどうか確認したかったが，残念ながら採苗器で採集した稚ナマコはまだ小さく，色彩形質を確認するには不十分であった．そこで野外の環境とは異なるものの，採苗器で採集した稚ナマコ個体を屋外水槽内で継続飼育し，色彩形質が判別できる大きさになるまで成長させた．飼育には，稚ナマコの生育環境である転石帯を模したポッドを作成した（図 5・11）．直径 7 cm×高さ 5 cm のポッドの上面を 1 mm メッシュで覆い，ポッドの中に礫を入れた後，稚ナマコを 1 個体ずつ投入した．これを 2 トン水槽の流水環境下で底面から 50 cm 浮かした状態で飼育を行い，飼育を開始してから 3 カ月後，および 13 カ月後に色彩形質の判別を行った．また，採苗器で採集した稚ナマコに加え，種苗生産でアオ型の親から生まれた同サイズの稚ナマコを 8 個体，同じポッドで同様に飼育を行った．これは，ポッド環境の色彩形質への効果を見る対照区としての役割も担っている．

　まず対照区として飼育していた種苗育ちの稚ナマコは，3 カ月後にはすべての

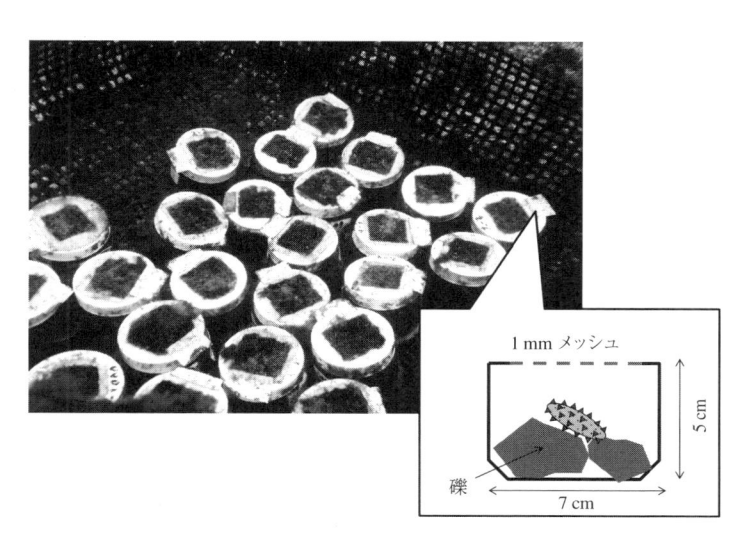

図 5・11　継続飼育に用いた飼育ポッドとその概要

個体がアオ型の色彩形質を示した（図5・12）．この3カ月後の色彩形質の結果を見た際，やはり遺伝的に色彩形質が決まっていたのか，あるいは種苗生産時の飼育環境によって色彩形質が決まっていたか，などと考えていた．また，3カ月間のポッド飼育の環境条件がアオ型の色彩形質に適していたのでは，とも考えた．しかしながら，13カ月後の結果を見て，この考察のいくつかは過ちであることに気付かされた．残念ながらこの期間に3個体が死亡してしまったが，残り5個体のうち1個体がクロ型となったのである．まず，色彩形質が時間経過とともに変化したわけであるから，色彩形質が遺伝的に固定されるということはないであろう．遺伝的に決まっている色彩形質が1年以上経過した後に発現した，とも考えにくい．また，種苗生産時，すなわち浮遊幼生から稚ナマコに変態する時の環境条件によって色彩形質が完全に固定する，ということもないだろう．少なくとも，環境条件によって後天的に色彩形質が変化する，と考えるべきである．実はこの種苗は4章で行われた種苗生産の個体を分けてもらったが，この種苗生産時の飼育環境がアオ型の色彩形質に適していた，ともいえるだろう．情報を付け足すならば，飼育実験を終了した後にこの5個体をさらに1年間，筆者らの研究所の前浜の砂を敷いた2トン水槽（無給餌，砂濾過海水をかけ流し）で継続飼育したところ，すべての個体がクロ型の色彩形質となっ

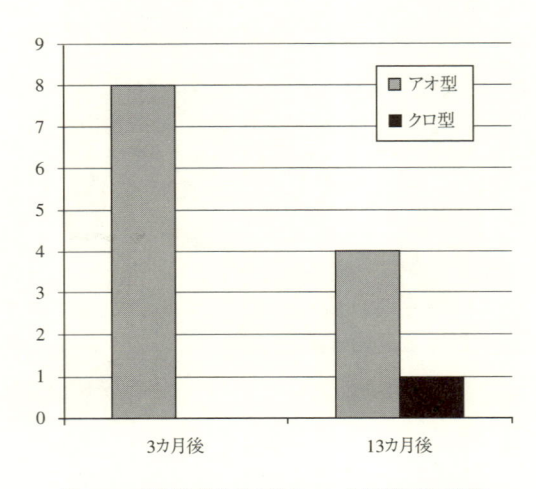

図5・12　種苗生産由来の稚ナマコの色彩形質の変化

てしまった．

　この種苗育ちの稚ナマコの色彩変化を踏まえ，採苗器で採集した天然の稚ナマコの飼育結果を見てみよう（図5・13）．まず3カ月後の色彩形質だが，生息場所間で色彩形質に偏りが見られ，砂地で採集された個体はすべてクロ型を示した．その一方，ガラモ場で採集された個体は7割以上がアオ型であった．また，アマモ場およびカキ棚で採集された個体はアオ型とクロ型がほぼ同じ比率で出現していた．この結果は，おそらく着底場所の環境が色彩形質に影響していることを示しているか，あるいは色彩別に着底場所を選択している可能性を示している．先ほどの種苗個体の変化から，おそらく変態後の色彩形質に対して遺伝的な影響は大きくないと考えられるので，前者の生息環境の影響と考えるのがもっともらしい．となると，ガラモ場に着底した個体はアオ型の色彩形質を示す確率が高く，砂泥に着底した場合はクロ型の確率が高くなると考えられる．たしかに，先行研究においてもガラモ場はアオ型の環境と解釈されていた[6]．この解釈に従えば，アマモ場は砂泥域に形成される藻場環境であることから，アオ型とクロ型の双方が出現するのであろう．カキ棚の個体については，海面に垂下されて砂泥を伴わないためにアオ型が多く出るように想像されるが，やはり単純には解釈できないようである．ひょっとすると，カキ棚はかなり密集してカキ養殖を行うため，カキそのものや付着物の排泄物が多くて砂泥環境に類似したことが起こっているのかもしれない．

　13カ月後の結果では，アマモ場およびカキ棚由来の個体でクロ型の比率が若

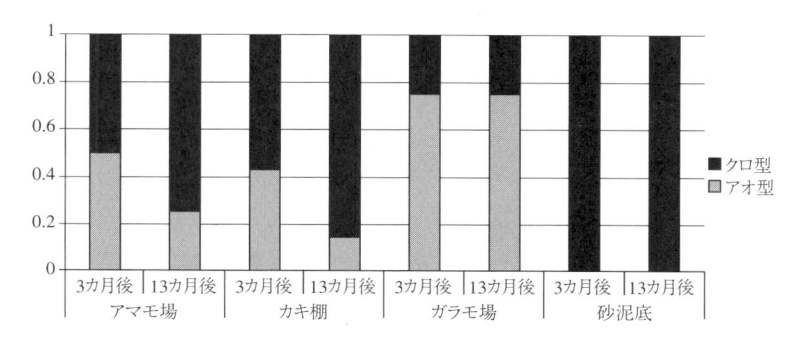

図5・13　種苗生産由来の稚ナマコの色彩形質の変化

干増加しているが，ガラモ場および砂地由来の個体では色彩形質の比率に変化がなかった．さきほどの種苗個体も含め，長期飼育するとクロ型に変化する個体が出現するということは，ポッドを用いた飼育環境が長期に至ればクロ型の形質に適した環境に変化するということであろう．いずれにせよ，天然の稚ナマコでもアオ型からクロ型に色彩形質が変化した事実から，後天的に色彩形質が変化することは間違いないようである．また，ガラモ場由来の個体で色彩形質の比率が変化しなかったことも注目に値する．単純に偶然の結果であることも否定できないが，"着底時にガラモ場環境を経験するとアオ型の色彩形質に固定される確率が高くなる"という仮説も考えてみたくなるのは，藻場の研究者である筆者らの心情であろうか．機会があれば，ぜひこの点について検証してみたいと考えている．

　以上，カキ殻採苗器を用いた一連の実験結果から，先行研究の知見も交えてマナマコの生活史初期における着底プロセスを次のようにまとめてみる．

　まず，海岸付近に到達した浮遊幼生は，特定の水深帯にある程度まとまりながら着底する場所を探す．着底後に生残できそうな基質があれば潜在的にどこでも着底できるが，ガラモのトラップ効果や基質としての効果により，ガラモ場に多く着底する．また，着底時には色彩形質別に着底場所を選択しているのではなく，色彩形質が着底した場所の生息環境にまず影響を受ける．その後，生息環境が変化すれば，色彩形質は後天的に変化する．

　この解釈に従えば，西日本海域のマナマコ研究に残された課題としてあげた4つの問いのうち，"着底時に着底場所や着底基質を選択しているか"，という問いについては，水深帯への弱い選択性があり，着底場所については受動的に特定の生息場所（ガラモ場）に偏る傾向があるが，能動的に選択しているわけではなさそうである．着底基質の選択性については，着底基質をカキ殻にそろえた本調査では検証できなかったため，今後の課題としたい．

　次に，"着底プロセスは色彩形質によって異なるか？"，という問いに関しては，着底した生息場所によって発現する色彩形質に偏りが生じるようなので，着底時のプロセスは色彩形質によって異なるというよりは，着底時の微細な生息環境の違いによって後天的に色彩形質が異なる，というのが正しいように思われる．

　また，"色彩形質を決めるメカニズム"に関しては，色彩形質はまず浮遊幼生

が着底する段階においてその着底場所の環境に影響を受けること，着底後の段階でもその時の生息環境によってさらに影響を受けるようである．ただし，本調査で行ったポッド飼育の環境が原因か，アオ型からクロ型へ変化する個体は見られたが，クロ型からアオ型に変化する個体はいなかったことは興味深い．アオ型が原型で，クロ型へと一方向的な変異しか生じないのか，それとも可塑的にアオ型・クロ型間で変異ができるのか，後天的な色彩形質の変異を生み出す環境要因と色彩形質を決める生理的・遺伝的要素の関係を精査することが次に重要になってくる．次節ではこの遺伝的要素に関する議論するとともに，最後の問いである"色彩形質の機能は？"を解明する一助として，クロ型，アオ型の表皮で発現している遺伝子の比較を行ったので，その結果についても紹介する．

## §4. 色彩変異のメカニズム

### 4-1 ミトコンドリア DNA の解析

前節までの結果によると，少なくとも瀬戸内海のマナマコのクロとアオは可塑的に変異している形質ではないか，と考えられる．菅野らの一連の研究例[14, 17, 19]でも，アカはアオ・クロとは遺伝的に異なると考えられているが，では，クロとアオの関係はどうなのであろうか．Sun et al.[20]はマナマコのアカ2個体とアオ1個体のミトコンドリア DNA の全塩基配列を決定し，得られた情報と DNA データベース上のマナマコのミトコンドリア DNA の全長情報を活用し，アカとそれ以外の色彩多型の比較を行った結果，アカとそれ以外の色彩多型の差は小さくて識別は困難であり，マナマコのアカを含む色彩多型については1つの種として扱うべきである，と結論付けている．しかしながら，Sun et al.[20]の解析では，近縁種を含む比較対象がないので，果たしてその結論が正しいのか？については検証する余地が残されている．また，使用する検体については，前節のように色彩多型がもし可塑的形質であるとするならば，同じ地域で採取したものを用いたほうがよいと考えられる．さらに，使用する試料を選ぶ際には色彩という感覚的な情報についても，より客観的に評価する必要がある．例えば，今回は山口県の協力により，山口沿岸のマナマコを1,000個体以上採取して分析したが，なかにはクロとアカ，アオとアカ，アオとクロの中間個体が存在し

ていた．なかでも，私達の間で"ニセアカ"と呼んでいた個体は，肉眼で見た感じではクロとアカの中間で識別が困難であった．そこで，本解析では，視覚情報に頼らずに，アカについては菅野・木島[17]，アオとクロについては Yamada et al.[16] によるRGB解析による判別方法により判別を行った．

マナマコの色彩多個体間の遺伝子変異を調べるための比較対象種については，ナマコ類の既存の塩基配列情報から比較的解析例が多いミトコンドリアDNAのcytochrome c oxidase subunit I 領域（以下，COI とする）を選択し，国内で採取可能な種については筆者ら自らが同領域の塩基配列を決定し，入手できなかった種については国際的なDNAデータベースから情報を得た．これらのデータに基づいて，まず，国内に生息するナマコ類を中心に系統樹を作成した．われわれが普段食用にするナマコ類は，キンコ，マナマコ，オキナマコ，そして沖縄にいるクロナマコなど数種類程度であるが，日本国内にはこれら以外にも多くの種が生息しており，マナマコ，オキナマコ，クロナマコなどを含む楯手目（Aspidochirotida）だけでも二十数種類以上もの種が生息していることが知られている．まず，これらの中からマナマコに近い種を系統解析によって探すことにした．

図5・14はマナマコを含む楯手亜綱とは異なる樹手亜綱に属するキンコを外群として，近隣接合法（NJ法）により作成した系統樹である．ブートストラップ値が低いので各分岐の確からしさは低いと考えられるが，属でのまとまりがなく，これまでの分類については再検討が必要なのかもしれない．しかし，マナマコの近縁種としては，オキナマコがあげられる．オキナマコは，日本近海などで採取され，我が国で食用とされるナマコ類の1種であり，水深20～600mとやや深場に生息していることが知られている．今回の結果から，マナマコに極めて近いため，もしかしたらマナマコの仲間の深場，あるいは低水温に適応したグループかもしれない．いずれにしても，オキナマコは，国際的なDNAデータベースが採用している分類では *Parastichopus* 属とされているが，*Apostichopus* 属としてもよいのではないか，という結果が得られた．

そこで，さらにこの結果について検証するために，マナマコの近縁種が多い国際的なDNAデータベース上にあるシカクナマコ科（Stichopodidae）のCOIの塩基配列情報を活用して系統解析を行った結果を図5・15に示す．系統解析は

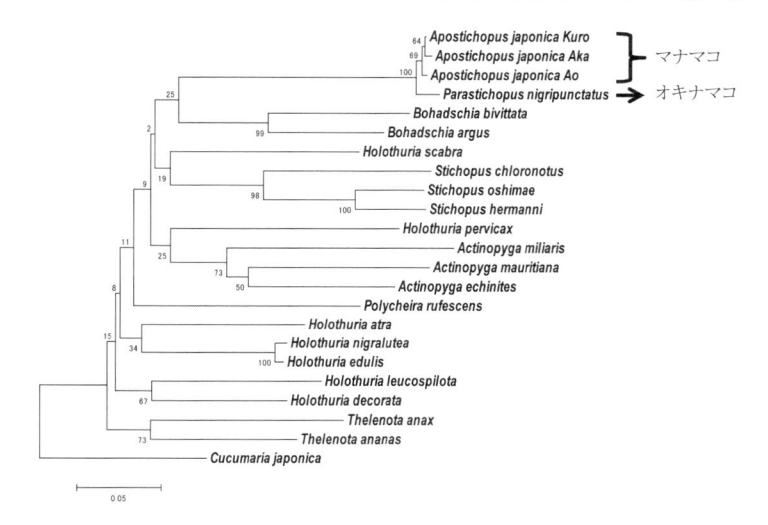

5章　西日本海域でのマナマコ資源増殖　137

図5・14　国内に生息するナマコ類のCOI領域の系統解析結果（NJ法）

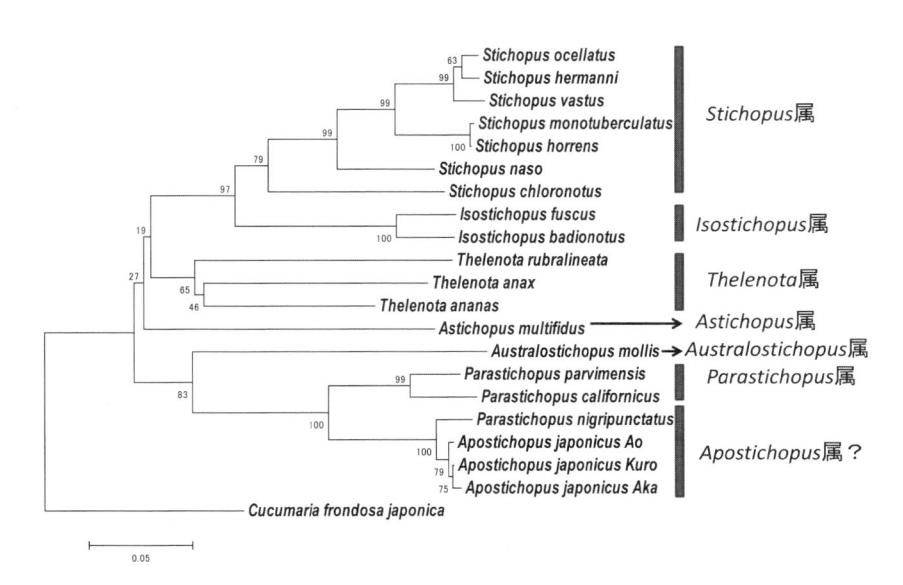

図5・15　DNAデータベース上にあるシカクナマコ科のCOI領域の系統解析結果（NJ法）

前の方法と同様に行ったが，国内のマナマコ類よりは属間のまとまりがよいように思われる．結論としては，やはりマナマコの近縁種はオキナマコということは変わらなかった．このことから，マナマコの色彩多型個体間の比較はオキナマコを対照としてミトコンドリアDNAの全長情報によって行うこととした．

瀬戸内海の同じ海域で採取されたアカ，アオ，クロについて先に述べた方法で色彩識別を行い，地域の異なる北海道のアオ，そしてオキナマコのミトコンドリアDNAの全長解析を実施した．瀬戸内海のアカ，クロ，アオについては，成熟した個体から卵を採取してミトコンドリアDNAを抽出し，ショットガンライブラリ法によって塩基配列を決定した（図5・16）．

北海道のアオとオキナマコは採集個体数が少なく，また，卵を入手できなかったので，筋肉から全DNAを抽出し，先に解析したクロ，アオ，アカのミトコンドリアDNA全長解析結果から設計したプライマー群を用いたprimer-

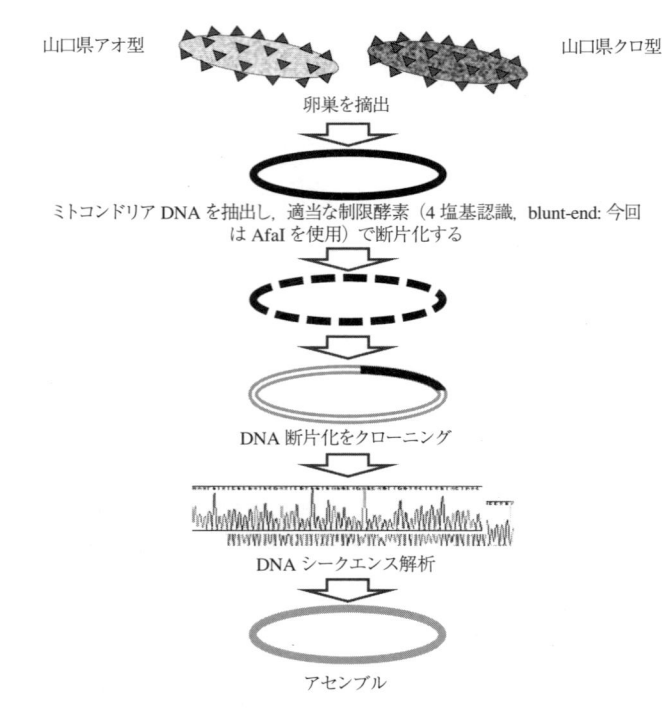

図5・16 ミトコンドリアDNAの完全長の解析手法の概要

walking法によって解析を行った.

マナマコのミトコンドリアDNAは，ヒトを含む高等動物と同様に全長約16kbp程度であり，それぞれ，アオが16106bp，クロが16101bp，アカが16101bp，北海道のアオが16104bp，オキナマコが16107bpであった．その内訳は，タンパク質などをコードしている領域が13，tRNAが22，rRNAが2であり，100bp以上の非コード領域は3つであった（図5・17）．調べた個体間ではこれらの非コード領域に長さの多型がみられ，全長が少し異なっていた．一方，これらの遺伝子領域の配置は，同時に全長解析を行ったオキナマコと全く同じであったが，これまでに全長解析が終了していたキンコとはコード領域の配置は同じであったが，一部のtRNAの位置が変わっているなど構成が異なっていることがわかった．

個々の塩基置換を見るとアオ，クロ，アカでは約1%，これらと北海道のアオは約2%，オキナマコとは約3%の変異が生じていた．DNAデータベース上には，韓国，中国の研究者によってマナマコの色彩多型を含めてミトコンドリアDNA全長の塩基配列が登録されているので，今回決定した瀬戸内海のアカ，アオ，クロのミトコンドリア全長情報にこれらを加えてオキナマコを外群として系統解析を行った結果を図5・18に示す．

色彩ごとにクレードがまとまらず，また，北海道のアオに見られた瀬戸内海のアカ，アオ，クロとの差異もそのほかの情報を加えると，差がみられなくなっ

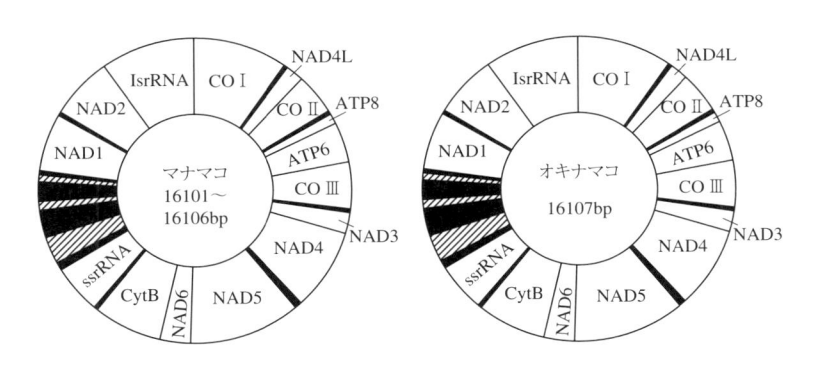

図5・17　マナマコとオキナマコのミトコンドリアDNAの構成
　　　　□はコード領域，▨は非コード領域，■はtRNAを示す．

た．Sun et al.[20] は，マナマコの色彩多型はミトコンドリア DNA を見る限りは同じではないかとしているが，それと同様の結果となった．さらに，塩基置換率の高かった最長の非コード領域についてこれを PCR 増幅できるプライマーを設計し，それぞれの色彩グループ内で個体数を増やして塩基配列を決定したところ，採集地域や色彩と関連した変異は認められなかった．このことから，少なくとも瀬戸内海のマナマコのアカ，クロ，アオはミトコンドリア DNA からは同じではないか，と推察された．したがって，マナマコのミトコンドリア DNA の情報は，色彩多型を検証するためには不適ではないか，と考えられる．今回の結果について前述した菅野ら[14,17,19] や倉持・長沼[21] の骨片形状の結果を交えて考察すると，マナマコの色彩の異なる個体については，アカについてはごく最近，分化しつつあるグループ，アオとクロについては同じグループではないか，と推測される．アワビ類では，受精に関連した核遺伝子の変異が生じ，集団の分化が起こった事例が報告されているが[22]，この事例ではミトコンドリア DNA の変異の蓄積は集団の分化の後に生じていることから，今回のマナマコの色彩多型についても同様に，分化がごく最近起こったために，ミトコンドリア DNA 上の変異の蓄積が少ないのかもしれない．

　また，ミトコンドリア DNA の全長解析は，本プロジェクト実施には，変異が大きく，魚類などで集団解析に用いられていた D-loop 領域がマナマコで特定されていなかったのでそれを特定するために実施したが，実際には変異が少な

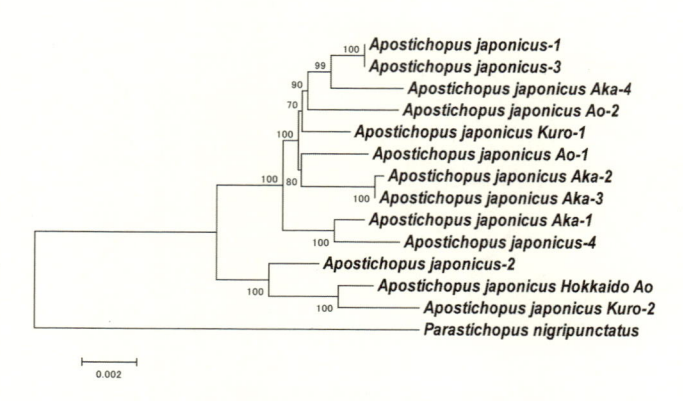

図 5・18　ミトコンドリア DNA 全長情報によるマナマコの色彩多型の比較

く使用できなかった．しかし，現在では，ミトコンドリア DNA 他にある 1 塩基多型（Single nucleotide polymorphism：SNP）を用いた集団解析[23]が実施されており，これらの情報も資源保護のための集団解析に利用できるようになっている．さらに，現在では使用できるマイクロサテライトマーカー数も飛躍的に増えており[24]，これと SNP を使用した親子レベルでのきめ細やかな集団解析が可能となっており，瀬戸内海のマナマコの資源管理のために有用な情報が容易に得られると考えられる．

### 4-2　体表に発現している遺伝子の比較

ミトコンドリア DNA では同じではないか，と考えられた瀬戸内海のアオとクロであるが，前節の実験から後天的に何らかのきっかけによって色彩多型を生じていると考えられる．そこで，この色彩と関連した差を調べるために，瀬戸内海のアオとクロの表皮に発現している遺伝子を比較した．RGB による色彩判別を行ったクロとアオのそれぞれ 5 個体ずつから表皮を採取して RNA later で処理をした試料から m-RNA を抽出し，サブトラクション法によってアオ，クロそれぞれに他方と比較して発現量が増減している遺伝子を解析した．

サブトラクション法によるアオとクロの発現遺伝子を比較した結果，発現量が変化している遺伝子数はクロの方がアオより多いことが明らかとなった（図 5・19）．その内訳は，アオでは恒常性維持に必要な遺伝子（housekeeping-genes）や，また，表皮，コラーゲン層の維持に必要な機能性分子が揃っていたが，ク

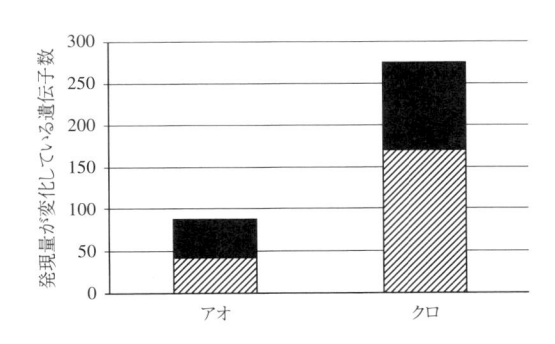

図 5・19　マナマコのアオとクロの表皮で発現量が増減している遺伝子数
■：既知の遺伝子，▨：未知の遺伝子を示す．

ロではこれらに加え，アオでは見られなかった特異的な遺伝子の発現量が増減していた．このことから，クロの表皮細胞は，アオよりも何らかの生理機能が亢進しているのではないかと考えられる．なかでも，クロで発現量が多いのは上皮細胞成長因子（以下，MEGF とする）とそのファミリー分子で発現遺伝子全体の 10％程度を占めている．この遺伝子は 53 のアミノ酸残基および 3 つの分子内ジスルフィド結合から成る 6045Da のタンパク質で，人では皮膚や消化管上皮に存在することが知られている．また，血小板内皮造成因子受容体や zinc-finger protein も多いことから，クロの表皮では，人の表皮の場合の創傷治癒過程に類似している遺伝子が発現している状態であるといえる．これらの遺伝子群のうち MEGF についてリアルタイム PCR の系を構築し，さらに多くの個体で発現量を調べたところ，クロに多く発現していた．

　一般に，クロの体表の黒い部分がはがれ易いといわれているが，これは，クロは泥質環境などで生息するために，常に上皮造成を行って表皮に付着する細菌などの異物を排除しているからではないかと推測される．そのため，表皮細胞の分裂増殖が盛んであり，アオより発現量が増減している遺伝子が多いのではないかと考えられる．以前，マナマコの組織切片を作成して検査したが，クロにはアカやアオには見られない顆粒用構造が表皮層にみられたが，これも細菌などへの防除に使用されているのかもしれない．

　ただ，色彩発現には今回捉えた以外の遺伝子も関与すると考えられるため，現在でも表皮に発現する遺伝子の探索を，トランスクリプトーム解析他を用いて続けており，その結果については今後，報告する．いずれにしても今回の結果と前節の結果を併せて考えると，アオからクロへの可塑的変化は，生息環境によって発現遺伝子が変化し，それによって生じているのではないか，という仮説を証明するためのきっかけとなると考えられる．今後，さらに得られた発現遺伝子情報を基に複数の遺伝子を選択し，発現量の解析を行い，アオからクロへ変化する際にこれらの発現遺伝子群がどのように関与するのかがわかれば，マナマコの色彩多型の発現メカニズムが解明でき，色彩を制御する生産技術などに利用可能と考えられる．

### 4-3 遺伝子情報を活用した瀬戸内海マナマコの種判別技術

最後に，ミトコンドリア DNA の情報を活用して不明な点が多い瀬戸内海のマナマコの初期生態を効率よく調べるための種判別方法を開発した結果を紹介する．マナマコの幼生の調査は愛知県水産試験場により，三河湾で詳細な調査が行われているが，マナマコの浮遊幼生を捕捉するのは極めて困難であることが知られている．そのため，野外調査を行うためには，効率のよい種判別方法が必要である．特に，マナマコでは，浮遊幼生の調査を行っても採取できる幼生数が少ないため，まず，採取した試料中にマナマコがいるのか，いないのか，を調べることが必要となる．そこで，幼生の調査には，マナマコの幼生の有無を調べる方法と，直接マナマコ幼生を簡便に識別・計数できる方法が必要となる．前者には LAMP 法やリアルタイム PCR 法が有効であると考えられるが，これらの手法では正確な計数ができないため，後者では直接，マナマコ幼生を計数できる方法が有効であると考えられる．そこで，今回は，前者では定量も可能なリアルタイム PCR を，後者ではモノクローナル抗体を利用した方法を開発した．

リアルタイム PCR 法では，1) で実施したミトコンドリア DNA の全長情報から，最も近縁なオキナマコを対象として種判別にふさわしい領域を探索した．その結果，非コード領域およびその周辺領域で dual-labeled probe（以下，DLP とする）を設計した．一方，モノクローナル抗体は佐賀県で種苗生産したマナマコのアオ，クロ，アカのアウリクラリア幼生を抗原としてマウスを免疫し，化学融合法でハイブリドーマを作成し，キヒトデ，イトマキヒトデ，オニヒトデなどのビピナリア幼生を用いてスクリーニングを行い，マナマコに特異的なモノクローナル抗体を作成した．このモノクローナル抗体により，マナマコのアウリクラリア幼生を免疫染色した結果を図5・20（カラー口絵）に示す．マナマコのアウリクラリア幼生は透明に近く，ソーテイングや写真撮影は困難であったが，免疫染色することによって肉眼でも容易に確認できるようになった．図5・20の右の写真は実体顕微鏡で観察できるように発色させたものであるが，蛍光標識抗体での観察も可能である．

これら2つの方法はいずれも，凍結，エタノール個体，およびホルマリン固定試料でも使用可能であり，例えば，過去に採取したホルマリン固定試料など

でも分析可能である．また，これら2つの方法を併用することによって効率のよい調査が可能である．マナマコの幼生は出現頻度・密度ともに低いため，検鏡しても幼生が見つからないことが多い．そのため，調査時には試料を2本ずつ採取するか，あるいは，採取した試料を二分割し，一方からDNAを抽出してリアルタイムPCRを行い，幼生がいる，いないを判別し，いる試料のみモノクローナル抗体で免疫染色を行い，幼生を計数するという方法が有効である．

　この技術により，マナマコの初期生態からきめ細かな調査が可能となり，資源管理のための詳細な調査が可能となった．そこでこれらの技術を用いて，2008〜2009年に広島湾の一部含む周防灘を対象にマナマコの幼生が出現すると考えられる5〜6月に複数回，調査船による調査を行った．調査は，水深に応じて海底直上〜表層の5層で水中ポンプを用いて海水を0.5トンくみ上げ，目合い50 $\mu$m のプランクトンネットで濾過して試料を採取した（図5・21）．採取した試料は直ちに船上で検鏡するとともに，開発した方法を用いてしてマナマコ幼生を調べた．

　しかし，本調査では棘皮(きょくひ)動物についてはクモヒトデ類の幼生は確認できたが，マナマコ幼生は確認できなかった．愛知県の三河湾の調査でもマナマコ幼生が捕捉できない年があったことが報告されている．また，今回の調査の時空間スケールは，他の海洋観測と同時に行ったため，調査定点の間隔などがマナマコの幼生調査には不適であったのかもしれない．今後は極沿岸域の内湾などで調査の時空間スケールを絞り込んで調査する必要があると考えられる．

図5・21　浮遊幼生調査に用いた瀬戸内海区水産研究所所属の調査船
　　　　しらふじ丸（左）と試料採取方法（右）

## §5. おわりに：西日本海域のマナマコの現状と今後の課題

　本章で紹介した内容は 2007 年から 2009 年にかけて行った研究をもとにしているが，この原稿を執筆した 2013 年の時点で，たった 3 年の間でもマナマコを取り巻く状況はさらに大きく変化したと感じている．その多くは変化というより，悪化という言葉を使ったほうが直接的であろう．瀬戸内海を例にあげると，まず天然のマナマコを全くと言っていいほど見かけなくなってしまった．筆者らは藻場や干潟を対象とした研究を専門としているため，各地の海で潜水することが多い．この研究プロジェクトが始まった当初，すでにナマコフィーバーが始まっていたとはいえ，藻場や浅場の転石帯での潜水調査時には，どこの海域でもマナマコを目にすることが多かった．前述したが，小型底引きによる漁獲が行えない場所であるため，個体が残っていたのである．先行研究の知見や筆者らの調査結果によれば，このような場所はマナマコの加入が多い生息場所であり，また夏眠や小型個体が成長を行う生息場所でもある．いわば，生活史循環・再生産のコアとなる場所である．近年の潜水漁はこのような場所を対象とすることが多く，その影響で乱獲に拍車をかけてしまっている．筆者らが調査を行った山口県周防大島海域の藻場でも，長らくマナマコを見ていない．このようなマナマコの漁業体系の変化は，これまで偶然にも保たれていた漁業区（小型底引き船による漁労）と保護区（再生産の場所となる藻場や浅場）の関係を崩壊させることを意味しており，何らかの対策なしにこの状況が続けば，天然マナマコの自立的な回復は見込めそうもないと考えている．

　また，マナマコへの直接的な乱獲に加えて，マナマコの加入に重要なガラモ類の減少も懸案事項となるだろう．先行研究で稚ナマコの生息場所としてあげられているヒジキは，上述の潜水漁の格好の対象でもあり，むしろマナマコより乱獲の程度が激しいかもしれない．また，近年は夏期の高水温によりアイゴなどの植食性魚類が増加し，その被食はヒジキをはじめガラモ類にとって大きな減少要因となっている．もちろん，高水温自身もガラモ類を減少させうる要因である．また，三河湾におけるアオ型からクロ型への色彩形質の変化について前述したが，この変化が生じた数十年間に環境汚染が進み，底質が砂質から

泥質化し，岸側の浅場環境が護岸されていたようである[25]．護岸されることは藻場や浅場の転石帯などマナマコ再生産のコアとなる生息環境が劣化すること意味しており，クロ型の色彩形質への変化はその現れであろう．このように多くの海域で護岸・埋め立てによって多くの藻場や浅場の転石環境が失われてきたことに加え，かろうじて残ってきたわずかな場所すら劣化する現状を目の当たりにしている．この状況を打開するために，我々は何をすべきか真剣に議論し，早急に対策を行う時期にきている．

これまでの知見と本章の内容を総括すれば，西日本海域ではアオ型の色彩形質が多く出現する生息場所がマナマコの生活史循環・再生産のコアとなるようである．ここまで資源が減少してしまった段階では，多くの魚類で行われている資源（漁獲）情報の分析だけでは，資源回復に有効な手法を見つけるのは困難であろう．それよりもまず，生活史循環・再生産のコアとなる生息場所を回復・保護することが先決のように思われる．その試みによる資源回復，あるいは生息環境の健全度の指標として，アオ型の色彩形質の比率が1つの目安になるのではと考えている．これからの西日本海域のナマコ資源の回復に向けて，"資源管理は生息環境（生態系）管理"，という一文を残して，本章の筆を擱く．

## 文　献

1) 柳澤豊重，三河・伊勢湾ナマコ増殖試案（第1編）：幼生の移動経路と漁場特性より見た効率的なナマコ栽培漁業案．愛知の水産 1989；225：8-12.
2) 愛知県・大分県・福井県・山口県，棘皮類，平成4年度地域特産種増殖技術開発事業報告書，1993.
3) 愛知県水産試験場，愛知県におけるナマコ増殖（昭和58年～61年の試験研究のまとめ），愛知水試B集第6号，1987.
4) 濵野龍夫，網尾　勝，林　健一，潮間帯および人工藻礁域におけるマナマコ個体群の動態，水産増殖 1989；37：179-186.
5) 環境省（2013），瀬戸内海の環境情報：自然環境に関する情報—自然海岸の状況，http://www.env.go.jp/water/heisa/heisa_net/setouchiNet/seto/kankyojoho/sizenkankyo/sizenkaigan.htm（2013年9月28日確認）
6) 網尾　勝，濵野龍夫，林　健一，吉岡貞範，松浦秀喜，岩本哲二，潮間帯の生物調査からマナマコの生息適地を選定する試み．水産増殖 1989；37：197-202.
7) Yamana, Y., Hamano T., Goshima S. Natural growth of juveniles of the sea cucumber Apostichopus japonicus: studying juveniles in the intertidal habitat in Hirao Bay, eastern Yamaguchi Prefecture, Japan. *Fish. Sci.* 2010; 76: 585-593.

8) 畑中宏之，上奥秀樹，安田徹，マナマコのイトマキヒトデによる食害に関する実験的研究，水産増殖 1994；42：563-566.
9) 畑中宏之，マナマコ種苗の中間育成における適正給餌量の検討，栽培技研 1996；25：11-14.
10) 吉田吾郎，吉川浩二，新井章吾，寺脇利信，アカモク群落内に設置した実験基質上の海藻植生，水産工学 2006；42：267-273.
11) Yamana, Y., Hamano T., Goshima S. Seasonal distribution pattern of adult sea cucumber *Apostichopus japonicus*（Stichopodidae）in Yoshimi Bay, western Yamaguchi prefecture, Japan. *Fish. Sci.* 2009; 75: 585-591.
12) Yamana, Y., Hamano T., Goshima S.（2009）Laboratory observations of habitat selection in aestivating and active adult sea cucumber *Apostichopus japonicus*. *Fish. Sci.* 2009; 75: 1097-1102.
13) 崔　相，「なまこの研究」海文堂，1963.
14) Kanno M., Suyama Y., Li Q., Kojima A. Microsatellite analysis of Japanese sea cucumber, Stichopus (Apostichopus) japonicus, supports reproductive isolation in color variants. *Marine Biotechnology* 2006; 8: 672-685.
15) Yanagisawa, T. Sea-cucumber ranching in Japan and some suggestions for South Pacific. Proceedings of the International Workshop: present and future of aquaculture research and development in the Pacific island countries. 1995. pp387-411.
16) Yamada, K., Hori, M. Matsuno, K., Hamano T., Hamaguchi, M. Spatial variation of quantitative color traits in green and black types of sea cucumber *Apostichopus japonicus*（Stichopodidae）using image processing. *Fish. Sci.* 2009; 75: 601-610.
17) 菅野愛美，木島明博，マナマコにおける色彩変異の定量的定性的評価，水産増殖 2002；50：63-69.
18) Hori M. Intertidal surfgrass as an allochthonous resource trap from subtidal habitat. *Marine Ecology Progress Series* 2006; 314: 89-96.
19) Kanno M., Kijima, A. Genetic differentiation among three color variants of Japanese sea cucumber *Stichopus japonicus*. *Fish. Sci.* 2003; 694: 806-812.
20) Sun, X.J., Li, Q., and Kong, L.F. Comparative mitochondrial genomics within sea cucumber（*Apostichopus japonicus*）:Provide new insights into relationships among color variants. *Aquaculture* 2010; 309: 280-285.
21) 倉持卓司，長沼毅，相模湾産マナマコ属の分類学的再検討，生物圏科学 2010；49：49-54.
22) Metz EC, Robles-Sikisaka R, Vacquier VD. Nonsynonymous substitution in abalone sperm fertilization genes exceeds substitution in introns and mitochondrial DNA. *Proc Natl Acad Sci USA*. 1998; 95: 10676-10681.
23) Du H., Bao Z., Yan J., Tian M., Mu X., Wang S., Lu W. Development of 101 gene-based single nucleotide polymorphism markers in sea cucumber *Apostichopus japonicus*. *Int. J. Mol. Sci.* 2012; 13: 7080-7097.
24) Peng W, Bao ZM, Du HX, Yan JJ, Zhang LL, Hu JJ. Development and characterization of 70 novel microsatellite markers for the sea cucumber（*Apostichopus japonicus*）. *Genet. Mol. Res.* 2012; 11: 434-439.
25) 三河湾浄化推進評議会，三河湾の環境：有機汚泥の堆積状況，http://www.mikawawanjouka.jp/environment.html（2013 年 9 月 28 日確認）

# 6章 北日本の資源増殖

山名裕介・五嶋聖治

　筆者らにとって北日本のマナマコの研究は始まったばかりであり，正直なところ，その生態にはよくわからない部分の方が多い．それでも，筆者らは，北日本と西日本の両方で，比較的広い範囲を見て歩くことが許される立場にあったため，本章を任されることとなった．本章では，文献による情報，筆者らの研究成果，2007～2009年度のプロジェクトによる諸機関の研究成果をあわせ，北日本におけるマナマコ（アオ・クロ型）についてより詳しく紹介するとともに，それらが西日本とどう違うのかを説明する．さらに，まだアイデアの域を出るものではないが，資源管理や資源添加の方法についても言及する．

## §1. 北日本のマナマコの生息地

　崔[1]によれば，「稚ナマコの附着は可成り限られた条件の支配下にあって，沿岸，磯場における稚ナマコの附着場所にもその附着密度に濃淡がある」という．実際に野外で本種の幼稚仔を探してみると，これが実に的を射た表現であることがわかる．幼稚仔の発見される場所は限られており，その密度は通常 1 m² 中に 0.1～1 個体と低いが，一部では 1 m² 中に 10 個体を超える高密度となる．これまで西日本各地では，生息地に適した環境条件に関して調査が行われ，幾つかの条件が特定された．一例をあげれば，瀬戸内海の潮間帯で適した環境条件は，「潮位レベル 40 cm 程度以下でホンダワラ類やアオサ類が繁茂する転石帯」といった具合である[2]．
　ところが北日本では，西日本で好適とされる環境を備えた場所でも幼稚仔が発見されない場合の方が多い．また，そのような場所で幼稚仔が発見されたとしても，西日本と比べ明らかに低い密度であることが多い．このような違いの背景には，幼稚仔が求める条件と環境が提示する条件が一致していないことが

原因にあると思われる．しかしながら，やはり北日本においても両方の一致する場所は存在しており，ときに高密度で幼稚仔が発見されることがある．例えば，干川ら[3]によれば，北海道南部の海岸に掘削された溝内の転石の間隙中から，$0.25 m^2$中に0.7～6.7個体という高密度で幼稚仔が発見されたという．筆者らによる調査では，北日本でマナマコ幼稚仔が発見されやすい環境条件は，次の3つのパターンに大別される[4]．

1つめは，潮間帯最下部から水深2m程度までに生息地が成立するパターンである．このパターンでは，波当たりを軽減するような地形あるいは構造物が存在し，その内側の転石帯において幼稚仔が転石下部の空間を利用する．なお，瀬戸内海などのように，特定の海藻草の存在が生息地の成立に関係することはない．また，筆者らは，北日本において，多量の漂着海藻が滞留するような場所で幼稚仔を発見したことがない．

2つめは，水深2～20m程度に生息地が成立するパターンである．このパターンでは，外海に対して遮る物のない海底において幼稚仔が転石下部の空間を利用する．波浪の影響が及びにくい水深帯であっても，外海に対して遮られる場所では，幼稚仔の密度は低くなる．また，底質条件が同じであれば，水深が増すほど幼稚仔の密度が高くなる．波浪の影響がほとんどない水深帯では，転石表面などに付着する幼稚仔も認められる．

3つめは，通水性のない地形や構造物で囲まれる場所に生息地が成立するパターンである．これは港湾や人工海水池などの場合に限られ，船舶の安全を確保する目的から，水深は通常2m程度より深い場所が多い．このパターンでは，突堤先端や水路周辺において幼稚仔が転石下部の空間を利用する．なお，それ以外の場所では幼稚仔の密度は低くなる．ただし，2m程度より浅い水深帯に転石帯があるケースは稀であり，まだ十分な調査が行われていない．

以上の好適な環境条件を備える場所の中でも，局所的な底質の条件の違いによって，幼稚仔が高密度で付着する場所，そうでない場所が存在する．例えば，マナマコ幼稚仔はおもに転石下部の空間を利用すると述べたが，実際には，転石下部の底質の主体が礫～転石となる場所で密度が高いように見える．さらに，そのような底質に多少の砂が混じる条件は好ましいように見えるが，転石下部が砂に埋没する条件では幼稚仔がほとんど見つからない．つまり，マナマコ幼稚仔

の生息地の成立には，上記3パターンのような生息地の立地に関する条件と，ここで例をあげたような，生息地内での幼稚仔の付着場所に関する条件という，2つの異なるスケールの環境条件が影響していると考えられる．筆者らは，前者をマクロの条件，後者をミクロの条件と呼んでいるが，これらは，どちらか一方が満たされればよいというものではなく，好適な生息地の成立には両方が満たされる必要があるだろう（図6・1）．

　この仮定に基づくと，北日本のマナマコの資源増殖には，幼稚仔の生息地に適した環境条件を，マクロとミクロの両方について詳細に特定する必要がある．しかしながら，マナマコ幼稚仔のために生息地の整備を行おうとする場合に，地形的なスケールの環境条件であるマクロの条件を整備することは費用面でも技術面でも難しい．そこで，現実的に考えると，マクロの条件を備えた場所を選定して，それにあわせてミクロの条件を適切に整備することが合理的な方法といえる．よって，ミクロの条件については，その特定のための研究だけではなく，実用的な整備方法の研究の重要性も高い．

　ミクロの環境条件の一例として，筆者らと函館市の共同研究では，津軽海峡に面した転石潮間帯で幼稚仔が利用するミクロの環境には，転石のサイズ，転石下部の底質，転石の接地状態といった3つの条件が重要であることがわかっ

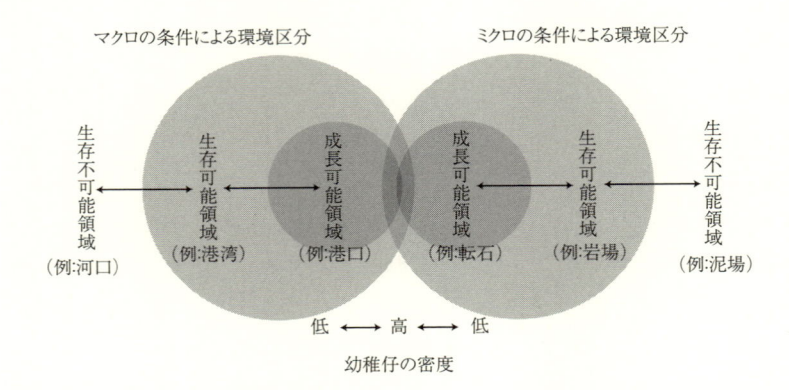

図6・1　北日本における幼稚仔の生息地の成立イメージ
　　　　マクロの条件としては，水温，水質，水流，光量，餌料などを，ミクロの条件としては，基質と底質の種類，組成，サイズ，接地状態などを想定する．両条件は，どちらか一方だけが満たされたとしても，幼稚仔が成長生残するには厳しい環境となる．

た[4]．具体的には，人頭大程度以上の転石が，長径10 cm未満の礫～転石を主体とする底質に深くはまり込んだ条件が適すると考えられた．この調査で明らかにされたミクロの環境条件には，北日本の転石帯で生息地が成立するパターンに共通する要素が含まれている可能性があり，生息地整備の実地試験を通じた検証が期待される．

　ここまで，本項の大半を割いて幼稚仔の生息地について説明してきたが，一方，成体の生息地については，北日本での研究はさらに遅れており，一般的に知られている程度にしか説明できない．これまでに知られている情報を総括すると，北日本における成体の分布は潮間帯最下部～水深40 m程度，なかでも水深5～30 m程度が主たる生息地とされる．成体は岩場や転石帯を中心に生息し，十分に静穏な条件では岩場を遠く離れて砂礫上を這い回ることも多い．生息地内での密度のばらつきは大きく，付着場所や摂餌場所に対する選好性があると考えられているが，まだ実態は不明である．

## §2. 北日本のマナマコの移動

　マナマコの一生の中で，最も広範囲に移動するのは浮遊幼生の時期である．本種は着底までに約2～3週間もの浮遊幼生期間を経るため，この期間に波風と潮流によって広く移動する．よって，産卵に参加するマナマコ成体の個体群が広く散在し，それらを取り巻く海水の流れが複雑であるなら，浮遊幼生の密度は移動の過程で平均化され，水平的な密度変化は小さくなる．西日本の沿岸域では，山口県瀬戸内海や長崎県大村湾などのように[5,6]，実際に浮遊幼生の水平的な密度変化がほとんど認められないケースもある．このような場所では，浮遊幼生の垂直分布は少なくとも水面下2～7 m程度（水深0～5 m程度）の広い範囲に及ぶものの[6,7]，海底に着底した幼稚仔はおもに水深0～2 m程度のごく浅い水深帯を中心に発見される傾向にある[8,9]．

　北日本の場合，浮遊幼生の分布を直接調べた例はほとんどなく，着底した幼稚仔の分布から推測されるだけである．青森県陸奥湾では，幼稚仔は水深0～15 m程度から発見され，水深が浅くなるほど小型個体が増加する傾向にあることが報告されている[10]．一方，北海道では，ごく浅い水深のみならず水深5～

20m 程度にかけても幼稚仔が高い密度で発見されることがあるため，浮遊幼生の垂直分布の範囲は少なくとも水面下 0〜20m 程度，場合によってはそれ以上に及ぶものと推測される．

幼稚仔の垂直分布が西日本と大きく異なる理由としては，浮遊幼生の着底変態に必要な条件の垂直分布が異なることが考えられる．例えば，マナマコの浮遊幼生では，適当な餌料や適当な着底基質が存在すると着底変態が起こりやすいことが明らかにされており[11]，そのような餌料や基質の垂直分布が異なれば，自ずと幼稚仔の垂直分布も異なるだろう．また，着底後の幼稚仔の生残に必要な条件の垂直分布が異なることも考えられる．なお，西日本の場合でも，海面から垂下した採苗器などでは，海底に着底した場合と異なり，浮遊幼生の垂直分布と同様の広い範囲内に比較的均一な着底が認められることから[6,12]，浮遊幼生が水深そのものを選んで着底変態する可能性は低いだろう．

自然条件下での着底基質については，西日本では，ホンダワラ類やカキ塊などの周辺で，ごく小さい幼稚仔が多く目につくことが知られている．ところが，北日本では，同じような場所で幼稚仔が認められない場合が多い一方で，付着生物も少ない深所の転石帯でごく小さい幼稚仔が多く目につくことがある．このように，西日本と北日本では，自然条件下での着底基質が大きく異なることが示唆される．これに関しては，餌料による誘引や基質表面構造に対する選択といった能動的な部分，水流やフィルター効果による基質への接触機会の増加といった受動的な部分が影響するだろう．また，どちらとも捉えにくい部分であるが，基質表面の流速が毎秒 6.2cm 以上になると浮遊幼生がまったく着底しないことも示唆されている[13]．

着底後の幼稚仔の移動は匍匐に頼る．本種には遊泳する能力は備わっていない．ときに飼育条件下では，小豆大程度までの幼稚仔が水面に浮遊して移動することがあるが，これは水面が穏やかな場合に限られる行動である．注意深く観察していると，水槽の壁面伝いに水面に到達した個体が，表面張力で水面に吸い付いて浮遊していることがわかる．北日本では波浪が強いので，ときには漂流の結果として移動することもあるだろう．しかし，本種が基質から引き剥がされて漂流するほどの波浪があるなら，長距離の漂流はマナマコに大きなダメージをもたらすだろう．なお，放流直後の種苗などは付着力が弱く，特に強

くない波浪でも容易に漂流してしまうことが明らかにされている[14]．

　さて，匍匐によるマナマコの移動速度はどれほどだろう．一般に，本種の匍匐による移動については，摂餌活動を伴う緩慢な移動と，摂餌を伴わない急速な移動の2つを見ることができる．前者の場合には，腹面の全体で基質に接地し，頭部を左右に振りながら広い範囲を摂餌する様子が観察される．また，礫の隙間などでは，平坦な基質の表面よりもさらに時間をかけた摂餌を行う．後者の場合，これらの摂餌に関する動作を伴うことなく，尾部から頭部に向けて体を波打たせ，さながら芋虫か毛虫のように匍匐する．これまで明らかにされた移動速度のほとんどは，後者に関するもので，エサや石などを入れない実験水槽内での急速な移動について記録している．

　例えば，中部日本において，崔[1]は，実験個体の体サイズと水温は明らかでないものの，急速な移動に特有の動作を描写し，平均移動速度が1日約140 mであったことを報告している．また，西日本において，浜野ら[15]は，水温24℃前後で10～30 mm程度の幼稚仔の平均移動速度を試算し，1日約12 mに達し得ることを報告している．北日本の場合，中島[17]の観察によると，水温10℃での個体の体重と最大移動速度との間には直線的な増加関係が認められ，最大移動速度は10 gの個体で毎分約6 cm，200 gの個体で毎分約13 cmであったとされる．

　マナマコは常に摂餌したり移動したりしているわけではなく，ときには動きを止めたり，物陰などで非活発に過ごしたりすることもある．このような移動に対する活発さについては，生理状態の季節変化，特に夏眠の影響を受けることはよく知られている通りである．これに加えて北日本では，環境の違いによっても移動に対する活発さが大きく変化している．例えば，北海道噴火湾での筆者らの調査では[18]，9 kmの間隔で設置した同一の人工礁に同時に放流された同数の種苗は，放流後約1年で一方では35.4％が残留したのに対し，もう一方では5.6％にすぎなかった．この要因については，両地点の付着生物の量が明らかに異なっていたことから，おそらく水質，餌料，流速などの条件が関係していると思われた（図6·2）．

　個体単独の移動ではなく，個体群あるいは年級群といった集団としての移動について考えると，盛んな活動期にあっても，本種の移動方向は個体ごとに異

図 6・2 幼稚仔の移出に影響する生息環境の違いの例(北海道噴火湾にて)
同じ規格の石材を使った放流場所でも,付着生物が増えにくいような環境(写真上段)
では幼稚仔は移出しやすく,ホヤ類,カイメン類などが多く付着する環境(写真下段)
では幼稚仔が滞留しやすい.

なることが多く,一見バラバラであり,集団としての移動があるようには見えない.一方,これまで中部日本および西日本では,水深の増加にともなう本種の体サイズの増加傾向が認められており,成長にともなう深所への移動が示唆されてきた[1,8].しかし,中部日本および西日本では,幼稚仔の生息地が潮間帯付近に形成されることが多いため,仮に成長にともなう移動がランダムだったとしても,深所で大型個体の出現頻度が増加することになるため,これが選択的な移動かどうかは不明である.また,潮間帯付近に大型個体が出現することが少ないのも事実であるが,潮間帯付近は環境の撹乱が起きやすく,個体の平均寿命が短くなる

結果として浅所で大型個体が少なくなる可能性もある．

　北日本でも，陸奥湾など，幼稚仔の生息地が浅所を中心に形成される場合には，水深の増加にともなう本種の体サイズの増加傾向が認められており[8]，中部日本および西日本と同様の移動パターンが存在すると言えそうである．これに加え，北日本では，幼稚仔の生息地が水深 20 m 程度に形成される場合があることは先に述べたとおりである．このような場合では，成長にともなう移動がランダムであるならば，深所で大型個体の出現頻度が増加することはないため，中部日本および西日本の場合とは全く異なる，より複雑な移動パターンになることが予想される．

　これに加え，本種には活動の中心を移すことなく範囲だけを変化させる季節的な移動も存在する．西日本の場合，夏眠場所を活動範囲の中心として，活動期に分散し，夏眠期に集合することが知られている．そのような季節的な移動の範囲について，豊前海の保護礁に放流された 15～80 mm の幼稚仔は，10 カ月後に最大 20 m 移動したことが確認されたが，多くは成長しても保護礁から 10 m 以内の範囲に留まっていたとされる[19]．山口県日本海での筆者らの調査でも，大多数の個体は夏眠場所となる基質から 10 m 以内の範囲で活動しており，基質から遠く離れた海底の裸地で発見されたのは 200 mm を超える大型個体だけであった[20]．おそらく，このような大型個体は決まった夏眠場所をもたず，季節的な移動はすなわち放浪であり，特定の夏眠場所を中心にした季節的な移動は 200 mm 以下の個体に限られるのではないだろうか．

　北日本の場合でも，北海道南部日本海側～噴火湾沿岸では，一部の個体の夏眠が観察されており，中部日本および西日本などの場合と同様に岩陰などで非活発な状態の個体が発見されることがある．しかし一方で，夏眠しない個体も多いことから，これらの水域の集団にとって，夏眠場所が活動範囲の中心になるとは考えにくい．夏眠場所が中心になるかどうかは別にして，北日本でも各地の漁業者が季節的な移動があることを主張する場合は多く，季節的な移動に関する調査が必要であろう．

## §3. 北日本のマナマコの夏眠

　北海道を除く青森県までの北日本から西日本にかけては，夏季にマナマコが姿を隠し，眠ったように非活発に過ごす夏眠行動をとることが知られている．西日本の場合，一般的に 7～11 月の期間中に夏眠が認められ，12～1 月の期間中に覚醒が認められる．また，北日本の場合，夏眠の期間はより短く，青森県陸奥湾では 7～9 月に夏眠するとされる[10]．成体のマナマコは夏季に強い生息地選択性を示すようになり[21,22]，岩陰などに隠れ潜み，ときには数カ月にわたって同じ場所に付着し続ける[23]．この間のマナマコは，体がこわばり，摂餌活動を休止して消化管も退化させることが知られる[1]．夏眠の導入刺激は水温の上昇であると考えられ，17.5～19.0℃以上は本種の消化管の萎縮退化を促し，どの水域でも 24.5℃になると完全に夏眠状態になるとされる[1]．

　崔[1]は，北海道のマナマコについて，高水温期が短いことを考慮し，夏眠がはっきりと認識できる程度の形で現れないと予想している．その理由としては，木下・田中[24]および木下・渋谷[25]が，北海道のマナマコは（盛夏に）夏眠しないとした一方で，Tanaka[26]による摂餌量の測定からは，夏眠期に相当する期間の存在が示唆されたことがあげられている．結論から述べると，崔[1]の予想は半分正解である．北海道南部の日本海側と噴火湾側では少なからぬ個体に夏眠が認められるが，夏眠せずに這い回っている個体も普通である．

　北海道南部の日本海側の潜水漁師によると，夏季に大岩の陰などに静止したマナマコが密集していることがあるという．また，筆者らの研究グループでは，北海道南部の噴火湾側で，夏～秋に岩陰に密集して静止したマナマコを発見した（柏尾ら，論文準備中）．これらの観察では，成体のマナマコが岩陰に上向きに付着している点で共通しており，西日本の夏眠期に観察される行動[21,23]とも一致していることから，これは夏眠行動であると断言できる（図 6・3 カラー口絵）．

## §4. 北日本のマナマコの成長

　一般に，生物の成長は体長によって表現されることが多い．これには視覚的にわかりやすいこと，その時々の生理状態や餌条件の影響を受けにくいことが理由としてあげられる．しかしながら，マナマコについては，これまで全体重，湿重量，殻重などの方がよく使われている．筆者らの研究では，数学的な合理性や統計学的分析上の利便性などの理由も考慮して，体長を測定規準とする場合が多いが，ここでは他の報告などとの比較の都合上，くどくならない程度に体長を体重に換算したものを併記する．

　西日本の場合，自然条件下での個体群としての成長については，筆者らが瀬戸内海の潮間帯で実施した調査では[27]，通常の発生群のモードは1歳で50 mm（推定体重4 g）程度，2歳で100 mm（推定体重32 g）程度と考えられた．また，発生群の95％が含まれる区間の幅は，2歳で50〜150 mm（推定体重4〜107 g）程度に及んだ[27]．この個体群の場合，着底後，活発な成長開始までに6カ月以上の成長停滞期間が存在したため，この期間が短縮される場合には，より早い成長が予想される．事実，成長開始のタイミングが通常より1カ月早い発生群のモードは1歳で90 mm程度に達するなどしたことから，着底後直ちに成長を開始できる条件があれば，発生群のモードは1歳で150 mm（推定体重107 g）程度を上回ることは疑いない．なお，2歳以降の成長速度に関する知見はほとんどないものの，他の多くの生物と同様，年齢を重ねるにつれて体長の増加率が小さくなる（一方，体重の増加率はある程度まで大きくなる）と考えられている．

　北日本では，これまで高い密度で幼稚仔が発見されることが少なかったことから，自然条件下での個体群の成長については情報が少ない．それでも，周辺より高い密度で幼稚仔が発見された一部の生息地では，可能な限りの調査が試みられてきた．

　北海道噴火湾の幼稚仔を調査した干川ら[3]は，発生群のモードは1歳2カ月で10〜15 g程度，2歳2カ月で40〜60 g程度と推定した（図6・4）．また，北海道積丹半島周辺の個体群を調査した高橋・秋野[28]は，積丹町の個体群の体重

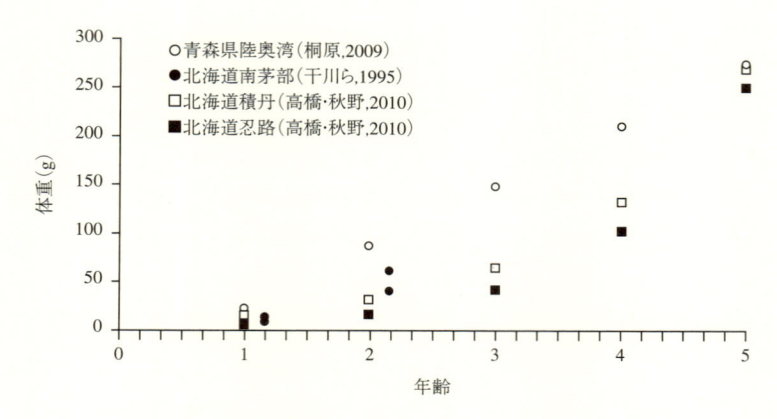

図6・4 北日本で推定された自然条件下での成長
自然条件下における0〜5歳までの成長について，各文献・報告による推定値を示す．値は最頻値や平均値であって，実際の個体の成長にはばらつきがあると考えられる．

データについて指数型成長曲線モデルを適用して，発生群の平均重量は1歳から5歳まで順に約16 g, 32 g, 65 g, 131 g, 267 g と推定し，小樽市忍路の個体群についても同様に約7 g, 17 g, 42 g, 103 g, 252 g と推定している（図6・4）．なお，この推定では，特に若齢期の発生群が分離しにくかったことをあげ，積丹町における最小の発生群が2歳である可能性についても言及している．

青森県の場合，陸奥湾に敷設したホタテ貝殻に着底した発生群を追跡した桐原[29,30]は，体重データについて直線型成長曲線モデルを適用して，発生群の平均重量は1歳から5歳まで順に約22 g, 84 g, 147 g, 209 g, 271 g と推定している（図6・4）．

また，放流種苗の成長を見てみると，北海道宗谷岬周辺では，2000年に平均体長約30 mm で放流した種苗が2年後に50 mm 程度に達したことが報告されている[31]．筆者らの調査では，2008年に北海道江差町で放流した平均体長約16 mm の種苗は，約1年後に約54 mm に達していたが，その後の成長速度は遅く，約3年後に約77 mm（推定体重12 g）であった（論文準備中）．同様に，2006年に北海道伊達市周辺に放流された発生後1年の種苗（放流時の体長不明）のモードは，放流の1年後に40 mm 程度，2年後に65 mm（推定体重6 g）程度となった[18]．これらの2つの例では，当初の成長はよかったものの，時間が

経つにつれて明らかに遅い成長となった．その理由については，放流場所での種苗の収容密度が高かったこと，夏季に成長停滞が生じたこと，成長の早い個体から調査地外に移出したことなどが考えられる．

ここで紹介したような群成長の推定は，通常，多くの仮定から成り立っている．昨今では，このような古典的な推定法の説得性は弱く，将来的には DNA による個体識別技術の利用などで，より確実な推定がなされることに期待したい．古典的な推定法の問題の中でも，特に注意すべき点として，サイズ依存的に生息地を変化させるマナマコの場合，大型個体から幼稚仔の生息地を離れることは明白であり，決まった調査地に留まる個体だけを対象にした調査では，群全体の成長は過小評価される．このような問題は，範囲を決めて調査を行う以上，全ての研究で免れることのない問題である．そのように推定された群成長を真に理解するには，データに含まれない，移出した大型個体の成長を付け加えてイメージする必要があり，そのためには，生物学的に達成可能な個体の最大成長への理解が求められる．

飼育条件下での幼稚仔の最大成長について，中部日本および西日本の場合，愛知県[32]の報告では 10 カ月で 126 g，佐賀県[33]の報告では発生後 8 カ月で 111 g，筆者ら[34]の実験でも 12 カ月で 131 g となり，推定される本種の最大成長は，西日本では 1 歳で平均 150 g 程度となる．なお，これらの個体では発達した生殖巣が観察されており，本種が当歳で成熟可能であることが明らかであったが，筆者らは，そのような急速に成長した個体の体壁は薄く，やや水っぽいような印象を受けた．なお，中国のマナマコ養殖では，体壁に厚みが増すのは 2 歳からで，それと同時に成長速度が落ちるとされている．また，種苗生産の現場では，著しく成長の早い個体が観察される一方で，大多数の個体の成長は滞り，同じ 1 年でも米粒程度の大きさにしか成長しない個体がいるなど，本種の成長には個体差が著しいことがよく知られている．このような著しい成長の個体差の原因については，筆者らの実験では，飼育条件下に特有の摂餌機会の不均等が原因であると推定されている[34]．

北海道では，中部日本および西日本と比べて，また北日本の他の地域と比べても，成長速度は遅い場合がほとんどである．その理由としては，地域個体群としての生物学的特性の違い，極端な低水温などが疑われている．筆者らは，北

海道津軽海峡沿岸の屋外水槽において,平均体長11.8 mmの種苗(発生後11カ月,推定体重0.1 g未満)を用いて,5カ月間に25回と低い給餌頻度で遮光して粗放的に飼育を行ったが,5カ月後の平均体長は55.8 mm(推定体重5 g程度),最大の個体は88.5 mm(推定体重17 g程度)に達した(論文準備中)(図6・5).北海道でも,発生後4カ月で12 mmを超える種苗は珍しくないことから,厳冬季に3カ月程度の成長停滞期間があったとしても,少なくとも1歳で90〜110 mm(推定体重20〜35 g)程度の最大成長が予想される.

マナマコは1年を通じて成長するわけではない.中部日本および西日本では,高水温期にマナマコが夏眠したり,非活発になったりすることから,成長の停滞あるいはマイナス成長が生じることが知られている.北日本でも,青森県以

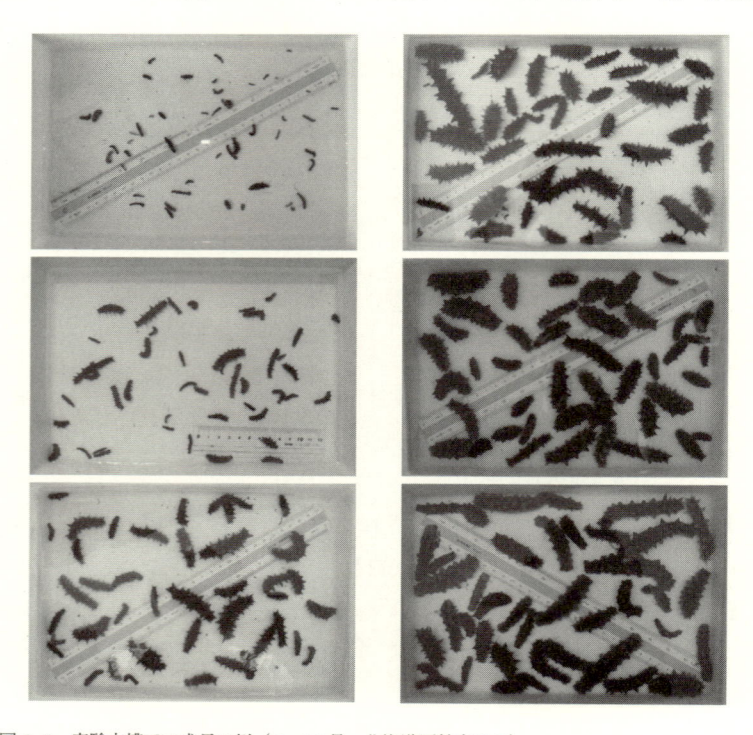

図6・5　実験水槽での成長の例(7〜12月,北海道函館市にて)
　　　サイズのばらついた種苗でも,摂餌機会さえ均等に与えるよう気をつければ,成長の個体差はそう拡大することはなく,粗放的飼育でもこの程度の成長は容易に達成可能である.

南では中部日本や西日本と同様に，高水温期に成長停滞が認められることが普通である．北海道では，マナマコの明らかな夏眠は南部の一部の水域で観察されているにすぎないが，それ以外の場所でも高水温期の成長停滞が認められることがあり，高水温による成長への影響はやはり無視できないものと考えられる．さらに，北海道では厳冬期に極端な低水温による成長の停滞あるいはマイナス成長を生じることがある．しかしながら，稚内水試[35]の実験では，厳冬期における調温条件（12℃恒温）での室内飼育よりも，無調温条件（6～10℃変温）での室内飼育の方が成長によい結果が出ており，単純に水温が高いほど成長が促進されるわけでもないようである．その理由については，この報告では考察されていないが，無調温条件での飼育では，水温下降期の成長停滞の後，水温が底を打って上昇に転じるタイミングに合わせて成長が開始したように見える．同様なタイミングでの成長開始については，筆者らも瀬戸内海の調査で認めており[27]，低水温からの水温上昇が成長開始の合図になり，その後の非常に早い成長を促す可能性があるように思われる．

## §5. 北日本のマナマコの餌料

　一般的にマナマコの着底後の主な栄養源については「底表の有機物」という漠然とした記述が多く，その有機物の正体については見解が様々である．例えば，崔[1]は，本種の消化管内容物の構成要素として，砂泥粒，礫，貝殻片，ケイ藻類などの植物プランクトン，海草藻片，木片，バクテリア，巻貝，二枚貝，節足動物とその脱皮殻，その他塵芥を認め，本種がこれらのうちの可消化部分だけを利用する非選択性の堆積物食者であると推測している．その一方では，マナマコが摂餌に際して，質や粒径に対する選択を行っている可能性を示唆するような研究結果も知られる．例えば，Tanaka[26]は，本種の消化管内容物の窒素量は，周辺の堆積物の3～5倍と高いことを明らかにしている．よって，本種は特定の餌料に対して強く執着するわけでない点で「非選択」であるものの，摂餌を行うスポットに対しては何らかの「選択」を行うと考えるのが自然であろう．

　飼育条件下での餌料については，今日では，浮遊幼生の餌料，着底直後～幼稚仔の餌料，幼稚仔～成体の餌料，産卵用親ナマコの餌料というように目的に

あわせて餌料の使い分けが行われており，いくつかの目的では実用段階に達していることは疑いない．日本，韓国，そして特に中国において，飼育餌料に関する研究が盛んに行われており，餌料の種類や量，そしてマナマコの消化吸収メカニズムに関する知見が日々蓄積されつつある．しかしながら，筆者らの考えでは，飼育餌料の研究に関しては「何をやるか」よりも「どうやるか」が先に立つべきであり，「何をやるか」に偏向してきた従来の研究には見直すべき点も多い．

自然条件下での餌料について，西日本における野外観察からは，磯場や転石帯に生息する幼稚仔では，ヒジキやウミトラノオなどのホンダワラ類の藻体や仮根周辺に絡みついた浮遊物を摂餌したり，アオサ類の枯れて崩れかけた部分を摂餌したりする様子が認められる．また，カキ塊の隙間などに付着する幼稚仔では，カキ殻の隙間に溜った浮遊物やカキの偽糞を摂餌する様子が認められる．成体では底表の堆積物などを摂餌する様子が認められ，大型の個体になるほど，岩礁や転石などの基質から離れて海底の裸地を移動しながら摂餌するようになる．

北日本では，西日本とは大きく異なり，少なくとも筆者らの観察では，幼稚仔についても成体についても，藻体や仮根周辺に絡みついた浮遊物を摂餌する様子は認められない．また，海藻草を積極的に直接摂餌している様子は認められない．北日本の幼稚仔は，西日本のように岩などの表面に付着することは少なく，昼夜を問わず転石などの間隙から外に出ることがほとんどないことから，転石の間隙に溜まる浮遊物を中心に摂餌していると考えられる（図6・6カラー口絵）．成体では底表の堆積物などを摂餌する様子が認められ（図6・6カラー口絵），この点は西日本と大きく変わらないものの，北日本では比較的大型の個体であっても，岩礁や転石などの基質から離れずに摂餌する個体が多い．

不定形の餌料を利用するマナマコの場合，消化管内容物からの餌料の特定は困難である上，一時的な要素の影響を受けやすく不正確である．また，マナマコは非消化物も摂餌するため，単純に「食べているもの＝消化吸収可能な餌料」ましてや「食べているもの＝生残と成長に寄与する餌料」とは言えない．そこで筆者らは，北日本の自然条件下のマナマコについて，北海道オホーツク海，噴火湾，青森県陸奥湾の3つの水域を対象として，先に成体や幼稚仔が高密度で

生息する環境を特定し，そこのマナマコの体に含まれる天然の親生物性元素の安定同位体比（$^{13}C/^{12}C$，$^{15}N/^{14}N$）を分析することで，北日本の好適な生息地における「生残と成長に寄与する餌料」の解明を試みた（論文準備中）．この調査結果からは，自然条件下でマナマコの成体および幼稚仔が直接利用する形のもので，生残や成長に寄与する餌料としては，やはり「隙間に溜まった浮遊物」や「底表の堆積物など」であり，飼育条件下でよく用いられる海藻草類や基質表面の付着ケイ藻類などではないと考えられた．では，それが具体的に何か，何に由来するものか，という部分については，今なお筆者らの研究は途中であり，まだ明確に答えられない．

一方で，マナマコの消化管での酵素活性の特徴から，本種の食性を積極的に理解しようとする試みも古くから行われてきた．近年，本種の消化酵素に関する研究は中国で盛んに行われているが，基本的には崔[1]の研究から大きく前進した部分は少ない．崔[1]は，本種の消化管に炭水化物分解酵素，タンパク質分解酵素，脂質分解酵素の複数種の存在を認めている．このうち，炭水化物分解酵素については，アミラーゼ活性とフルクトシダーゼ活性が認められており，これはマナマコが植物やバクテリアの生産物であるデンプンやフルクタンを利用する可能性を示唆するものである．しかし一方で，セルラーゼ活性は微弱であるため，マナマコが植物の細胞壁のもつ骨格多糖を分解することは困難である．歯や顎のような咀嚼器官をもたないマナマコにとって，植物の細胞壁を分解しにくいことは，細胞内容物を利用しにくいことを意味しており，矛盾があるように思われる．本種を矛盾のない合理的な生物として考えると，必ずや別の手段による細胞壁の破壊がなされることが予想され，筆者らは，餌料と一緒に消化管に取り込まれる砂粒による粉砕効果が一役買うのではないかと考えている．なお，消化吸収したエネルギーに関して，Tanaka[26]は，北海道産マナマコではエネルギーを糖質として体液中に蓄え，平常時および短期間の絶食時にはこれを利用することを明らかにしている．

崔[1]は，中部日本における本種の摂餌量や消化時間などについても詳しく調べている．それによると，平均摂餌量は2～3月に最多となり殻重の30%（全体重のおよそ15～21%）程度，8月に最少となり4%（全体重のおよそ2～5%）程度，消化に要する平均時間は約21時間で，有機態炭素量の51～57%，全窒

素量の52～54％が吸収されるという．また，Kaneko et al.[36] による西日本での研究では，夏眠期以外で消化能力に季節変動はなく，最大で有機態炭素量の51.8％，全窒素量の56.2％，全燐量の68.4％が吸収されており，崔の結果とよく似た値を示している．

北日本における摂餌量や消化時間などについては，Tanaka[26] が調べているが，北海道の自然条件下で採集された個体の平均摂餌量は12月に全体重の4.4％，7月に4.6％と大差がなく，10月に2％と明らかに少ないことを報告している．これらの値が中部日本と比較して明らかに小さいことは興味深い結果であるが，これには，崔[1] とTanaka[26] の測定方法の違いなども影響しているかもしれない．また，Tanaka[26] によると，北海道のマナマコでは消化に要する平均時間は約30時間かかるなど，中部日本[1] とは異なる結果が得られているが，筆者らは中部日本と北日本における平均水温の違いが理由ではないかと考えている．

## §6. 北日本のマナマコの死因

自然環境下のマナマコの死亡要因に関する知見は極端に少ない．マナマコは死後すぐに外形を失い，数日と経たずに痕跡も残さず消えてしまうため，注意深い研究者であっても死体を発見することは困難である．しかし偶然にも，筆者らは一度だけマナマコの大量死と呼べる場面に遭遇したことがある．

2009年1月8日，筆者らは陸奥湾で潜水調査を行った際，表皮が磨耗し体壁が露出したマナマコが何百と海底に転がっている光景を目の当たりにした．中には，筋肉や内臓まで露出したものも認められた．まだ動きが認められる個体も多かったが，さすがのマナマコでもこれほどのダメージを受けたら再生は難しいため，これを大量死と呼んでも差し障りはないだろう．このときは前日まで続いた冬の嵐の影響から，普段とは比較にならない強い波浪と濁りが残っていた．その状況から，強い波浪によってマナマコが洗い出され，海底にこすり付けられたことが死因と推測された．付近の転石帯に生息するマナマコの密度は著しく低下しており，今にも底波にさらわれそうな個体が転石にかろうじて付着している様子も散見された．

このように，一見穏やかな陸奥湾の生息地でさえ，マナマコにとって波浪が

大きな死因になり得るのは疑いない．ならば，より外海的な北日本の各所ではさらに重要な死因になると考えるのが当然だろう．ではなぜ，陸奥湾よりも波浪が強い他の地域で大量死が報告されないのだろうか．それはおそらく，マナマコの洗い出しは起こっているものの，あまりにも頻繁に波浪にさらされるため，もともと大量死と呼べる規模になるだけの個体数が残りにくいのではないだろうか．これを証明することは難しいが，波浪によるマナマコの洗い出しが北日本で日常的に生じていることについては疑いない．筆者らが拠点とする北海道南部周辺では，時化の折に水際を注視していれば，散発的ながらもマナマコが打ち上げられる様子を観察することができる．これらは直ちに水鳥によって散々に突付かれた後，強い波浪に洗われ，瞬く間に原型を失ってしまう．

西日本では，梅雨，台風などのまとまった降水によって海水の塩分濃度が低下し，マナマコの大量死が起こる可能性がある．他の生物と比較するとアオ型マナマコは塩分濃度の低下には強い生物であり，通常の50%の塩分濃度でも半数以上の個体が10日以上生存し，65%なら全てが異常なく生存することが可能とされる[1]．しかしながら，近年頻発するような度を過ぎた大雨は危険である．地形的な影響もあると思うが，西日本で筆者らが追跡していた個体群は，約1週間の降水量が200～300 mmの降雨によって全滅してしまった[27]．北日本では大雨のほかにも，多量の雪解け水が流れ込むような河川周辺では，何らかの影響を受けると考えるべきだろう．また，西日本や中部日本では富栄養化した内湾域で夏季に貧酸素水塊が発生することがあり，周辺の底生生物が大量死することが知られている．北日本では同じような条件の内湾域が少ないため，このような事象は起こりにくいと考えられるが，一部の水域，たとえば貝類養殖で知られるサロマ湖などの半閉鎖水域では可能性を考慮するべきである．

北日本らしい心配の種として，浅所のマナマコが凍死してしまうのではないかという質問を受けることが多いが，冬季の低水温はそれ自体が死因になるとは考えにくい．たとえば厳冬季の北海道の潮間帯でも，氷点下10℃近い深夜の冷え込みの中，干出している大小のマナマコに凍傷は認められなかったほか，結氷したタイドプール中の個体にも異常は認められなかった．もちろん，個体が長時間にわたって完全に氷に閉ざされるような結氷は悪影響をもたらす．筆者らの飼育実験の際に，急な冷え込みで水槽が凍ってしまったことがあったが，多

くの個体は生存していた一方で，完全に氷漬けになった数個体だけは回復することなく死んでしまった．また，オホーツク海沿岸に見られる流氷は，水深5メートル程度までの底生生物を粉砕してしまうことが知られており，低水温と無関係にマナマコの生存を制限する要因になるだろう．

多くの生物では，一般に被食が最大の死因であることが多い．飢餓や事故や寿命なども大きな割合を占めるかもしれないが，それらも直接は被食という死の形で現れる場合が多い．マナマコの場合はどうだろう．もちろん，本種もその例外ではなく，卵や浮遊幼生のうちに大半の個体が被食で失われると推測される．しかし着底以後の幼稚仔や成体となったとき，本種を積極的に捕食する生物はどれほど存在するだろうか．

自然環境下においてナマコ類を主食にすることで知られるのは，ウズラガイやヤツシロガイといった巻貝の仲間である．これらの種類は，日中は底質に隠れ潜んで，夜間に這い回ってナマコ類を積極的に捕食する．このうち，ヤツシロガイは北海道南部を含む北日本でも生息が確認されるが，生息数が少ない上，やや深い砂底周辺をおもな生息地にすることから，岩場周辺を好む北日本のマナマコの個体群動態に影響するほどの量を捕食するとは考えにくい．

マナマコの被食に注目した実験環境下での観察では，これまでカニ類やヒトデ類などによる捕食例が数多く報告されてきた．しかしながらそれらは，マナマコにとっては逃げ場のない実験環境下での捕食例であり，捕食者側にとっても他に捕食対象がなかったことを考慮すると，自然な種間関係であったとは考えにくい．自然条件下でのマナマコと他の生物の種間関係については，筆者らも野外調査の際には注意深く観察してきたが，カニ類やヒトデ類がマナマコに接触していても両者に特別な反応が認められたことはなく，マナマコが接触を嫌がる素振りもなかった（図6・7 カラー口絵）．

同様に，古くから，魚類による捕食も懸念されてきた．これまでに，フグ，カワハギ，カレイ，ハオコゼ，アナハゼなどによる捕食が報告されている．筆者らによる観察でも，大抵の魚類は水槽中でもマナマコを口にしなかったが，一部のフグやカワハギに関しては，マナマコの体壁を執拗に齧り，ついには穴を開けて内臓や筋肉などを摂食する行動が認められた．しかし，同じ魚種でも個体による反応に差が大きかったり，同じ個体でも気まぐれで突発的だったりす

るため，やはりこれも自然な種間関係とは考えにくかった．

　注意すべき点として，野生状態の捕食者に対して，放流したばかりの種苗はエサとして認識される可能性がある．もちろんこれも自然な種間関係を示すものではないが，筆者らの観察を紹介したい．ホンダワラ類などを繁茂させた藻場水槽に，長期飼育されたマナマコを入れて馴致させ，次にイトマキヒトデを多数入れた場合，マナマコはまったく捕食されることがなかった．しかし，入れる順番を逆にした場合，体表 120 mm 程度までは多くの個体が捕食されてしまった．また，先にマナマコ，次にヒトデ，さらにマナマコ，という順番では，先に入れた個体はまったく捕食されない一方で，後から入れた個体は多くが捕食された．原因を確かめたわけではないが，後から入れたマナマコには，飼育環境で染み付いた臭いというものがあるのだろうか，少なくともイトマキヒトデにとっては魅力的なエサに見えるようである．甲殻類や魚類などでも同様の反応が懸念されることから，種苗放流などの際には十分注意されたい．

## §7. 北日本のマナマコの繁殖

　マナマコの有性生殖は，大きく分けて配偶子形成段階と産卵段階の 2 段階から成り立つ．配偶子形成段階には，減数分裂から卵あるいは精子の最終成熟までの過程が含まれ，産卵段階には放精と放卵の過程が含まれる．さらに産卵段階は，1 個体の雄の放精が他の雄に伝播し，次に雌が雄の放精に刺激され産卵するという 2 段階で進行する．それぞれの段階は，個体群の中で同時的に起こり，何らかの環境要因がその刺激となると考えられている．Tanaka[37]は，北海道のマナマコの産卵段階を同調させる環境要因について，急激な水温上昇であることを推測しているほか，種苗生産の現場でも古くから昇温刺激処理による産卵誘発が実績を上げており，水温上昇が 1 つの要因になることは疑いないように見える．また，マナマコの配偶子形成段階の導入となる環境要因についても，厳冬期に水温が底を打ってからの水温上昇，あるいは，夏眠期から活動期に移行する際の水温低下とする見方が多い．しかしながら，どちらの段階についても，温度条件のみが有性生殖に影響する環境要因であると決め付けるのは短絡的かもしれない．

一般的に，放精放卵を行う海洋生物では，複数の段階のそれぞれで産卵を同調する複雑なメカニズムの利点について，受精率の最大化と繁殖に要するエネルギー損失の最小化，異種間交配によるエネルギー損失（異種間での受精は極めて普通に生じ，ほぼすべて死卵となる）の最小化の2つの利点があると考えられている[38]．言い換えれば，海洋生物はわざわざ複雑なメカニズムを発達させているのであり，どの種でも利用できるような明快なタイミングでの産卵は逆に不利になる可能性が高い．そこで，合理的な方法としては，複数の要因を組み合わせて種固有のタイミングをもつことが考えられる．ナマコ類の有性生殖に影響する環境要因については，急激な水温上昇のほかにも幾つかの要因が知られている．例えば，植物由来の物質による同調，月周期による同調，日長による同調，個体間の化学伝達（フェロモン）による同調などである．マナマコについても，このような要因と組み合わせた研究が望まれる．ホルモン注射による産卵誘発技術が確立した昨今では，このような研究に対する社会的なニーズはなきに等しいものの，マナマコという生物をより深く理解するためには研究が欠かせない部分である．

　崔[1]によると，中部日本のマナマコでは，産卵可能な最小サイズは殻重40〜60 g（全体重57〜120 g 程度），産卵開始の水温は13〜16℃，産卵終了は18〜22℃である．また，殻重175 g（全体重250〜350 g 程度）の卵数はおよそ1,000万粒を推定している．西日本の場合，伊藤ら[39]によると，佐賀県玄海灘での産卵開始の水温は12〜18℃で，組織学的観察では3〜5月に成熟後期，4〜6月に放出期のピークが認められるという．これらの研究によると，産卵後，生殖巣は退化縮小・消失し，夏眠からの回復後に痕跡的なものが出現し成長する．なお，一般に成熟卵径は平均150 μm 程度とされる．

　北日本のマナマコでは，Tanaka[37]によると，北海道噴火湾での産卵開始から終了までの水温は12〜22℃で，組織学的観察では6〜7月に放出期のピークが認められるという．同様に，高谷・川真田[40]は北海道日本海において，7〜8月に放出期のピークを認めている．どちらの研究でも，産卵後，生殖巣は消失することなく翌年の産卵期に備えるとされ，中部日本および西日本とは大きな違いである．一方，同じ北日本でも，青森県陸奥湾では，5〜7月の産卵期の後，生殖巣は大半が消失し，11月頃から再び生殖巣の出現が認められるとされる[9]．

また，筆者らの観察では，西日本や中部日本と比べて，生殖巣を有する最小サイズは大きく変わらないものの，成熟卵径については北海道のマナマコで150〜170μmと明らかに大きいことが多かった．

　マナマコの放精放卵の様式は，他の多くの楯手目ナマコ類と同じであり，岩などの基物の一番高いところに体の後部で付着し，生殖孔のある体の前部を高々と持ち上げて振り回しながら卵や精子を放出し，より広く拡散させようとする様子が観察される．この様式は北日本でも西日本でも変わらない．産卵が行われる時間帯については，従来は夜間中心と考えられてきたが，自然条件下でも飼育条件下でも白昼の放精放卵がしばしば観察されることがある．なお，伊藤ら[39]は，佐賀県玄海灘での産卵期に際して，大型のマナマコが深場から浅場へ移動する可能性に言及している．同様に，北海道南部周辺でも，深場に隣接する一帯で大型の成熟個体が浅場に寄ることは，漁業者らによる主張があるものの，全ての場所で認められる傾向ではないようである．

## §8. 北日本のマナマコの資源管理

　北日本では，現在，漁獲サイズの規制によるマナマコの資源管理は，制度として実施されていることは少なく，これは主に各漁協などの自主的な努力に任されている．また，禁漁期の設定による資源管理についても，各水域によって大きく異なり，産卵期の前後5カ月程度を禁漁にする場合もあれば，産卵期前の1カ月程度とする場合もあるなど，特にこれがよいという方法はない．

　生態学的な見地から話を進めると，マナマコの資源管理は，有効な新規加入およびその供給源となる親個体群をどうやって維持するか，ということに尽きるのではないだろうか．マナマコのように放精放卵の繁殖様式を有する生物では，個体群密度が一定限度より低いときに，卵と精子が巡り合うチャンスが少なくなったり，受精までに卵や精子が痛んだりするため，受精率が極端に低くなる恐れがある．また，産卵を同調化するための雄から雌への放精放卵の伝播が失敗する恐れがある．このことは，繁殖相手を求めて移動したり，体内受精を行ったりする他の生物と比べ，マナマコでは資源減少が始まると回復しにくいことを意味している．他のナマコ類の中には，一度危機的状況に追い込まれた資源

が自然回復するのに，数十年を要した例もあるという[41]．

　古典的な方法を見習って，とりあえず産卵させてから漁獲したらよい，という資源管理はどうだろう．マナマコの場合，商品サイズの個体は全て成熟個体と考えてよいので，漁期を産卵期の後とし，一定サイズ以上の個体を漁獲対象にするというのは非常にわかりやすい方法であり，普及もスムースに行われることだろう．しかしこれには，遺伝的に体サイズの小さい個体がいた場合に，これが漁獲を免れて毎年産卵に参加するため，次第に個体群全体が小型化してしまう恐れがあることは気に留めておかねばならない．それでは，個体当たりの産卵量が多い大型個体を残すようにして，一定サイズより小さい個体を漁獲する方法はどうだろう．魚類や甲殻類など繁殖相手を求めて移動する生物に対しては，この方法は非常に合理的に見える．しかし，放精放卵を行うマナマコの場合では，結局のところ大型個体でも小型個体でも同じ1個体にすぎず，密度が希薄だと受精率が低くなったりする危険性がある．また，大型個体は摂餌速度が早く，多く餌料を必要とするため，あまり積極的に保護すると，小型個体の餌料不足を招き，新しい資源の補填が遅くなる可能性がある．もちろん，どちらの方法も漁獲サイズと漁獲量の設定次第では，十分な成果を上げることができるだろうし，たとえ負の側面があったとしても，何もしないよりは遥かによいことは言うまでもない．

　さらに付け加えると，各地先ごとに，産卵期に最も個体群密度が高くなる一帯と周辺を禁漁区として，親となる個体群の保護を行うことを提案したい．マナマコは遊泳しないため移動性がそれほど大きくない一方で，その浮遊幼生は広く拡散することから，飛び石のように禁漁区があるだけでも，沿岸部全体で有効な新規加入が維持されるほか，遺伝的交流も維持される可能性がある．密漁監視の手間，他の魚種との兼ね合いもあり，難しいことは承知であるが是非とも検討して頂きたい方法である．それが無理ということになると，妥結の案としては，漁獲したものから無作為に選んで，どこか場所を決めて高密度に放流して産卵させることを薦める．

　なお，面倒くさい管理など考えずに早く育つマナマコを選抜育種して毎年放流せよという意見には決して賛同できない．選抜育種されたマナマコは，何万年もの進化と適応の末に形作られた野生のものと異なり，ひとときの環境変動

で死滅するかもしれない脆弱性を孕んでいる．野生の資源を獲り尽くし，そのようなもので資源を置き換えるのは賢明ではない．筆者らはあくまで，マナマコの資源増殖は養殖と一線を画し，自然に生きるマナマコの生命循環を断つことがない範囲に留めて欲しいと願っている．子々孫々のためにも，自然な生物としてのマナマコ，そして健全な海洋生態系を残して欲しいのである．

## §9. 北日本のマナマコの資源添加

青森県陸奥湾では，青森県水産総合研究センターによる実験[42]から，水深5 m程度の砂泥底に，ホタテ貝殻800 kgを約11 m$^2$の範囲で約30 cmの高さに積み上げることで，天然の幼稚仔が多数付着し，成体サイズまで留まることが明らかにされた．これに続いて様々な実験が行われ，現在，青森県陸奥湾においては資源添加の方法について詳細なマニュアルが公表されている[43]．ここではその概要だけを紹介する．

資源添加を行う場所として，陸奥湾内では水深5～10 mの砂泥底に，ホタテ貝殻を50～60 cmの高さで敷設することが望ましいとされる[43]．陸奥湾の場合，ほとんどの場所で天然の幼稚仔が付着するものの，その加入量には年変動があるため，安定した資源添加を行うには，種苗放流を行うことが望ましいとされる[43]．放流する種苗としては，体長20 mmを目安とし，できれば大型のものがよいとされる[43]．放流はタマネギ袋に5,000個体ずつを収容して，潜水作業によって撒く方法，あるいは太目の塩ビ管に収容して放流場所に固定する方法で行う[43]．放流を行う時期は，体長20 mm以上の種苗が生産される9月以降とし，種苗が生残・成長しやすい水温を考慮すると，12月下旬～4月中旬の期間が望ましいとされる[43]．

なお，ホタテ貝殻敷設場では，漂砂による埋没や浮遊物の沈降などにより，1年～数年といった比較的早いペースでホタテ貝殻の間隙が詰まるため，マナマコ幼稚仔の密度が低下するようになる[43]．このため，密度回復のため，ホタテ貝殻の掘り起こしなどの対策が必要と考えられている[43]．海中ではホタテ貝殻そのものが浸食を受けたり，付着生物に汚損されたりすることから，ホタテ貝殻の追加投入の方がより合理的かもしれない．追加投入の際は，すでに付着し

ているマナマコが圧死あるいは窒息死しないよう，投入する量を加減して行う慎重さが求められるだろう．

　陸奥湾を除く北日本，特に波浪の強い北海道では，このようなホタテ貝殻敷設場を利用した資源添加の方法を適用することは難しい．外海では，積み上げたホタテ貝殻は底波でバラバラに散逸するだろうし，北海道としては穏やかとされる噴火湾でさえ，陸奥湾と比べると遥かに外海的である．また，北海道でも，港湾の内側などでは静穏な水域が存在するが，少なくとも筆者らの観察の限りでは，ホタテ貝殻を積み上げた場所でマナマコ幼稚仔を発見できたことがない．

　北海道の場合，比較的早くから資源増殖に取り組んできた宗谷岬周辺など一部の水域を除き，これまで資源添加の効果が検証されたことは少なく，北海道全体としては放流方法も放流場所も明確なモデルがない状況にある．北海道を取り囲む水域の環境は様々であり，それぞれに異なる資源添加の方法が適することが予想されるため，筆者らとしても現時点で特定の事例を紹介することは躊躇される．そこで，幾つかの異なる環境を想定して，ここまでに述べた生態的知見をベースにした資源添加の方法のアイデアに言及する．例にあげる環境と，資源添加を行おうとする対象水域の環境との類似性を判断し，検討材料にして貰えればと思う．

　まず，資源添加を行う場所の選定基準として，波浪を弱める地形や構造物のない外海的環境であれば，目安として水深 2 m 程度より深い場所が適する．筆者らの調査や聞き取りによる情報などからは，オホーツク海で水深 15〜20 m，日本海で 10〜20 m，噴火湾で 2〜10 m の範囲が適すると考えられるが，波浪が強い環境であるほど深い場所とするべきであろう．もし，離岸堤や岩礁帯などの波浪を弱める地形や構造物がある場合には，その内側の潮間帯最下部より深い場所も適する．ただし，海藻草の漂着が著しいような場所は避けるべきであろう．逆に，転石下部などにホヤ類やカイメン類が多数付着するような場所は好ましい．海水湖，港湾，人工海水池などのように波浪と潮通しの両方を遮る地形や構造物がある場合には，少しでも潮通しのよい場所，例えば，開口部に近い場所，流れが狭められる場所，海底から立ち上がった岩礁上などが適すると考えられる．また，多量の河川水，降水，雪解け水の流入がある場所，水中まで氷に閉ざされる場所は避けるべきである（図 6・8）．

北日本の自然条件下におけるマナマコ幼稚仔の生残と成長には，転石帯などの隠れ場所となる基質の存在が絶対条件となる．そこで，適当な基質がなければ，資源添加のために生息地整備を行う必要がある．生息地整備には，転石帯を整備する，あるいは転石帯を代替する人工礁を整備するという構想が基本となる（例えば植草らの方法[44]など）．使用する石材のサイズは，あまり大きすぎると放流後の追跡調査が困難となるため，人力で動かせる長径10〜50 cm程度を混ぜて使用するのがよいだろう．また，整備した後で漂砂に埋没しないよう，さらには重みや洗掘で沈み込まないように，事前に工夫を凝らしておかなければならない．礫底や岩盤などがあれば，その上で整備することが理想であるが，砂底や泥底しかなければ基礎を入れる作業が必要になるだろう．転石の層の厚みについては25〜50 cm程度とし，礫底では薄く，岩盤や砂底では厚く重ねるよ

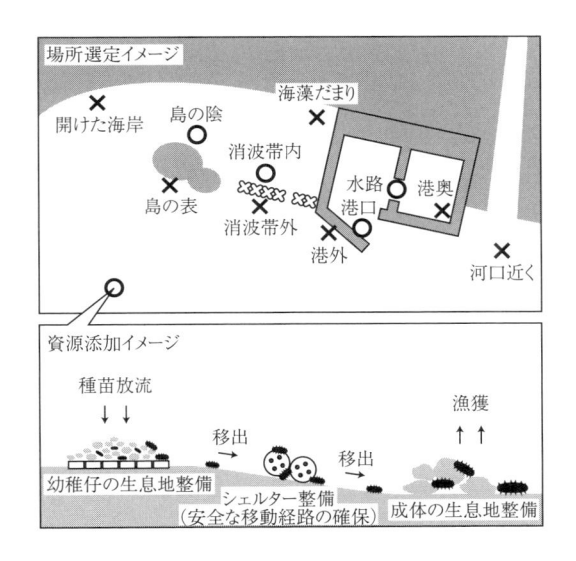

図6・8　北日本のマナマコの資源添加イメージ
　　　資源添加を行う場所の選定（イラスト上段）の目安となる水深は，海域や波浪の条件によって異なり，開けた海底の場合だと，噴火湾などでは浅く2〜10 m程度，オホーツク海などでは深く15〜20 m程度と考えられる．放流した幼稚仔の生残と成長には，転石帯などの隠れ場所となる基質の存在が絶対条件となるほか，成体の生息地までの間に安全な移動経路を整備することも重要となる（イラスト下段）．幼稚仔の生息地と成体の生息地の間が離れすぎている場合には，成長したものから人の手で移植を行うことが望ましい．

うにする（図6·8）.

　放流する種苗としては，一般に大型のものがよいに越したことはないとされている．北海道宗谷岬周辺でも，放流後2年での残留率が，平均約30 mmの種苗で47%だったのに対し，平均約16 mmの種苗では7.4%にすぎなかったという[31]．しかしながら，自然条件下では10 mm程度の幼稚仔でも，より大きいサイズの幼稚仔と同じような付着場所で発見されることがあるため，筆者らとしては，適切に整備された生息地に適切に放流した場合に限っては10 mm程度でも十分に生残できると考える．

　放流のタイミングは2つに分けて考えるべきであろう．先ずは種苗が生産されてすぐの10〜12月であり，この時期，自然条件下での水温は下降線を辿るものの，その後の極端な低水温期に放流するよりは，種苗にとって環境に順応しやすいタイミングになると考えられる．次は自然条件下での水温が下降から上昇に転じる3〜4月であり，水温が底を打って上昇に転じる時期にあわせて放流することで，種苗の成長が促進されるタイミングになると考える．そのため，加温している種苗も，放流前には自然条件下での水温に馴致させ，水温下降期を経験させる必要があるだろう．

　放流前には，種苗への人工餌料の給餌を止めたり，種苗を自然海水に馴致させたりするなどの方法によって，放流後に少しでも捕食されにくくなるよう（エサとして認識されにくくなるよう）に準備することが望まれる．さらには，放流直前に，周辺のヒトデなどを除去したり，大型魚類対策にネットをかけたりすることも必要かもしれない．放流の方法については，北海道では水深20 m程度でも流れの速い場合が多いため，基本的に放流は種苗を仕込んだ容器や網袋を固定して開放する方法で行う方がよいだろう．

　また，放流に際して考慮すべき種苗の密度について，自然条件下で観察された高密度を参考にすると，干川ら[3]の報告に基づいた単純計算では，自然条件下では1 $m^2$ 中に25個体程度で安定する可能性がある．北海道ではないが，筆者らも，陸奥湾の転石帯で1 $m^2$ 中に平均22個体，瀬戸内海の転石帯で平均25個体を認めており，その他の報告や観察例も含めて総合的に判断すると，マナマコの幼稚仔が自然条件下で無理なく生息する密度は，1 $m^2$ 中に20〜30個体程度であると考えられる．初年度の放流に際しては，死亡や散逸を考慮してや

や多めに放流し，次年度からは現存する密度を調査した上で継ぎ足すように放流するとよいだろう．なお，筆者らの調査では，噴火湾や日本海での放流実験で，1 m$^2$ 中に 100 個体を上回る密度でも放流後 2～3 年は問題なく生残したが，2 年目以降の成長が明らかに遅くなったことを付け加えておく．

浜野ら[8)]は，移動能力の小さいマナマコの資源添加を行う上で，成長段階に合わせて連続した生息地整備が必要であると考えたが，筆者らも本意見に強く賛成である．西日本でも北日本でも，幼稚仔の生息地で発見されるマナマコの体長のモードが 100 mm 程度を超えることは少なく，多くの場合は 50～100 mm 程度の範囲にモードがある．このことから，本種は 50～100 mm 程度に達すると幼稚仔の生息地を移出して，より成体の生息地に近い環境を好むようになると考えられる．その移出の最中，砂底や泥底のような海底の裸地を長距離にわたって移動させることは，せっかく成長した大型個体を被食や流出の危険にさらすことにつながる．そのため，成長して移出する個体のために，安全な移動経路を提供することが必要なのである（図 6・8）．

幼稚仔の生息地から成体の生息地までの間に，礫，砂，泥などを主とする裸地や隠れ場所のない岩盤などが広がっている場合には，その所々に隠れ場所となる基質を設置するとよいだろう．あるいは，まだ移出していない 50～100 mm 程度の大型個体を移出前に回収し，より成体の生息地に近い環境に移植するという選択肢もある．移植は完璧にしようとすると非常に手間のかかる作業であるが，大型の個体は転石帯の表面近くに付着していることが多いので，省力化して，それらの個体を対象にするだけでも少なくない回収率となるだろう．また，移植による間引きの効果から，残存する個体の成長余地が広がることも大きなメリットと考える．

北海道での種苗の入手については，人工種苗を購入して種苗放流を行う方が賢明だろう．近年では，種苗生産施設をもたない漁協などで，産卵誘発と浮遊幼生の着底までを水槽で行い，着底基質ごと筏などから垂下する方法で，必要十分な数の種苗を自家生産する例もあり，このような方法で種苗を入手することも可能である．なお，後々の問題となることが予想されるため，中国産の委託生産種苗や，全く異なる水域の親による種苗などの使用は控えた方がよい．

もし，天然の幼稚仔が普通に発見される場所があれば，天然採苗でも種苗を

得られる可能性がある．ただし，中部日本や西日本で提案されている天然採苗の方法は，北海道での適用は物理的な困難が予想される．北海道では，とにかく頑丈で流出しない構造の採苗施設が前提となるだろう．そしてこれを，潮通しのよい環境に設置し，なおかつ施設内部の着底基質周辺での流速を毎秒 6.2 cm より抑える必要がある[13]．天然採苗に適した基質の種類については，一般に，ホタテ貝殻，カキ殻，礫，石材，海苔網などがあげられるが，北海道では確固たる情報がない．また，基質の種類だけでなく，それらに付着する動植物や有機膜なども重要になる可能性があることから，あまり先入観をもたずに色々と試してみるとよいだろう．

## 文　献

1) 崔相，「なまこの研究」海文堂，1963．
2) 山名裕介，浜野龍夫，三木浩一，山口県東部平生湾の潮間帯におけるマナマコの分布―稚ナマコの成育適地の環境条件，水大研報 2006；54：111-120．
3) 干川　裕，高橋和寛，今野幸広，宮川　透，南茅部町豊崎の掘削溝におけるマナマコ幼稚仔の成長推定について，北水試研報 1995；46：7-14．
4) 山名裕介，古川佳道，柏尾翔，五嶋聖治，北海道周辺におけるマナマコ幼稚仔の生息環境について―特に南北海道を中心にした推論―，水産増殖 2014；62：163-181．
5) 岩本哲二，中村達夫，八柳健郎，高見東洋，マナマコの増殖技術開発に関する研究，昭和56年度指定調査研究総合助成事業報告書，山口県内海水産試験場，1982；1-17．
6) 酒井克己，小川七朗，池田修二，大村湾におけるナマコの天然採苗，栽培技研 1980；9：1-20．
7) 岩本哲二，中村達夫，八柳健郎，高見東洋，マナマコの増殖技術開発に関する研究（昭和56～58年度統括），昭和58年度指定調査研究総合助成事業報告書，山口県内海水産試験場，1984：1-24．
8) 浜野龍夫，網尾　勝，林　健一，潮間帯および人工藻礁域におけるマナマコ個体群の動態，水産増殖 1989；37：179-186．
9) 前迫信彦，最上泰秀，平野聖治，四井敏雄，大村湾における幼ナマコの生息場所，長水試研報 1991；17：31-34．
10) 早川　豊，マナマコ増殖試験，青水増事業報告 1977；6：142-153．
11) 柳橋茂昭，柳沢豊重，河崎　憲，マナマコ種苗生産における浮遊幼生の着底以後の幼若個体の餌料と飼育方法について，水産増殖 1984；32：6-14．
12) 松田春菜，浜野龍夫，霜野智治，山名裕介，山口県東部瀬戸内海沿岸におけるアサリの減耗要因―野外ケージ実験による検討，水大研報 2009；57：165-173．
13) 干川裕，酒井勇一，底生水産動物の着底期に及ぼす流れの影響について―マナマコ浮遊幼生の着底を例として，試験研究は今 2010；661：1-2．
14) 地域特産種量産放流技術開発事業総括報告書棘皮類，石川県，大分県，福井県，山口県，1998；石川県 1-19．

15) 浜野龍夫, 近藤正和, 大橋　裕, 立石　健, 藤村治夫, 末吉　隆, 放流したマナマコ種苗の行方, 水産増殖 1996; 44: 249-254.
16) 加藤暁生, 平田八郎, 水槽内におけるマナマコの日周性と水温, 水産増殖 1990; 38: 75-80.
17) 中島幹二, ナマコはどのくらい歩くのか, 試験研究は今 2013; 733: 1-3.
18) 山名裕介, マナマコの資源生物学的研究, 博士論文, 北海道大学, 2009.
19) 有江康章, 上妻智行, 小林信, 栽培漁業推進事業（マナマコ）, 福岡県水産海洋技術センター事業報告 1992: 315-316.
20) Yamana Y, Hamano T, Goshima S. Seasonal distribution pattern of adult sea cucumber *Apostichopus japonicus*（Stichopodidae）in Yoshimi Bay, western Yamaguchi Prefecture, Japan. *Fish. Sci.* 2009; 75: 585-591.
21) Yamana Y, Hamano T, Goshima S. Laboratory observations of habitat selection in aestivating and active adult sea cucumber *Apostichopus japonicus*. *Fish. Sci.* 2009; 75: 1097-1102.
22) 山名裕介, 浜野龍夫, 五嶋聖治, マナマコの付着基質選択の季節性, 水大研報 2008; 57: 227-235.
23) Yamana Y, Hamano T, Goshima S. Individual tracking to specify the aestivation site of adult sea cucumber Apostichopus japonicus on a jetty in Yoshimi Bay, western Yamaguchi Prefecutre, Japan. *Plankton & Benthos Research* 2008; 3: 235-239.
24) 木下虎一郎, 田中正午, 北海道ナマコ *Stichopus japonicus* Selenka の食餌について, 水産研究誌 1939; 34: 1-4.
25) 木下虎一郎, 渋谷三五郎, ナマコ産卵期調査総括, 北海道水産試験場事業旬報 1939; 430: 1-6.
26) Tanaka Y. Feeding and digestive processes of *Stichopus japonicus*. *Bull. Fac. Fish. Hokkaido Univ.* 1958; 9: 14-28.
27) Yamana Y, Hamano T, Goshima S. Natural growth of juveniles of the sea cucumber *Apostichopus japonicus*: studying juveniles in the intertidal habitat in Hirao Bay, eastern Yamaguchi prefecture, Japan. *Fish. Sci.* 2010; 76: 585-593.
28) 高橋和寛, 秋野秀樹, 北日本海域における天然資源の効果的添加技術の開発, 乾燥ナマコ輸出のための計画的生産技術の開発平成21年度報告書（最終年度）,（独）水産総合研究センター, 2010; 64-67.（著者了解にて引用）
29) 桐原慎二, ナマコの生態と資源管理-1, 青森県水産総合研究センター増養殖研究所だより 2008; 113: 1-2.
30) 桐原慎二, ナマコの生態と資源管理-2, 青森県水産総合研究センター増養殖研究所だより 2009; 114: 8-10.
31) 中島幹二, 坂東忠男, 吉村圭三, 瀧谷明朗, 宗谷海域におけるマナマコ人工種苗放流サイズの検討, 北水試研報 2004; 67: 97-104.
32) 愛知県におけるナマコ増殖（昭和58～61年の試験研究のまとめ）, 愛知県水産試験場, 1987.
33) 伊藤史郎, 川原逸朗, 広瀬　茂, 築堤式育成場におけるマナマコ大型種苗の飼育について, 佐栽セ研報 1994; 3: 57-63.
34) Yamana Y, Hamano T, Niiyama H, Goshima S. Feeding characteristics of juvenile Japanese sea cucumber *Apostichopus japonicus*（Stichopodidae）in a nursery culture tank. *J. Nat. Fish. Univ.* 2008; 57: 9-20.
35) 中島幹二, 吉村圭三, 瀧谷明朗, マナマコ栽培漁業開発試験（一般試験研究費）, 平成13年度

北海道立稚内水産試験場事業報告書，北海道立稚内水産試験場，2002；105-111.
36) Kaneko K, Imao K, Yoneda Y, Kitade H, Sakagami Y, Sakamoto W. Food comsumption and absorption efficiency in the sea cucumber *Apostichopus japonicus*. *Plankton & Benthos Research* 2004; 2: 45-52.
37) Tanaka Y. Seasonal changes occurring in the gonad of *Stichopus japonicus*. *Bull. Fac. Fish. Hokkaido Univ.* 1958; 9: 29-36.
38) Babcock R, Mundy C, Keesing J, Oliver J. Predictable and unpredictable spawning events: in situ behavioural data from free-spawning coral reef invertebrates. *Invertebr. Reprod. Dev.* 1992; 22: 213-228.
39) 伊藤史郎，川原逸朗，森勇一郎，江口泰蔵，佐賀県北部沿岸域におけるマナマコの産卵期（予報），佐栽セ研報 1994；3：1-13.
40) 高谷義幸，川真田憲治，マナマコ（*Stichopus japonicus*）の生殖巣発達段階の簡易判定基準，北水試研報 1996；49：23-26.
41) Uthicke S, Welch D, Benzie JAH. Slow growth and lack of recovery in overfished Holothurians on the Great Barrier Reef: evidence from DNA fingerprints and repeated large-scale surveys. *Conservation Biology* 2004; 18: 1395-1404.
42) 松尾みどり，陸奥湾のナマコを増やすための取り組み，青森県水産総合研究センター増養殖研究所だより 2007；110：1-1.
43) ナマコ種苗放流マニュアル，地方独立行政法人青森県産業技術センター水産総合研究所，2013.
44) 植草亮人，吉田奈未，柏尾翔，戸梶裕樹，浅見愛，中原功太郎，五嶋聖治，マナマコ種苗の放流初期における発見率低下要因，北大水産彙報 2012；62：43-49.

## 7章 天然発生資源を利用する安価な機動型魚礁

浜野龍夫

　水産生物は一般に発生後の初期死亡が大きいことで知られている．マナマコの1個体の雌が何百～何千万もの卵を生み出せば，たくさんのナマコの幼生が海中には漂うのだが，適当な基質に出会えず着生できないまま死亡する幼生が多いであろうし，稚ナマコに変態できたとしてもある程度のサイズになるまでに多数の個体が死亡していると予想される．各地の栽培センターでは，このような生活史初期の大量減耗を防ぐことで種苗を生産しているが，施設の生産能力やコストの関係で，漁業者の要望どおりのサイズと数量の放流種苗を用意することは難しい．そこで，自然界に漂う幼生の着生を促進し変態した稚ナマコを育成することができる魚礁を開発した．

　西日本屈指のマナマコ（アオ型・クロ型）の産地として知られている山口県東部の瀬戸内海沿岸には，稚ナマコが潮間帯に多数生息する．マナマコは約2週間の浮遊幼生期間を経て着底して稚ナマコとなるが，この水域では4月下旬から5月上旬にかけて，広い範囲で偏りのない浮遊幼生の出現が認められている[1]．特に稚ナマコが多い場所は，景観として（1）ホンダワラ類が多い，（2）アオサやアオノリ類が多い，（3）マガキが多い，（4）その他の付着生物が多い，（5）潮下帯にホンダワラ藻場かアマモ場がある，の5項目のうち4～5項目を充たしていた[2]．さらに，その水域の中でもとりわけ稚ナマコが多数生息する平生町沿岸において詳細に調査を行った結果，(a)潮位レベルが+40 cm程度，(b)ウミトラノオなどのホンダワラ類が着生しやすい基質があること，(c)若干の砂泥の堆積による富栄養化があること，(d)急激な環境変化（高水温期の干出，還元層の発達，多量の土砂の堆積，雨水や河川水による塩分農道の低下など）に対して稚ナマコを保護する環境があること，の4点が，この水域では稚ナマコ資源にとって重要な環境条件であると考えられた[3]．また，成体ナマコにとっても固い基質があることが重要で，ナマコこぎ網で漁獲されるマナマコは，岩場

などの固い基質のある所から砂泥底の操業漁場へ資源が滲みだして行くことがよく知られており[4]，瀬戸内海での潜水観察でもそうした固い基質の周囲に偏在していることが確認されている[5]．

　瀬戸内海には干潟が多いが，干潟には上記（1）〜（4）そして（b）や（d）の条件は揃わないので稚ナマコが多数生息することはない．ところが，干潟に隣接する岩場や転石地には，稚ナマコが高密度に存在する場所がある．この場合，ナマコの浮遊幼生は冠水した干潟にも流れてきているはずなので，干潟上に，幼生が着生し稚ナマコが成育できる場所を創出すればナマコ資源を増やせる．開発した魚礁は，漁業者自身がマナマコ（アオ型・クロ型）資源の増殖を担うことを想定し，人力で簡単に設置や回収ができる機動型の安価な増殖礁である．

## §1. 魚礁開発のポリシー

　これまでの魚礁は，船舶の航行などに支障がでない深さの場所に，事業予算を使って沈設されてきた．普通，一度設置された魚礁が撤去されることはない．しかし，ここで紹介する魚礁は干潟に設置するため，いずれ撤収する必要が出てくる．増殖効果が不十分になった場合や景観の回復などを目的としての撤収も考えられる．しかし，撤収にも事業予算が必要となると普及は難しい．そこで，重機を使わずに人力で設置や撤収が可能な機動型魚礁とする必要がある．

　魚礁の資材には，環境保全を意識し，日本の森林生態系を侵食している放置竹林から切り出した竹（モウソウチク）やノリ養殖の産業廃棄物である使用済み養殖網を利用した．

## §2. 基本構造

　魚礁は，干潟に鋼製杭を打ち込み，鋼製杭に2 mと1.5 mの枝付き竹を立てて固定し，立てた竹の周囲に建材ブロックを置くのを基本構造としている．離れて礁全体を見ると竹林のように見えることから，「竹林魚礁」と称されている（図7・1）．ノリ網を利用する場合は，竹の代わりに，網1枚を畳んで柱状に束ねて片方にフロートをつけたものを使う．使用済みのノリ網を使うことから「リサイ

7章　天然発生資源を利用する安価な機動型魚礁　*181*

クル魚礁」と呼ばれている（図7・2）．

　冠水時には起立した竹やノリ網の周りに小さな渦が複雑に発生してナマコ幼生が留まり着生しやすくなると考えた．また干出時には竹は干潟に影を落とすので，夏場の干潟の温度上昇を抑制することがわかっている．山口県の干潟で2006年8月10日の日中の干出時に実施した温度測定では，日向の干潟の温度は表面や底泥中1 cmのところで36.7℃，小さな潮溜まりの水温は38.0℃まで

図7・1　竹林魚礁の例（山口県平生町）

図7・2　リサイクル魚礁の例（徳島県阿南市）

上昇した．一方で，干潟に竹を立てた場所の日陰の温度は，最高温度で底泥表面が33.4℃，底泥中1 cmで32.6℃，潮溜まりでは33.2℃と，それぞれの場所で3.3～4.8℃も低かった（図7・3）[6]．筆者らは既往知見から，30℃を超えると稚ナマコの健全な成育は難しいと判断し[6]，温暖化で気温や海水温が上昇しつつある現状では，稚ナマコの生息場の夏場の温度を低く保つことが資源を増やす上で重要と考えている．竹は日陰を作るだけでなく，枝についた付着生物や

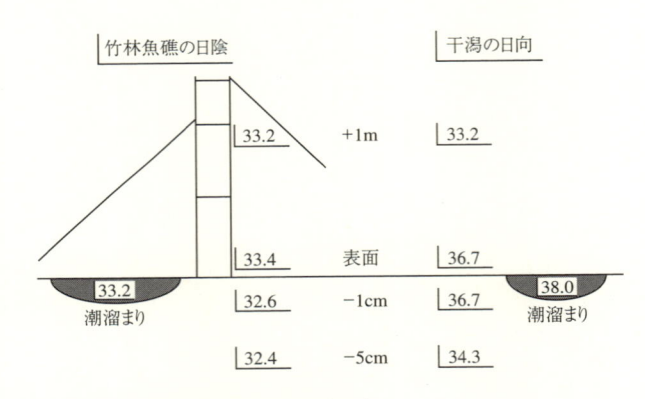

図7・3　竹林魚礁の日陰と干潟の日向の最高温度
（2006年8月10日に山口県平生町で観測，日陰は2地点，干潟の日向は5地点の最高温度）．

図7・4　山口県平生町田名干潟の竹林魚礁の全景（手前）

竹自体が保水する上に，枝先から干潟上に落ちる水滴による冷却作用もある．竹の代わりに使うノリ網も，保水し，また，干出時には干潟表面を覆うので，昇温抑制効果が期待できる．

マナマコには背光性があり，高水温期は夜間にだけ活発に行動し，非活動時は仰向けに付着できる暗く奥まった場所を好む[7,8]．建材ブロックは3つの穴があいていることで，手軽にこうした場所を用意できる上に，石と比べると軽いため干潟に埋没しにくい．安価で人が運びやすい形状であるのも都合がよいことから，ナマコの生息場を創出するには手軽な資材である．

竹やノリ網を荒天時にも支持できる鋼製杭はすでに開発されているため，竹林魚礁については，この鋼製杭を使って効果的な竹の配置間隔や建材ブロックの配置方法について研究を行い，最終的に毎年5 cmのマナマコ（アオ型・クロ型）5,000個体を10年間産出することを目標にした事業モデル魚礁を実際に人力で設置できた（図7・4）．竹林魚礁を応用したリサイクル魚礁については，今後さらに研究開発が展開されるものと期待している．

## §3. 竹林魚礁の設置方法

### 3-1 設置場所の選定

マナマコ（アオ型・クロ型）を増やすために魚礁を設置する場合，そのようなナマコが実際に生息している漁場に面した干潟に設置するのがよい．何も構造物のない砂泥干潟には稚ナマコはいないが，周囲に捨て石や，コンクリートや石のマウンドがあり，海藻のホンダワラ類などが繁茂し，大潮干出時にもところどころ潮溜まりができるような場所であれば,稚ナマコは多数生息している．山口県の瀬戸内海側にある平生町の沿岸には，潮位レベル（CDL）で+40 cmの所にそのような場所が広がり毎月の大潮で干出する．特に稚ナマコが密生するのは，護岸のマウンドの石組みなど固い基質（転石など）にウミトラノオが多数繁茂し，干出時には表面が藻で覆われるためひどく乾燥することがなく，また，泥底のタイドプールには干出後も周りから海水が流入して水質の悪化が緩和されているような所である．

魚礁の設置は干潮時に人力で行うため，できるだけ省力化できる場所を選ぶ．

近くまで車で行ける場所，岸と現場の距離が短い場所などは，資材を運ぶのに都合がよい．場所によっては，鋼製杭や建材ブロックは，満潮時に船積みして現場付近に沈めておくとよい．

　干潟にはその場所を水域あるいは陸域として管理している者がいるため，占用して使うための許可が必要となる．また，冠水時に船舶が航行する可能性のある場所では，法令で定められた灯浮標の設置や海上保安庁への届け出をしなくてはならない．これらの許認可については数年ごとに更新手続きをすることが要求される．

### 3-2　魚礁のレイアウト

　竹を支持するために使う鋼製杭85本，モウソウチク85本（1本から2mと1.5mを切り出して使う），建材ブロック1,000枚で作る魚礁を事業モデルとして平面レイアウト例を示した（図7・5）．資材が設置場所の近くに用意されているなら，この規模の魚礁であれば，20名が作業をすれば3時間程度で設置可能である．普通，春〜初夏の昼の大潮干潮時1日だけで設置をする．

　竹を立てて，その周囲に格子状に建材ブロックを配置する．竹はできるだけ狭い間隔で立てる方が昇温抑制効果に優れ，生物増殖効果も大きくなると考えられるが[6]，竹と竹の間隔が1mでは竹の枝が密集するために設置やメンテナンスの作業性が低下する[9]．そこで，外部からメンテナンスが可能な外周の竹のみを1m間隔で配置し，礁内には2m間隔で竹を立て，その間に建材ブロック

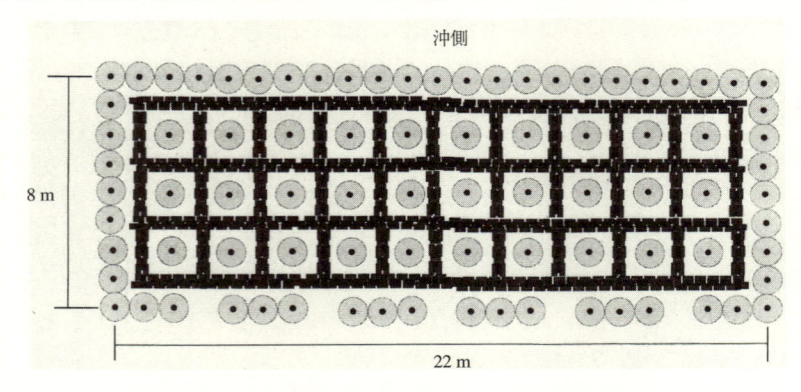

図7・5　竹林魚礁のレイアウト例（円は竹の影響範囲で中心が鋼製杭，方形は建材ブロック）

を2段（上段1枚，下段2枚）に積んで格子状に配置する．ただし，外周の岸側の一部は竹を立てず，礁内への出入り口5カ所ほどを設ける．

ここで示したレイアウトは一例である．波浪が強い場所であれば，消波効果を強めるために，沖側に1 m間隔で配置した竹をもう1列増やして2列にするのもよいだろうし，スケールの小さい魚礁を点在させるのもよいかもしれない．設置する場所の面積や予算に応じて規模を縮小したり広げたりすることも自由に行える．一度設置した礁の配置替えも簡単に行えるので，生物増殖効果が低いと判断されたときには，よりよいと思われるレイアウトに変えればよい．

### 3-3 竹材の確保

魚礁にはモウソウチクを使う．まず，枝が生えている部分の節の下の直径6～7 cmの場所を切る．そしてそこから2 m先端でさらに切り，また1.5 m先で切る（図7・6）．こうして1本の竹から2 mと1.5 mの2本の枝付き竹を切り出し，この2本を1組として干潟に立てて使う（図7・7）．立てるときに葉が付いていても設置後まもなく落ちるので，葉の有無は関係ない．若齢の竹は強度が低いので，3年以上の竹を使いたい．冬に切り出しておいたモウソウチクは3年もつが，設置直前（5～7月）に切り出したものは2年で破損することが多かった．地域には伐竹をするボランティア団体があり，各県の農林事務所などには伐竹について指導できる技術者がいるので，そうした専門家の指導を受けながら，竹林

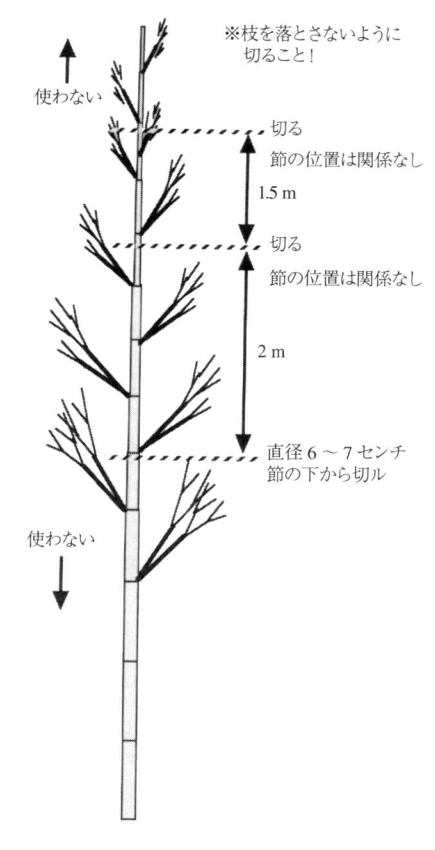

図7・6 魚礁に使う竹（モウソウチク）の切り方

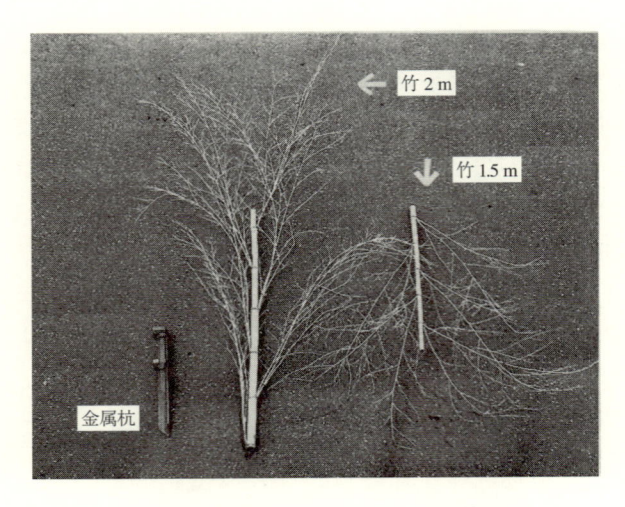

図7・7 鋼製杭とそれに立てる2本の竹

所有者の許可を得て，竹林の健全な維持管理を行いながら竹を選別して切り出す．

切り出した竹は枝が付いているためかさ張るが，干潟に設置するまでの間，保管しておく場所が必要となる．2 m と 1.5 m の竹を切り出した直後から分けて扱うと，計数したり現場で設置するときに混乱せず便利である．なお魚礁では使わない竹の太い部分については，竹炭の原料などに利用できる．

### 3-4 設置作業—杭打ち

干潟にメジャーを置き，竹を支持する鋼製杭（ファームパイル：問い合わせ先（株）新笠戸ドック 産機・建設部．TEL 0833-52-0102）を3～4 kg のハンマーで打ち込んで行く．この鋼製杭は逆さ竹林礁の設置のためにフィールド試験を経て開発されたもので，荒天時でも竹が倒れにくく，また，干潟に打ち込みやすく，竹を杭に固定しやすい．撤収や配置替えのために干潟から杭を抜き取る作業も人力で容易に行える．杭の長さは普通 90 cm あり，そのうち 40～50 cm ほどを打ち込む（図7・8）．波浪が強い場所や地盤の陥入抵抗が小さい場所ではさらに長い杭を使う．また，治具を使えば，冠水時の打ち込み作業も可能である．

7章　天然発生資源を利用する安価な機動型魚礁　*187*

図7・8　鋼製杭の打ち込み作業

## 3-5　設置作業―鋼製杭への竹の固定

打ち込んだ杭の方形リングの中に，まず2 mの竹を正立させて下まで差し込み，2カ所を番線で鋼製杭に縛り固定する．さらに，方形リングの外側に1.5 mの竹を倒立させて据え付け，2カ所を縛って固定する（図7・9）．竹は，設置直後は浮力が強く，また常に波浪で揺さぶられるため，鋼製杭から外れないように番線を通し，最後は固く締める．この締め付けが緩いと，後に竹が鋼製杭からはずれて流出する原因になるので念入りに行う．潮が満ちて竹が浮いたときに，鋼製杭との結束が緩む竹が出てくるため，設置の翌日以降の早い時期に点検をし，必要に応じて増し締めをする．

開発当初は，2 mの2本の竹を両方とも逆さにし，鋼製杭の方形リングの中に押し込んでいた．このときにはリングに入れる部分の枝打ちをしないと，2本を逆さに立てることができなかった．しかしこの方法では，立てるときに手間がかかり，後に竹にフジツボやカキが着生して上部が重くなったときには，リングに当たっている部分の竹が波浪で動いて摩耗して折れやすくなる．竹1本を枝打ちせずに正立した状態で立てることで，太い竹が使えるようになり，方形リングの中で枝が広がって竹を支えるため，強度が格段に増した．もう1本の竹も枝打ちをしないまま逆さに立てるため，枝打ちした2本の竹を逆さに立

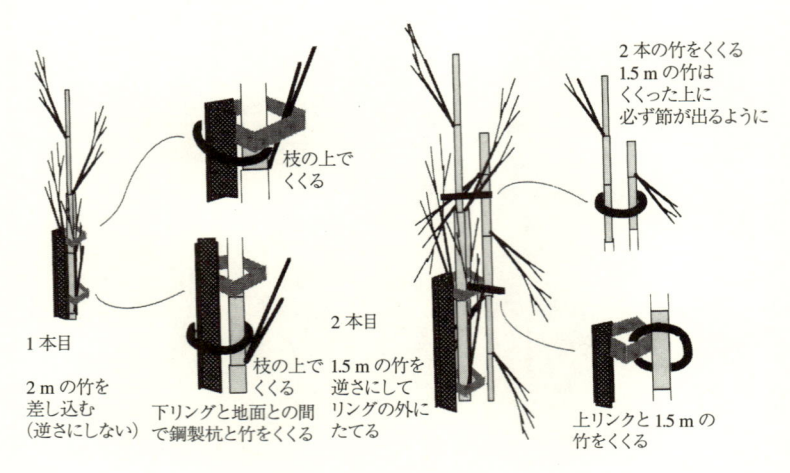

図7·9 2本の竹の設置方法

てた場合と同程度の面積の干潟表面を枝で被覆できる．そして，上部にも枝が長く出るため，魚礁の高さが高くなることから，幼生を落とす効果も大きくなると考えられる．また，満潮時も水面上に竹枝の先端が出るので，設置場所がよくわかるようになった．

### 3-6　設置作業―建材ブロックの設置

　建材ブロックは，立てた竹の基部に格子状に配置する．5cm ほど隙間を開けて並べた2枚を下段にして，その隙間を覆うように上に1枚を載せて2段に積んで，下段のブロック間に日陰になる部分を作る（図7·10）．このようにすることで，建材ブロックで囲まれた竹の基部や建材ブロックの間隙には干潮時も海水が残り，また，竹で日陰が作られ，建材ブロックの穴や裏側も日陰になるため，夏の干出時の温度上昇を防ぐことができる．実際，実験礁の建材ブロックの陰には，ナマコ種苗や生物が多く観察されている[9]．

図7・10　建材ブロックの配置方法

## §4. 竹林魚礁のメンテナンス

　山口県平生町の干潟に5月に竹林魚礁を設置したケースでは，3カ月後には竹枝の表面全部にシロスジフジツボが着生して重くなり満潮時でも竹は浮かなくなっていた．フジツボは成長し，冬になるとフジツボの間から海藻が生えて竹を覆い，また，枝が流れ藻をひっかけるので，さながら陸上の木のような形状の藻場になる．やがて竹枝のところどころに着生していたマガキが大きく育ってコブ状によく目立つようになってくる．そして時間の経過とともに，波浪の影響で少しずつ枝先が折れ，フナクイムシ（木材を食べる二枚貝）によって蝕まれてきて，早いものでは2年，ふつうは3年ほどで杭の上から折れて倒れ始める．

　倒れた竹は付着生物で重くなっているので，流失することなく礁内に転がっている．筆者は鋼製杭で干潟表面に水平に二重に張ったノリ網の下に竹を入れて竹林魚礁の横に置き，自然に消滅するのに任せている（図7・11）．この横倒しになった竹にも，生物の餌となる付着物が大量についているため，冠水時には魚がそれらの付着物を食べたり，また，枝の間に稚魚が隠れる様子が観察さ

図7・11　魚礁で折れた竹を利用する小わざ

れており，さらにその枝にカミナリイカが産卵するなど，魚礁としての効果は持続されている．

　設置した建材ブロックは波浪によって上段が崩れる場合があるが，もともと穴があいた構造となっているため，多少移動しても，生物が隠れる場所は確保され日陰もできるので生物増殖効果が失われることはない．ついでのときに崩れたブロックを組み直す程度の配慮で十分であろう．図7・4の竹林魚礁は台風を何度か経験したが，建材ブロックが流出したり散乱することはなかった．

　鋼製杭は10年間使うことを想定し鉄で作られている．ステンレスで作れば長くもつが，万一の事故で干潟に逸散するようなことがあっても，早めに錆び朽ちる素材の方がよいと考える．

## §5. 竹林魚礁の移設・撤収

　1つの魚礁でも密に稚ナマコがいる場所もあれば，堆砂してブロックが埋まってしまう場所もあることから，2～3年ごとに竹の交換をする時を見計らって効果が高い場所を中心に魚礁を展開し直すなどの調整をした方がよい．撤収する場合，竹は揺すって根元を折ってはずし陸上に運んで処分するが，海水を含み付着生物で重くなっているため干して乾燥させた後に処理をする．前述のよう

図7・12　3mの鋼管パイプを使っての杭抜き作業

に干潟に張ったノリ網の下に差し込んでおけば，魚礁としての効果を保ちながら5年程で朽ちてなくなる．

建材ブロックはより深い所に沈設するとナマコ魚礁（夏眠場所）として効果が期待できるので，可能であれば新たに場所を設定して移設し，魚礁として使い回すのが得策であろう．その場合は船上から落として海底にばら積みで構わない．陸上に揚げて回収する場合，冠水時に手漕ぎボートに乗せて押して運んだり，干出時に一輪車などでまとめて運搬する．建材ブロックは数年使うともろくなるため，3 kg 程度のハンマーで簡単に割れるので，砕いて，護岸補修の詰め物として使うなどの有効利用も可能である．

鋼製杭（ファームパイル）は錆びて朽ちて行くが，抜く場合は建設現場で足場に使う鋼管パイプ3 mを使う．まず，上側の方形枠に鋼管を差し込んで手前にひねり，さらに鋼管に体重をかけて上から手前下に倒し，最後に鋼管の端を干潟上で支点にして，テコの原理で引き抜く．この方法だと1分間に2～3本を抜くことができる（図7・12）．高齢者が作業する場合には，鋼管パイプ2 mと4 mを使い，まず，2 mのパイプを杭に差し込んで前後左右にゆすり，その後に4 mのパイプを使いブロックをテコの支点にして引き抜く（図7・13）．この方法だと毎分1本程度を抜くことが可能である．

図7・13　2mの鋼管パイプでゆすり（左），4mのパイプで杭を抜く（右）作業

## §6. リサイクル魚礁

　竹の代わりに使用済みのノリ養殖網（約1.6 m×約20 m）を利用する場合，鋼製杭に竹を差し込む代わりに，束ねた網を差し込んで使う．そのために，ノリ網の短辺側（約1.6 m）を折り目にして数回折り畳み，解けないように両端のロープを束ねて網端のロープで縛る．また，さらに束ねた網の中央部を縛り，片側にはフロート（EVAブイなど）1個を縛りつける（図7・14）．このフロートに発泡スチロールを使うと，付着生物が穿孔し固着して育つため2年間のうちに網が浮かなくなったケースがあったが，EVAブイでは沈むことなく浮き続け，付着して大きくなった生物も簡単に手で剥がすことができた．なお，浮力が大きいフロートを使うと支持する鋼製杭が抜けやすくなるので，フロートは浮力約1 kg程度のものが適している．

　このようにして作ったユニットの下端を，鋼製杭の方形リング2つを通して折り返してロープで縛る（図7・14）．杭と網を結んでから杭を打ち込んでもよい．設置後4年が経過しても切れて逸散するユニットはなかった．ユニットの上部（ブイ付近）には付着生物が着生するが，干出や波浪や河川水の影響を受けるためか，大きく発達することはなかった．

　徳島県阿南市の砂質海岸に2009年9月に設置したリサイクル魚礁は，2011年8月に徳島沿岸で停滞して河川や沿岸に甚大な被害を及ぼした台風6号によっ

7章　天然発生資源を利用する安価な機動型魚礁　193

図7·14　リサイクル礁の1ユニットと鋼製杭

て，枝付きの大木が魚礁内に入り込むなどして，一部の杭が抜けて海岸に打ち上がった．瀬戸内海では長さ90 cmの鋼製杭を使い，40～50 cmほどを打ち込んで使用しているが，徳島県の設置場所は波浪が高く，底土もやや砂質であったことから，90 cmだけでなく，120 cmと150 cmの鋼製杭も打設し，波浪への耐久性を実験していた．この台風通過後も，砂中に60 cm以上を打設していた鋼製杭は全て抜けずに残っていた（浜野，未発表）．

## §7. 建材ブロックの配置や代替資材

建材ブロックを2段にして整然と配置するのが難しい場合には，周囲に乱積みしてもよい．網がブロックに絡む場合もあるが，やがてはずれる．設置場所に転石が多数あるなら，それがブロックの代わりになる．この場合，浮石状態になっていることが重要で，石の裏に間隙がないとナマコの生息場にはならない．カキ殻をブロックの代わりに使う場合は，ポリエチレンなどの丈夫なネットやパイプにきつく入れ，殻が波浪で動揺しないようにする．また，できるだけ大きな網目のものを使い，目詰まりしないようにすることが重要である．

## §8. 魚礁の生物増殖効果

山口県平生町で2005年4月と2006年5月に調査を行い，稚ナマコが多数分布する海岸から500 m程離れた稚ナマコが生息していない砂泥質の干潟に，2006年5月に実験的に小型の様々な形状の竹林魚礁を設置した[9]．設置1年後の2007年5月に88枚の建材ブロックからマナマコ457個体（アオナマコ278個体，クロナマコ179個体，標準体長[10]の平均値はそれぞれ，59 mm，58 mm）が採捕できた（図7·15）．この礁で干潟に埋没せずに残っていた建材ブロックは402枚であったことから，推計したマナマコの全数は2,088個体（95％信頼区間1,763〜2,560個体）であり，ブロック1枚当たり約5個体のナ

図7·15　竹林魚礁で収穫されたマナマコ種苗（アオ・クロナマコ）

マコがいたことになる[9]．発見された稚ナマコの77％が，建材ブロックの空洞内と建材ブロックの側面や下面に付着していた．

　また，同所において，体長5 cmのナマコを毎年5,000個体産出することを目標として，前述した事業モデルとなる礁（モウソウチク85本と建材ブロック1,000枚使用）を（独）水産大学校の学生らの助力を得て2008年7月に設置した．10カ月後の2009年5月に実施した調査では，魚礁内に着生している稚ナマコの総数は1,533個体（平均標準体長39 mm）と推定され，目標個体数の3割の稚ナマコを得たに留まった．天然資源の年変動の範囲内であろうが，設置時期が浮遊幼生の盛期よりかなり遅れ，魚礁設置後に魚礁直前でコンクリート護岸工事が続き，大潮干出時に豪雨が続いたなど理由をあげればキリがない．なお，同魚礁は筆者の転勤に伴い2009年からはメンテナンスやモニタリングをするのが難しくなったため，2012年に徳島大学の学生らの助力で撤収した．

　設置期間中，竹林魚礁には冠水時に多くの魚が集まり，餌を食べている様子が観察できた．クロダイやウミタナゴやメジナは竹枝に付着する生物を摂取し，マアジは盛んに竹枝の間に浮遊する生物を捕食する様子が見られ（図7・16），満潮時に沖合から回遊してくる有用魚類のえさ場として機能することは明らかである[9]．また，カミナリイカやアカニシが卵嚢を産みつけるなど，軟体動物の産卵礁としての機能も認められた．

　徳島県阿南市の砂質海岸に徳島科学技術高校の生徒らが2009年9月に設置したリサイクル魚礁では，1 m間隔で4×4本のユニットを打設し，杭から1 m離れた周囲に建材ブロック200枚を乱積みして1セットとし，これを3セット並べた（図7・2，7・17）．ここから2010年5月に建材ブロック6個を引き揚げて観察した調査ではナマコは見つからなかったが，2011年5月の調査では6個のブロックから4個体609 gのマナマコ（青型）が発見できた．ブロックの周囲や中だけでなく，ノリ網の間にも稚ナマコがいることが確認できた（図7・18）．メバル類の稚魚が多数見られたことから，6月に潜水してカウントしたところ，全長約5 cmの稚魚（クロメバルおよびシロメバル）が2010年は3,435個体，2011年には2,473個体が生息しており，盛んに餌を食べる様子も観察できた．

図7・16　竹林魚礁で餌を食べる魚と産みつけられたイカの卵

## §9. おわりに

　冒頭にナマコの初期減耗について述べた．実際に，自然界でどれだけの減耗があるかを確かめようとすると多大な研究費と時間がかかることは明白で，それをするなら，それにかかる研究費と時間でナマコを増やすための技術開発をした方がいいと考えた．しかし，稚ナマコの着生数は年変動が大きく，適地と

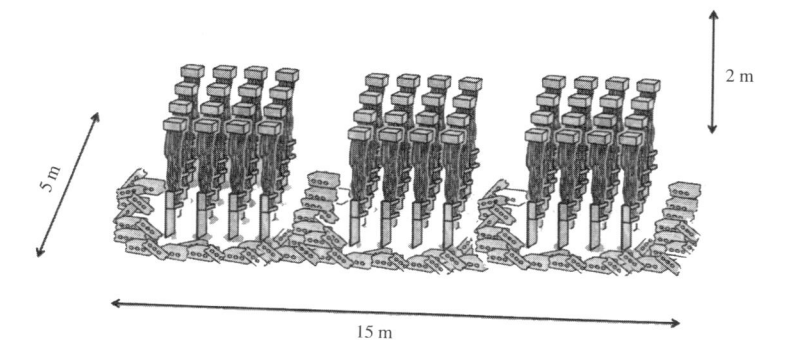

図7・17　徳島県阿南市のリサイクル魚礁の模式図

図7・18　リサイクル魚礁の網の中で発見された稚ナマコ

判断した泥干潟は実験中にどんどん砂浜化して行った．こんな小さな技術開発ごときでは今の沿岸漁業の衰退に歯止めはかけられないことは百も承知だが，何かアクションをしなくてはいられないほど資源は減少している．干潮時に干潟に起立している竹には海藻が絡みついたり生えたりして磯の匂いが漂い，満潮時に潜ってみると竹やノリ網は立ち上がり，その間隙で魚が群れて泳ぐ様はさながら海中林のようである．竹林魚礁もリサイクル魚礁も，ナマコ増殖に主眼を置いて技術開発をしてきたが，色々な生物が利用しているので応用範囲は広

いのではなかろうか．適地の判断や設置のための調整は行政が行い，設置や設置後のメンテナンスについては市民団体や NPO などに加勢をお願いし，漁業者との協働で実現したいところである．

## 文　献

1) 山口県内海水産試験場，マナマコの増殖技術開発に関する研究，昭和 56 年度指定調査研究助成事業報告書 1982，山口県，1-17.
2) 網尾　勝，浜野龍夫，林　健一，吉岡貞範，松浦秀喜，岩本哲二，潮間帯の生物調査からマナマコの生息適地を選定する試み，水産増殖 1989；37：197-202.
3) 山名裕介，浜野龍夫，三木浩一，山口県東部平生湾の潮間帯におけるマナマコの分布―稚ナマコの成育適地の環境条件，水大校研報 2006；54：111-120.
4) 畑中宏之，ナマコこぎ網の漁獲効率の推定について，水産増殖 1994；42：227-230.
5) 浜野龍夫，網尾　勝，林　健一，潮間帯および人工藻礁域におけるマナマコ個体群の動態，水産増殖 1989；37：179-186.
6) 浜野龍夫，柳井芳水，早杉　啓，渡邉敏晃，干潟に設置した逆さ竹林礁による昇温抑制効果，水産大学校研究報告 2008；56：355-363.
7) 山名裕介，浜野龍夫，五嶋聖治，マナマコの付着基質選択の季節性，水大校研報 2009；57：227-235.
8) Yamana Y, Hamano T, Goshima, S. Laboratory observations of habitat selection in aestivating and active adult sea cucumber *Apostichopus japonicus*. *Fish. Sci.* 2009; 75: 1097-1102.
9) 浜野龍夫，柳井芳水，山名裕介，干潟に設置した逆さ竹林礁の生物増殖機能の検証，水大校研報 2009；57：143-163.
10) 山名裕介，五嶋聖治，浜野龍夫，遊佐貴志，古川佳道，吉田奈未，北海道および本州産マナマコの体サイズ推定のための回帰式，日水誌 2011；77：989-998.

# 8章 こんにゃくを用いた資源量推定
## （こんにゃくを使ってナマコを数える）

―――― 松尾みどり

　マナマコは誕生〜着底の約2週間を除き，その移動範囲が比較的狭く，地先の環境変化や過剰な漁獲の影響を受けやすい．そのため，地先ごとの資源管理の重要性は高く，漁業者自らが資源量を把握できる手法が求められてきた．

　一般的な資源量推定法に，標識採捕法，DeLury法，枠取り法および面積密度法（試験操業）があげられる．しかし，なまこ桁曳網漁業にこれらの推定法を用いると，漁業者だけでは実施できないなどの課題が生じる．それらの課題を解消した漁業者と取り組むことのできる資源量の推定法として，こんにゃくを用いた資源量推定法を紹介する．

　擬似ナマコ法は，こんにゃく製の標識をマナマコに見立てた「擬似ナマコ」を漁場に散布し，その回収率から資源量を推定する手法である．その準備から資源量推定計算に至るまで，特殊な技術や複雑な計算を必要としないため，漁業者が扱いやすい推定法となっている．

## §1. 擬似ナマコ法の定義・概略

### 1-1　定　義

　この章で紹介する資源量推定法では，こんにゃく製の標識をマナマコに見立てて「擬似ナマコ」と呼び，擬似ナマコを用いた資源推定法を「擬似ナマコ法」と呼んでいる．以降，これらの名称を用いる．

### 1-2　対象漁業

　擬似ナマコ法が有効な漁法は，桁曳網（小型底引き網）である．桁曳網では，開口部の海底に接する部分に金属製の鎖が取り付けられている（図8・1）．その鎖で海底のマナマコを跳ね上げ，浮いたナマコが網に入る仕組みとなっている．

図8・1　桁曳網の開口部
　　　　写真上方にある爪のついた桁を先頭に曳網する．桁と平行に取り
　　　　付けた鎖でマナマコを跳ね上げる仕組み．

擬似ナマコ法はこの仕組みを利用しているため，刺網のようにマナマコが自ら動いて網に絡まることで漁獲される漁法や，箱メガネや潜水採取のように漁業者の選択が大きく作用する漁法では，機能しにくい．以降，桁曳網を対象として話を進める．

### 1-3　擬似ナマコ法の概略

　擬似ナマコ法にて資源量を推定する仕組みを紹介する．擬似ナマコ法では，漁場にはマナマコが均一に生息し，操業も均一に行われると仮定する（ア）．さらに，マナマコの漁獲効率と擬似ナマコの漁獲効率は等しいとしている（イ）．以上の状況において擬似ナマコを均一に散布すると，マナマコと擬似ナマコはそれぞれの母集団に対して同じ割合で桁曳網に入網するので，漁獲量（$F$），擬似ナマコ

散布数（$N_A$），擬似ナマコ回収数（$N_F$）および資源量（B）について下式①が成り立つ.

$$\frac{F}{B} = \frac{N_F}{N_A} \quad \cdots ①$$

式①から求めた下式②を用いて，資源量を推定する．

$$B = F \times \frac{N_A}{N_F} \quad \cdots ②$$

なお，（ア）および（イ）については，下記に注意する必要がある．

1）マナマコ分布および操業の均一性について［条件（ア）］

漁場内の環境が均一ではなく，マナマコも均一に生息しない漁場は，十分あり得る．さらに，桁曳網のように漁業者が操業場所を自由に決められる漁業では，マナマコが多く生息している場所（または他の漁業者が操業している場所の周辺）に操業が集中する傾向がある．

一方，擬似ナマコは漁場全体に均一に散布されるため，操業に使われない面積が大きいと擬似ナマコ回収率が下がり，資源の過大評価につながる．このような場合には，擬似ナマコに番号を付して，回収率を補正できる．以降，【応用編】として紹介する．

2）【応用編】操業範囲の補正

【応用編】では，擬似ナマコに番号札を付して散布し，回収された擬似ナマコの番号から操業地点を特定する．そこから主たる操業範囲を推定することで，漁場全体を利用しているかを確認する．操業範囲が漁場の一部に限られる場合には，操業範囲内の擬似ナマコ散布数（$N_{Ar}$）および回収数（$N_{Fr}$）を求め，下式③にて資源量を推定する．

$$B = F \times \frac{N_{Ar}}{N_{Fr}} \quad \cdots ③$$

3）擬似ナマコとマナマコの漁獲効率の同等性について［条件（イ）］

マナマコは背光性を有するとされ[1]，転石などが多い海底では桁曳網が届かな

いような狭い隙間に潜り込むこともある．一方，海面から投下した擬似ナマコは転石の上や周囲の平坦な海底に落ちることが多く（図8·2），マナマコよりも露出しやすい．この両者の差が漁獲効率の差となって現れる．

　このことについて，陸奥湾の底質が主に礫で構成された平坦な海底（A 地先）と，岩盤や転石で構成された凹凸のある海底（B 地先）にて，擬似ナマコとマナマコの漁獲効率を比較している．2007 年に各地先の海底に，38～300 g の擬似ナマコを均一に散布した（図8·3）．擬似ナマコのサイズは，陸奥湾に生息するマナマコにおける 1～5 齢の目安体重[2]（数値は後に改定）と近いものとしている．擬似ナマコを散布した範囲内で桁曳網を操業した後，海底に残る曳網の痕跡上に残った擬似ナマコとマナマコを潜水採捕した．

　漁獲効率の比較結果を，表8·1 に示す．A 地先の平坦な海底では，擬似ナマコとマナマコが同様に露出し（図8·4 カラー口絵），擬似ナマコとマナマコの漁獲効率は同程度だった．一方，B 地先の凹凸のある海底では，前述の理由から，擬似ナマコの漁獲効率がマナマコのそれよりも平均 1.69 倍高かった．このことから，凹凸のある海底では，擬似ナマコの漁獲効率を補正することによって，より精度の高い資源量を推定できると考えられた．

図8·2　凹凸のある海底上に散布した擬似ナマコ
　　　　写真中央付近では，転石の上に擬似ナマコが乗っているが，マナマコならその下に潜り込める．

なお，桁曳網の目合いよりも小さいマナマコによって，マナマコの漁獲効率が下がる可能性もあり得る．しかし，桁曳網では，混獲する海草などが小さなマナマコを絡め捕ることが知られている．前述の試験においてもA地先では2gから，B地先では16gからマナマコが入網した．それぞれのサイズ以下のマナマコが，入網および潜水採捕した全体に占める重量割合は0.2%未満と小さく，桁曳網に入りにくいマナマコの影響は無視できると考えられた．

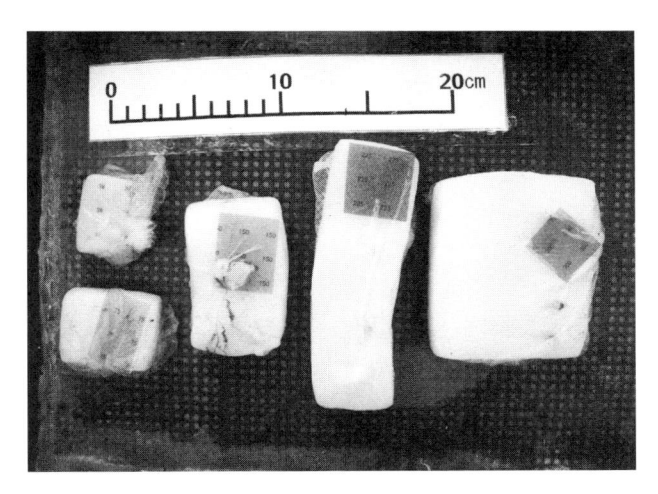

図8・3 試験に用いた擬似ナマコ5種

表8・1 底質が主に礫で構成された平坦な海底と，岩盤や転石で構成された凹凸のある海底にて，桁曳網における擬似ナマコおよびマナマコの漁獲効率
マナマコのサイズは，擬似ナマコのサイズが中心となるように階級区分した．

| サイズ | | 礫 | | 岩盤・転石 | |
|---|---|---|---|---|---|
| 擬似ナマコ | マナマコ | 擬似ナマコ | マナマコ | 擬似ナマコ | マナマコ |
| 38 g | 0 g ~ 56 g | 57.1% | 76.7% | 54.5% | 50.0% |
| 75 g | 57 g ~ 112 g | 83.3% | 79.5% | 66.7% | 27.3% |
| 150 g | 113 g ~ 187 g | 60.0% | 78.1% | 28.6% | 0% |
| 225 g | 188 g ~ 262 g | 66.7% | 66.7% | 35.3% | 25.0% |
| 300 g | 263 g ~ 337 g | 71.4% | 100.0% | 21.4% | 50.0% |
| | 平均 | 67.6% | 77.3% | 38.5% | 22.8% |

## 1-4 既存の推定法との比較

章の冒頭で紹介した既存の推定法を桁曳網に用いた場合に生じる不具合と，それに対する擬似ナマコ法の利点について比較する．

### 1）標識採捕法との比較

標識採捕法は，一定数の個体に対し，タグ，創傷または染色などの標識を付してから放流し，標識個体の再捕割合から資源量を推定する手法である．しかし，マナマコは自切能力を有し，再生能力も高いため，手術用縫合糸のような細い糸でタグを付しても，装着後2週間程度で脱落し始める[3]．疣足切除や焼印も，最長でも2カ月程度で目立たなくなる[4]．染色では，マナマコの囲食道骨にアリザリンコンプレクソンやテトラサイクリンを用いる手法がある．しかし，染色部分を外部から視認できず，確認するには解剖や顕微鏡観察などを伴う．これらに対し，擬似ナマコ法は，擬似ナマコそのものが標識であるために脱落のおそれはなく，マナマコと異なる外見のため視認性も高い．

### 2）DeLury 法との比較

DeLury 法は，操業日ごとに漁獲量と単位努力量当たりの漁獲量（CPUE）を記録し，累積漁獲量と CPUE から資源量を求める手法である．

例として，B 地先における推定結果を図 8・5 に示す．近似直線の計算式の y すなわち CPUE にゼロを代入すると，x すなわち累積漁獲量かつ推定資源量が約 36 トンと算出できた．この図からもわかるように，この推定法には短期間に

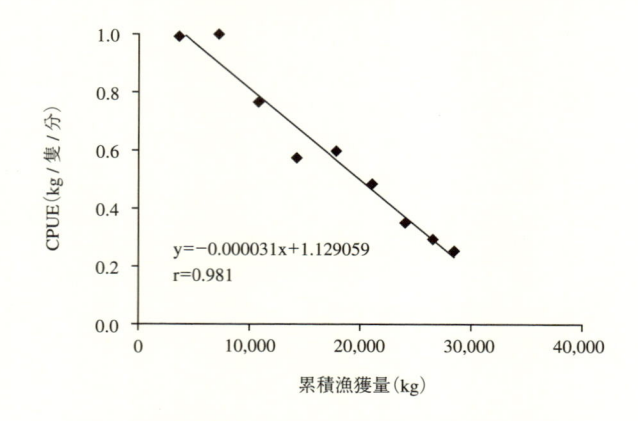

図 8・5　陸奥湾のある地先における，累積漁獲量および CPUE

漁獲努力量の低下をもたらすほどの高い漁獲圧が必要となるが，この条件を満たす漁場はむしろ少ない．これに対し，擬似ナマコ法は対象が桁曳網に限定されるものの，漁獲圧が低くても推定できる．

また，DeLury 法は漁期終盤でなければ資源量を推定できないのに対し，擬似ナマコ法は，理論上操業初日から推定できる（詳細は後述）．

### 3）枠取り法との比較

枠取り法は，漁場内の数カ所〜数十カ所の海底からマナマコを枠取り採取し，現存量から資源量を推定する手法である．石の下に潜り込んだマナマコまで採取するためには潜水作業を必要とするため，潜水漁業者がいない地先では利用しにくい．これに対し，擬似ナマコ法は擬似ナマコの作成から資源量推定に至るまで，特殊な作業が必要ないため，桁曳網漁業者だけでも取り組みやすい．

また，潜水可能時間の制約から漁場面積に対して十分な調査点数を確保できない場合，枠取り採取の結果がマナマコ生息密度を十分反映できない危険性がある．これに対し，擬似ナマコ法では半日で 1,000 個程度と大量の擬似ナマコを散布することも可能なため，漁場面積に対して十分な調査点数を確保できる．

### 4）面積密度法との比較

面積密度法は，漁場の一部で試験操業を行い，その漁獲量，操業面積および漁獲効率から資源量を算出する手法である．普段から使い慣れている漁具を用いるため最も扱いやすいように思える．しかし，桁曳網の漁獲効率を求めるために潜水作業を必要とするので，枠取り法と同様に利用しにくい．

## §2. 擬似ナマコ法の実施方法

擬似ナマコ法に必要な道具や具体的な実施方法について，紹介する．

### 2-1 擬似ナマコの材料，実施に必要な道具

擬似ナマコの材料は，下記の 2 点である．
① 板こんにゃく
② 針金

【応用編】を実施する場合，追加する材料は下記の 2 点である．

③耐水紙

④生ごみ用のネット

上記を用いて，擬似ナマコを作成・保管するために必要な道具は，下記の7点である．

　ⓐたこ糸程度の太さのナイロン糸

　ⓑビニール手袋

　ⓒメスシリンダー

　ⓓ台秤

　ⓔ金切鋏

　ⓕ耐水性のコンテナ

　ⓖ食品用ラップフィルム

散布計画作成および散布に必要な道具は，下記の3点である．

　ⓗ縮尺が明示された漁場図

　ⓘ携帯用GPS機器

　ⓙストップウォッチ

これら材料および道具の詳細について解説する．

　①板こんにゃく（別称；角こんにゃく，図8・6）

擬似ナマコ開発以前には，樹脂製ボトルに砂を入れた物を標識として用いていた（図8・7）．明らかな人工物であるため視認性が高かったが，操業時に回収されなかったボトルが終了後も数年にわたって回収され，環境への影響が懸念された．これに代わる標識の材料としてこんにゃくが選ばれたのは，海中で分解され，環境に与える影響が小さいと判断されたからである．さらに，強制的な条件下ではあるが，キタムラサキウニに摂食されることも確認している（松尾，未発表，図8・8）．また，こんにゃくはマナマコに近い弾力性をもち，桁曳網の鎖に跳ね上げられた際の挙動はマナマコに近いだろうと考えられている．

　こんにゃくの色については，東北以北では着色していない白いこんにゃくが，関東以西では褐色に着色したこんにゃくが多いようだが，白い方が漁獲物や砂利の中で目立ちやすい．なお，白いこんにゃくを食用色素などで着色して推定に用いたところ，散布から短期間で脱色が認められ，実用化できなかった（図8・9，図8・10　ともにカラー口絵）．

8章　こんにゃくを用いた資源量推定（こんにゃくを使ってナマコを数える）　207

図 8・6　板こんにゃく（角こんにゃく）
　　　　重量が 400 g，大きさが 9 cm×15 cm×3 cm の物．

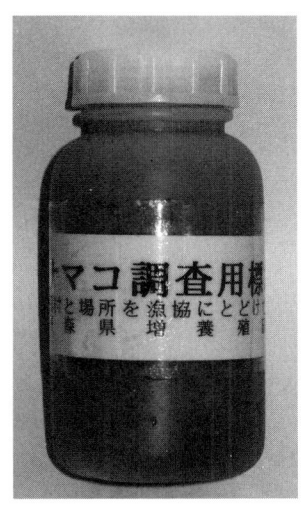

図 8・7　擬似ナマコ開発前に，標識として使用されていたボトル中に砂を入れ，マナマコと同じ比重に調整していた．

図 8・8　水槽内にてキタムラサキウニに摂食されるこんにゃく
　　　　無給餌条件下で，こんにゃくのみを与えた．少なくとも餌として認識できることが伺われ，摂食後の体調不良は確認されなかった．

②針　金

板こんにゃくはマナマコよりも密度が小さいため，針金を埋め込んで加重する．環境に与える影響を小さくするため，鉄などの分解しやすい材質を用いる．また，針金が長過ぎるとこんにゃくの弾力性が失われるので，より重くなる太い針金が望ましい．なお，材質および重量の条件を満たせば釘などでも代用できる．

③耐水紙

【応用編】の番号札に用いる．1カ月以上水に浸かるので，十分な耐水性をもつ紙を用いる．合成紙には，総樹脂製などの分解されにくい材質のものもあるので注意する．

④生ごみ用のネット

耐水紙とこんにゃくを併せて包み込むために用いる．これについても，海中で分解される生分解性の材質を用いる．

ⓐたこ糸くらいの太さのナイロン糸．

こんにゃくの切断に用いる．摩擦の少ないナイロン糸やピアノ線などが適している．包丁のように接触面が大きい刃物では，直方体状に切断することが難しい．

ⓑビニール手袋

大量のこんにゃくを素手で扱うと，こんにゃくに含まれるアルカリ成分で肌が荒れることがある．これを防ぐためと滑り止めを兼ねて着用する．

ⓒメスシリンダー

切断したこんにゃくの体積を量る．料理用計量カップでも代用可能．

ⓓ台秤

こんにゃくおよび針金の重さを量る．

ⓔ金切鋏

針金の切断に用いる．

ⓕ耐水性のコンテナ

作成した擬似ナマコの一時保管・運搬に用いる．水道水も入れるので，水が漏れない樹脂製のトロ箱などを用いる．また，擬似ナマコを重ね過ぎると形状が崩れるので，擬似ナマコが2段程度入る浅いものが適している．

ⓖ **食品用ラップフィルム**

擬似ナマコの乾燥を防ぐため，コンテナを密閉するのに用いる．

ⓗ **漁場図**

漁場面積の算出に用いるので，漁場の外周と縮尺が確認できる図を用意する．漁場図を用意できない場合は，後述の代替法を用いる．

ⓘ **携帯用 GPS 機器**

散布作業船と同数を用意する．漁船の GPS 機器でも代用できる．

ⓙ **ストップウォッチ**

散布作業船と同数を用意する．視認性の高いアナログ式が望ましい．

### 2-2　擬似ナマコ法の準備手順

擬似ナマコ法の準備手順において注意すべき点として，擬似ナマコ作成後に長期間保管すると，こんにゃくが劣化するおそれがあることがあげられる．また，擬似ナマコ散布後は時間経過に従って，擬似ナマコの破損や流失のおそれが高まる．以上の理由から，下記の順で実施し，4）から操業開始までは間を空けないことが望ましい（カッコ内は，各作業に要するおよその時間）．

1）散布計画の作成（数時間）
2）針金の切断（数時間〜数日）
3）【応用編】番号札の作成（数時間）
4）こんにゃくの切断（1〜2 時間）
5）擬似ナマコの組立（半日〜2 日）
6）擬似ナマコの散布（半日）
7）漁業者への注意喚起（手順1）〜6）と平行して，半日）

それでは，各手順について解説する．

### 1）散布計画の作成

散布計画の作成は，以下の 4 つの手順で行う．

#### ①漁場面積を算出

漁場図から，図 8・11 のように漁場に近似した多角形を描き，その面積を算出する．図では多角形の周囲に若干残る部分が出るが，操業時に境界線の間際まで利用するとは考えにくいので，残したままでも構わない．

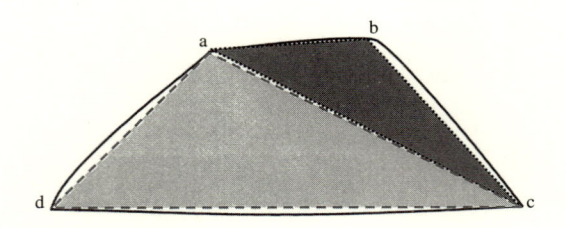

図 8・11　漁場面積算出の模式図
　　　　実線で示した不定形の漁場について，漁場図上に近似した多角形を描く．多角形を
　　　　三角形に分割し，面積を算出する．漁場図が無い場合は，多角形の角にあたる点（a，
　　　　b，c，d）の緯度および経度を確認し，各点間の距離および面積を算出する．

　なお，漁場図が用意できなかった場合は，多角形の角にあたる地点の緯度と経度を計測する．国土地理院の測量計算サイト（http://surveycalc.gsi.go.jp/sokuchi/main.html）などを利用すると各地点間の直線距離が算出できるので，その値から面積を算出する．

②擬似ナマコのサイズを決定

　葉書大（300 g～450 g）のこんにゃくを細長く 2 分割すると，陸奥湾で漁獲の中心となっているサイズ（100 g～300 g）に近い重さと形になる．桁曳網は漁獲サイズのマナマコが入網しやすいように工夫されていると考えられ，極端に大きさが異なる擬似ナマコでは，その漁獲効率が下がるおそれがある．なお，漁獲サイズに近いこんにゃくならば，切断を省略することもできる．

③擬似ナマコの散布間隔を決定

　散布作業では，平行線上を定速で航行する船上から，擬似ナマコを一定時間ごとに落とし，格子状に散布する（図 8・12）．擬似ナマコの散布間隔を決定するにあたり，予算や時間の制約から散布数が限られる場合には，漁場面積を散布数で除して得られた面積の平方根を用いる（例；200 ha の漁場に対して 500個散布するなら，63 m 間隔となる）．散布数を自由に増減できる場合には，70 m～80 m が適している（例；200 ha の漁場に対して，70 m 間隔で散布するなら，400 個～450 個が必要となる）．この間隔ならば擬似ナマコが流されたとしても，近隣の擬似ナマコに接近しすぎるおそれが少なく，平行線間の距離も測りやすい．

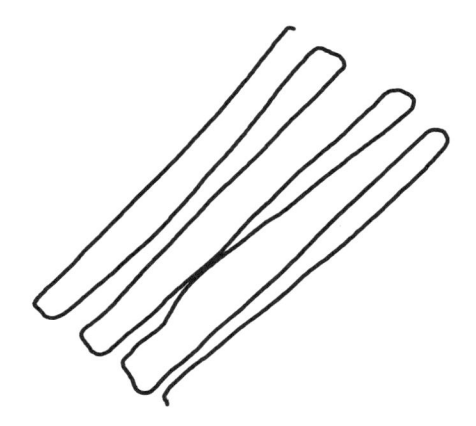

図8・12 ある漁場における散布船の航跡

**④作業計画の作成**

散布間隔を基に，漁場内に全ての擬似ナマコが収まるよう，散布ライン数と1ライン当たりの散布数を算出する．なお，散布時の状況に応じて散布数は調整されるので，あくまで目安として用い，この数字にこだわる必要はない．

次に，散布する航行速度〔V（ノット）〕に応じて，散布間隔〔D（m）〕と等しい距離を船が進むのに要する時間〔t（秒）〕を下式④で算出する．

$$t = \frac{D}{V \times 0.514} \quad \cdots ④$$

散布中に海況が変化することも考慮して，2～15ノットの間で3種類程度を算出しておくとよい．

また，この値と散布数〔N（個）〕から，散布に要する時間の目安〔T（時間）〕が下式⑤で算出できる．加算した1時間は，散布ライン間の移動などに充てる時間である．

$$T = \frac{t \times N}{3,600} + 1 \quad \cdots ⑤$$

経験上，Tが6時間を超えると集中力の低下による誤散布や海況悪化による

中止などの危険性が高まるため，散布数を減らすか，複数船での並走散布を検討すべきである．

2) 針金の切断

マナマコの体積〔V（cc）〕と全体重〔TW（g）〕との関係は⑥式で示されているが[5]，こんにゃくはこれよりも密度が小さいので，マナマコの密度に合わせて，針金で加重する．

$$V = 0.9738TW \quad \cdots ⑥$$

擬似ナマコに埋め込む針金の長さは，以下の方法で算出する．擬似ナマコに用いる大きさのこんにゃくについて，メスシリンダーで体積〔V'（cc）〕を，台秤で重さ〔TW'（g）〕を量る．針金も10 cm程度の重さを量り,1 cm当たりの重さ〔w（g）〕を算出しておく．これらの値を，⑥式から求められる下式⑦に代入し，擬似ナマコに埋め込む針金の長さ〔L（cm）〕を求め，その長さで必要数を切断する．

$$L = \left( \frac{V'}{0.9738} - TW' \right) \times \frac{1}{w} \quad \cdots ⑦$$

なお，過去の試験ではL = 7.2（cm）と算出されたことがある．この長さのままで埋め込むとこんにゃくの弾力性が失われるので,3.6 cmの針金2本とした．

3)【応用編】番号札の作成

耐水紙に番号を記し，こんにゃくよりも小さいサイズに切り分ける．試験では番号の他に，回収を促すための文章と目立たせるための黄色の下地をレーザープリンターで印刷した（図8・13）．番号札の角が生ごみ用ネットを破るおそれがあるので，丸く切り取るのが望ましい．

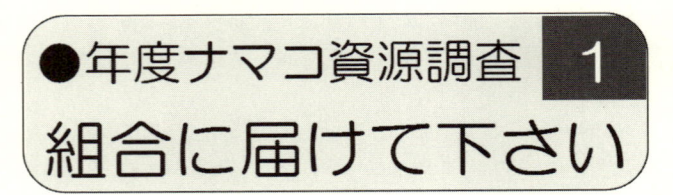

図8・13　番号札の仕様

### 4) こんにゃくの切断

こんにゃくを長く放置すると脱水して密度が変わるので，ここから先の作業は速やかに行う．

こんにゃくを強く張ったナイロン糸に押し付けると，切りやすい．なお，ナイロン糸の一端を水道の蛇口に結び，もう一端に重しを下げると，流し台で楽に作業できる．

### 5) 擬似ナマコの組立

#### ①針金を埋め込む

こんにゃくに複数の針金を埋め込む場合，こんにゃくの弾力性を妨げないよう，針金同士の間隔をあけて埋め込む．針金が抜けないよう，こんにゃくの中まで完全に押し込む（図8・14）．

#### ②【応用編】ネット2枚で全体を包む

番号札を乗せたこんにゃくを，生ごみ用ネットで包む（図8・15，図8・16）．ネット1枚では破れ易く，番号札が流失するおそれがあるので，2枚重ねて用いることが望ましい．

#### ③保管する

出来上がった擬似ナマコをコンテナに収容する際は，破損を防ぐために隙間なく並べる（図8・17）．擬似ナマコを重ねる場合には，重みで破損しないよう，2段程度に留める．なお，【応用編】で番号を付した場合は，番号順に散布できるよう並べる．

擬似ナマコの乾燥を防ぐため，擬似ナマコが浸る程度までコンテナに水道水を注ぎ，ラップフィルムを水面に密着させて蓋をする．腐敗を防ぐため，コン

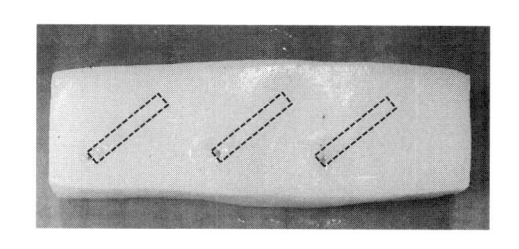

図8・14 針金を埋め込んだ擬似ナマコ
　　　　点線部分に針金が入っており，通常はこの状態で散布する．

テナごと冷暗所に保管する．なお，寒冷期には水道水ごと擬似ナマコが凍結し，こんにゃくから脱水するおそれがあるので注意する．

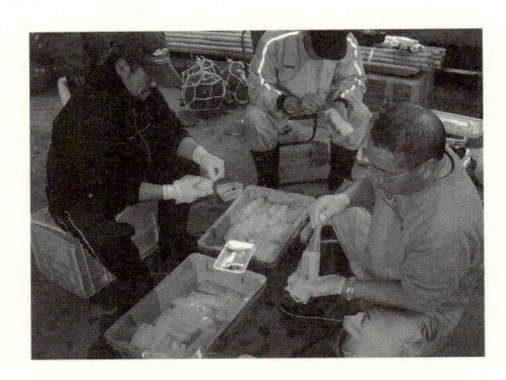

図8・15　擬似ナマコ組立作業

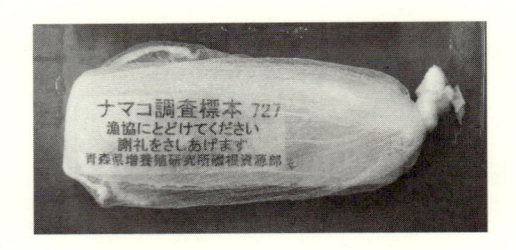

図8・16　完成した応用編の擬似ナマコ

図8・17　擬似ナマコの保管方法
　　　　　隙間なく番号順に並べ，水道水が注いである．

## 6) 擬似ナマコの散布

　擬似ナマコが流される危険性を減らすため，散布は操業数日前～前日に実施し，散布時の潮の流れは速くない方が望ましい．散布作業船に擬似ナマコ，ビニール手袋，ストップウォッチ，散布計画，携帯用GPS機器および記録用紙を積んで出港する．複数船で散布する場合には，無線などの連絡手段も備えておく．1艘につき，操船する船長，時間間隔を測る計測係，散布係および漁場侵入時の合図や記録などの補助員の4名がいると，作業が円滑に進む．

　散布作業船は，漁場の少し外側から侵入し，反対側まで定速で一直線に航行する．漁場を出た後は折り返して同様に侵入する（図8・12）．散布作業船が漁場に侵入するのと同時に散布とストップウォッチをスタートさせ，その後は計測係の合図に従い，一定間隔で擬似ナマコを落としていく（図8・18）．この際，船のGPSにも軌跡を表示させておくと，二重散布などを防ぐことができる．1ラインの散布を終えたら，ライン間の距離が散布間隔と等しくなるよう折り返し，次の散布を行う．複数船での散布の場合，1艘を停船させたまま，もう1艘がその船を目安に次の散布ラインへ移動するとわかりやすい．なお，散布作業船は目測で航行するので，航跡が曲がったり，ライン間隔が不均一になったりすることもあるが（図8・12），広い漁場に対して些細な差なので，神経質になる必要はない．

図8・18　散布作業
　　　　　左の計測係の合図で，右の散布係が擬似ナマコを1個ずつ落としている．

216

|  |  |  |  |  |  |  |  |  |  |  |  |  |  |  |  |  |  |  |  |  |  |  | 1000 | 999 | 998 | 997 |
|---|---|---|---|---|---|---|---|---|---|---|---|---|---|---|---|---|---|---|---|---|---|---|---|---|---|---|
| 550 | 549 | 548 | 547 | 546 | 545 | 544 | 543 | 542 | 541 | 540 | 539 | 538 | 537 | 536 | 535 | 534 | 533 | 532 | 531 | 530 | 529 | 528 | 527 | 526 | 525 |
| 101 | 100 | 99 | 98 | 97 | 96 | 95 | 94 | 93 | 92 | 91 | 90 | 89 | 88 | 87 | 86 | 85 | 84 | 83 | 82 | 81 | 80 | 79 | 78 | 77 | 76 |
| 551 | 552 | 553 | 554 | 555 | 556 | 557 | 558 | 559 | 560 | 561 | 562 | 563 | 564 | 565 | 566 | 567 | 568 | 569 | 570 | 571 | 572 | 573 | 574 | 575 | 576 |
| 102 | 103 | 104 | 105 | 106 | 107 | 108 | 109 | 110 | 111 | 112 | 113 | 114 | 115 | 116 | 117 | 118 | 119 | 120 | 121 | 122 | 123 | 124 | 125 | 126 | 127 |
| 648 | 647 | 646 | 645 | 644 | 643 | 642 | 641 | 640 | 639 | 638 | 637 | 636 | 635 | 634 | 633 | 632 | 631 | 630 | 629 | 628 | 627 | 626 | 625 | 624 | 623 |
| 200 | 199 | 198 | 197 | 196 | 195 | 194 | 193 | 192 | 191 | 190 | 189 | 188 | 187 | 186 | 185 | 184 | 183 | 182 | 181 | 180 | 179 | 178 | 177 | 176 | 175 |
| 649 | 650 | 651 | 652 | 653 | 654 | 655 | 656 | 657 | 658 | 659 | 660 | 661 | 662 | 663 | 664 | 665 | 666 | 667 | 668 | 669 | 670 | 671 | 672 | 673 | 674 |
| 201 | 202 | 203 | 204 | 205 | 206 | 207 | 208 | 209 | 210 | 211 | 212 | 213 | 214 | 215 | 216 | 217 | 218 | 219 | 220 | 221 | 222 | 223 | 224 | 225 | 226 |
| 702 | 701 | 700 | 699 | 698 | 697 | 696 | 695 | 694 | 693 | 692 | 691 | 690 | 689 | 688 | 687 | 686 | 685 | 684 | 683 | 682 | 681 | 920 | 919 | 918 | 917 |
| 292 | 291 | 290 | 289 | 288 | 287 | 286 | 285 | 284 | 283 | 282 | 281 | 280 | 279 | 278 | 277 | 276 | 275 | 274 | 273 | 272 | 271 | 270 | 269 | 268 | 267 |
| 703 | 704 | 705 | 706 | 707 | 708 | 709 | 710 | 711 | 712 | 713 | 714 | 715 | 716 | 717 | 718 | 719 | 720 | 721 | 722 | 723 | 724 | 725 | 726 | 727 | 728 |
| 293 | 294 | 295 | 296 | 297 | 298 | 299 | 300 | 301 | 302 | 303 | 304 | 305 | 306 | 307 | 308 | 309 | 310 | 311 | 312 | 313 | 314 | 315 | 316 | 317 | 318 |
| 793 | 792 | 791 | 790 | 789 | 788 | 787 | 786 | 785 | 784 | 783 | 782 | 781 | 780 | 779 | 778 | 777 | 776 | 775 | 774 | 773 | 772 | 771 | 770 | 769 | 768 |
| 383 | 382 | 381 | 380 | 379 | 378 | 377 | 376 | 375 | 374 | 373 | 372 | 371 | 370 | 369 | 368 | 367 | 366 | 365 | 364 | 363 | 362 | 361 | 360 | 359 | 358 |
| 794 | 795 | 796 | 797 | 798 | 799 | 800 | 801 | 802 | 803 | 804 | 805 | 806 | 807 | 808 | 809 | 810 | 811 | 812 | 813 | 814 | 815 | 816 | 817 | 818 | 819 |
| 384 | 385 | 386 | 387 | 388 | 389 | 390 | 391 | 392 | 393 | 394 | 395 | 396 | 397 | 398 | 399 | 400 | 401 | 402 | 403 | 404 | 405 | 406 | 407 | 408 | 409 |
| 921 | 879 | 878 | 877 | 876 | 875 | 874 | 873 | 872 | 871 | 870 | 869 | 868 | 867 | 866 | 865 | 864 | 863 | 862 | 861 | 841 | 842 | 843 | 844 | 845 | 846 |
| 469 | 468 | 467 | 466 | 465 | 464 | 463 | 462 | 461 | 460 | 459 | 458 | 457 | 456 | 455 | 454 | 453 | 452 | 451 | 450 | 449 | 448 | 447 | 446 | 445 | 444 |
| 922 | 923 | 924 | 925 | 926 | 927 | 928 | 929 | 930 | 931 | 932 | 933 | 934 | 935 | 936 | 937 | 938 | 939 | 940 | 941 | 942 | 943 | 944 | 945 | 946 | 947 |
| 470 | 471 | 472 | 473 | 474 | 475 | 476 | 477 | 478 | 479 | 480 | 481 | 482 | 483 | 484 | 485 | 486 | 487 | 488 | 489 | 490 | 491 | 492 | 493 | 494 | 495 |

図 8・19　擬似ナマコの散布位置図
陸奥湾 B 地先での散布位置．擬似ナマコに

【応用編】では，ラインごとに散布開始地点と終了地点で，緯度と経度，擬似ナマコの番号を記録する．散布終了後に擬似ナマコごとの散布位置を記した図を作っておくと後の作業がやりやすい（図 8・19）．

### 7）漁業者への注意喚起

操業開始後に桁曳網に入網した擬似ナマコは再放流せずに，回収する．2 度入網すると回収率が変わり，正確な推定の妨げとなるからである．これには漁業者全員の協力が不可欠となるので，操業開始前に説明会を開き，回収への理解を得ておく．また，同乗する作業員がゴミと間違えて廃棄することもあるので，ポスターなどを用いた周知も行うとよい（図 8・20）．

なお，入網物から擬似ナマコを探す作業は選別の手間を増やし，漁業者に負担をかける．取り組みが浸透するまでは擬似ナマコと粗品を交換するなど，漁業者のモチベーションを高める工夫も必要かと思う．

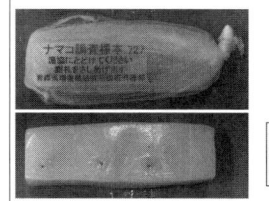

8章　こんにゃくを用いた資源量推定（こんにゃくを使ってナマコを数える）　217

| 996 | 995 | 994 | 993 | 992 | 991 | 990 | 989 | 988 | 987 | 986 | 985 | 984 | 983 | 982 | 981 | 980 | 979 | 978 | 977 | 976 | 975 | 974 | 973 |
|---|---|---|---|---|---|---|---|---|---|---|---|---|---|---|---|---|---|---|---|---|---|---|---|
| 524 | 523 | 522 | 521 | 520 | 519 | 518 | 517 | 516 | 515 | 514 | 513 | 512 | 511 | 510 | 509 | 508 | 507 | 506 | 505 | 504 | 503 | 502 | 501 |
| 75 | 74 | 73 | 72 | 71 | 70 | 69 | 68 | 67 | 66 | 65 | 64 | 63 | 62 | 61 | 60 | 59 | 58 | 57 | 56 | 55 | 54 | 53 | 52 | 51 |
| 577 | 578 | 579 | 580 | 581 | 582 | 583 | 584 | 585 | 586 | 587 | 588 | 589 | 590 | 591 | 592 | 593 | 594 | 595 | 596 | 597 | 598 | 599 | 600 | |
| 128 | 129 | 130 | 131 | 132 | 133 | 134 | 135 | 136 | 137 | 138 | 139 | 140 | 141 | 142 | 143 | 144 | 145 | 146 | 147 | 148 | 149 | 150 | 151 | 152 |
| 622 | 621 | 620 | 619 | 618 | 617 | 616 | 615 | 614 | 613 | 612 | 611 | 610 | 609 | 608 | 607 | 606 | 605 | 604 | 603 | 602 | 601 | | | |
| 174 | 173 | 172 | 171 | 170 | 169 | 168 | 167 | 166 | 165 | 164 | 163 | 162 | 161 | 160 | 159 | 158 | 157 | 156 | 155 | 154 | 153 | | | |
| 675 | 676 | 677 | 678 | 679 | 680 | 880 | 881 | 882 | 883 | 884 | 885 | 886 | 887 | 888 | 889 | 890 | 891 | 892 | 893 | 894 | 895 | | | |
| 227 | 228 | 229 | 230 | 231 | 232 | 233 | 234 | 235 | 236 | 237 | 238 | 239 | 240 | 241 | 242 | 243 | 244 | 245 | 246 | | | | | |
| 916 | 915 | 914 | 913 | 912 | 911 | 910 | 907 | 906 | 905 | 904 | 903 | 902 | 901 | 900 | 899 | 898 | 897 | 896 | | | | | | |
| 266 | 265 | 264 | 263 | 262 | 261 | 260 | 259 | 258 | 257 | 256 | 255 | 254 | 253 | 252 | 251 | 250 | 249 | 248 | 247 | | | | | |
| 729 | 730 | 731 | 732 | 733 | 734 | 735 | 736 | 737 | 738 | 739 | 740 | 741 | 742 | 743 | 744 | 745 | 746 | 747 | 748 | | | | | |
| 319 | 320 | 321 | 322 | 323 | 324 | 325 | 326 | 327 | 328 | 329 | 330 | 331 | 332 | 333 | 334 | 335 | 336 | 337 | 338 | | | | | |
| 767 | 766 | 765 | 764 | 763 | 762 | 761 | 760 | 759 | 758 | 757 | 756 | 755 | 754 | 753 | 752 | 751 | 750 | 749 | | | | | | |
| 357 | 356 | 355 | 354 | 353 | 352 | 351 | 350 | 349 | 348 | 347 | 346 | 345 | 344 | 343 | 342 | 341 | 340 | 339 | | | | | | |
| 820 | 821 | 822 | 823 | 824 | 825 | 826 | 827 | 828 | 829 | 830 | 831 | 832 | 833 | 834 | 835 | 836 | 837 | | | | | | | |
| 410 | 411 | 412 | 413 | 414 | 415 | 416 | 417 | 418 | 419 | 420 | 421 | 422 | 423 | 424 | 425 | 426 | | | | | | | | |
| 847 | 848 | 849 | 850 | 851 | 852 | 853 | 854 | 855 | 856 | 857 | 858 | 859 | 860 | 840 | 839 | 838 | | | | | | | | |
| 443 | 442 | 441 | 440 | 439 | 438 | 437 | 436 | 435 | 434 | 433 | 432 | 431 | 430 | 429 | 428 | 427 | | | | | | | | |
| 948 | 949 | 950 | 951 | 952 | 953 | 954 | 955 | 956 | 957 | 958 | 959 | 960 | 961 | 962 | | | | | | | | | | |
| 496 | 497 | 498 | 499 | 500 | | 972 | 971 | 970 | 969 | 968 | 967 | 966 | 965 | 964 | 963 | | | | | | | | | |

付した番号で，散布位置を示している．

図8・20　回収の呼びかけのために，漁業者に配布したチラシの例

## 2-3 操業中の作業

資源量推定に用いるデータとして,操業中に以下の情報を記録する.
① 操業日ごとの擬似ナマコ回収数(または,番号ごとの回収日)
② 操業日ごとの漁獲量

## 2-4 資源量推定

### 1) 基本の推定

2-3の記録から漁獲量,擬似ナマコ散布数および擬似ナマコ回収数を求め,②式を用いて,資源量を推定する.

なお,若干精度が落ちるものの,操業初日からでも推定できる.その場合,推定日までの累積漁獲量($F_d$)および同日までの累積擬似ナマコ回収数($N_{Fd}$)を用いて,下式⑧で推定する.

$$B = F_d \times \frac{N_A}{N_{Fd}} \quad \cdots ⑧$$

例として,図8·19と同じ操業における操業日ごとの推定結果を,表8·2に示した.操業日ごとの推定資源量は,基準となる最終日の値(80トン)に対して−2%〜+10%の範囲にあった.特に操業初日の推定精度は高いとは言えないが,初日におよその資源量を把握したいというような場合であれば,この程度

表8·2 操業日ごとの資源量推定結果
　　　図8·19と同じ操業での結果.散布数は1,000個.操業日ごとの累積回収数および累積漁獲量から資源量を推定した.

| 操業日 | 回収数 (個) | 漁獲量 (kg) | 累積回収数 (個) | 累積漁獲量 (kg) | 推定資源量 (トン) | 9日目との比 |
|---|---|---|---|---|---|---|
| 1日目 | 42 | 3,620 | 42 | 3,620 | 86 | 108% |
| 2日目 | 40 | 3,600 | 82 | 7,220 | 88 | 110% |
| 3日目 | 49 | 3,520 | 131 | 10,740 | 82 | 103% |
| 4日目 | 51 | 3,535 | 182 | 14,275 | 78 | 98% |
| 5日目 | 37 | 3,540 | 219 | 17,815 | 81 | 102% |
| 6日目 | 30 | 3,275 | 249 | 21,090 | 85 | 106% |
| 7日目 | 39 | 2,910 | 288 | 24,000 | 83 | 104% |
| 8日目 | 45 | 2,500 | 333 | 26,500 | 80 | 100% |
| 9日目 | 23 | 1,940 | 356 | 28,440 | 80 | − |

の誤差は許容範囲かと思われる．

### 2）【応用編】実際の操業範囲に応じた補正

回収された擬似ナマコの番号から操業場所の偏りが確認された場合，擬似ナマコ回収位置から主たる操業範囲を推定し，資源量を補正する．

例として，図8・19と同じ操業における擬似ナマコ回収位置を，図8・21（カラー口絵）に示した．回収位置から操業場所の偏りが確認できたので，図に点線で示す範囲を主たる操業範囲と推定した．範囲内の擬似ナマコ散布数（$N_{Ar}$）を563個，範囲内の擬似ナマコ回収数（$N_{Fr}$）を355個と計数し，式③を用いて資源量を45トンと推定できた．この操業では，DeLury法でも推定を行っており，その結果は図8・5に示されている．前述の散布数全量を用いて推定した80トンよりも，操業範囲に絞って推定した45トンの方がDeLury法での推定資源量（36トン，r＝0.981）に近く，推定精度がより高まったことがわかる．

なお，操業範囲が漁場全体のごく一部にとどまる場合，操業範囲の特定が難しい操業初日の推定資源量と操業最終日の資源量との乖離が大きくなる．このような状況が想定される場合，操業初日の推定資源量の利用には注意して欲しい．

以上が，擬似ナマコ法による資源量推定方法である．

## §3. 資源量推定の実例

擬似ナマコ法の実例として，B地先で継続して5年間推定した結果を，表8・3に示す．B地先では，擬似ナマコ法の他にDeLury法および枠取り法でも資源量を推定している．なお，前述で示してきた例は，2008年度の結果である．

### 3-1 漁場の特徴

B地先では，1年度ごとに3つの漁場を輪採で利用し，休漁中の漁場には積極的に資源添加を行っている．各漁場内におけるマナマコの分布は不均一で，2007年度を除き，特定の範囲に漁船が集中し，比較的高い漁獲圧で操業する傾向にあった．そのため，DeLury法での推定精度が高いと考えられ，この値を比較基準とする．

表 8・3 陸奥湾 B 地先における，資源量推定結果

| 操業年度 | 2006 | | 2007 | | | 2008 | | | 2009 | | | 2010 | | |
|---|---|---|---|---|---|---|---|---|---|---|---|---|---|---|
| 漁場 | a | | b | | | c | | | a' | | | b' | | |
| 操業日数 | 12 | | 9 | | | 9 | | | 5 | | | 6 | | |
| 漁獲量 (トン) | 30.8 | | 27.8 | | | 28.4 | | | 12.4 | | | 23.7 | | |
| 〈擬似ナマコ法〉 | 漁場全体 | 操業範囲 | 漁場全体 | 操業範囲 | | 漁場全体 | 操業範囲 | | 漁場全体 | 操業範囲 | | 漁場全体 | 操業範囲 | |
| 推定の範囲 面積 (ha) | 120 | | 287 | 190 | | 244 | 144 | | 357 | 167 | | 51 | 45 | |
| 散布数 (個) | 454 | | 1,000 | 660 | | 1,000 | 563 | | 522 | 245 | | 100 | 89 | |
| 回収個数 (個) | 100 | | 193 | 193 | | 356 | 355 | | 90 | 90 | | 39 | 39 | |
| 回収率 | 0.22 | | 0.19 | 0.29 | | 0.36 | 0.63 | | 0.17 | 0.37 | | 0.39 | 0.44 | |
| 散布1個当たり面積 (ha) | 0.3 | | 0.3 | 0.3 | | 0.2 | 0.3 | | 0.7 | 0.7 | | 0.5 | 0.5 | |
| 資源量 (トン)…B | 139.8 | | 144.1 | 95.1 | | 79.9 | 45.1 | | 71.9 | 33.7 | | 60.8 | 54.2 | |
| $B/B_D$ | 2.1 | | 0.2 | 0.1 | | 2.2 | 1.2 | | 3.4 | 1.6 | | 1.5 | 1.3 | |
| 〈DeLury 法〉 | | | | | | | | | | | | | | |
| 回帰式の相関 (r) | 0.963 | | 0.794 | | | 0.981 | | | 0.886 | | | 0.968 | | |
| 漁獲率 | 0.47 | | 0.04 | | | 0.78 | | | 0.58 | | | 0.58 | | |
| 資源量 (トン)…$B_D$ | 65.6 | | 721.4 | | | 36.4 | | | 21.5 | | | 40.7 | | |
| 〈枠取り法〉 | | | | | | | | | | | | | | |
| 地点数 | | | 15 | 8 | | 18 | 10 | | 20 | 16 | | | | |
| 1地点当たり面積 (ha) | | | 19.2 | 23.7 | | 13.5 | 14.4 | | 17.9 | 10.5 | | | | |
| 現存量 (g/m²) | | | 38.2 | 55.2 | | 43.4 | 46.0 | | 28.0 | 29.9 | | | | |
| 資源量 (トン)…$B_C$ | | | 109.8 | 104.7 | | 105.8 | 66.4 | | 100.0 | 50.0 | | | | |
| $B_C/B_D$ | | | | | | | 1.8 | | | 2.3 | | | | |

注 1) 2006 年度および 2010 年度は，漁場全体のうち操業が集中する範囲に擬似ナマコを散布した．
注 2) DeLury 法における操業時間の単位は，2006 年度，2008 年度～2010 年度では「分」，2007 年度では「日」．
注 3) 2007 年度の操業は DeLury 法の条件を満たしていないため，その推定資源量は参考値となる．
注 4) 2009 年度は，操業後に枠取り調査を実施したため，推定値に漁獲量を加算して資源量とした．

## 3-2 結果

　表8・3では漁場全体と，擬似ナマコの番号から推定した操業範囲とで資源量を推定した．年度によって漁獲率（≒漁獲圧，すなわちDeLury法の精度）が異なるために単純に比較できないものの，2008～2010年度では，漁場全体よりも操業範囲内での推定値が，DeLury法により近い値となった．B地先では漁場の約半分に操業が集中したことが原因と考えられ，このような漁場では，【応用編】の重要性が増すことが示された．

　また，2008年度および2009年度では，枠取り法よりも擬似ナマコ法でDeLury法に近い推定値を算出した．枠取り法では1地点当たりの漁場面積が10.5 ha以上と広いのに対し，擬似ナマコ法では1個当たり0.7 ha以下と狭かったことが原因と考えられる．このことから，精度の高い資源量推定のためには，漁場の面積に比例して調査点を増やす必要があることが示された．擬似ナマコ法では，多数の擬似ナマコを簡単に作成し，散布できるので，このような漁場での推定に向いているといえよう．

## §4. 結びに

　この章では，「漁業者が取り組める」資源量推定という点に重きを置いて紹介した．特に実施方法の部分はすぐにでも取り組めるよう記述したつもりなので，擬似ナマコ法でご自分の浜の資源状態を確認していただき，資源管理について考えるきっかけとなったら幸いである．

　最後に，この推定法の実証試験に協力して下さった陸奥湾内漁協の関係者の皆さまに感謝申し上げるとともに（地名を出せないのが残念だが），身内ではあるが，この推定法の開発に携わってきた青森県の長根幸人氏，小向貴志氏，桐原慎二氏および小坂善信氏（担当順）に敬意を表して結びとしたいと思う．

### 文　献

1) 早川　豊, 尾坂　康, 永峰文洋, 浜田勝雄, 植村　斎, 五十嵐照明. マナマコ生態調査, 青森県水産増殖センター事業概要, 青森県水産増殖センター. 1978 ; 7 : 173-184.

2) 桐原慎二, 松尾みどり. 現場で適用可能な簡便な資源量推定手法の開発, 先端技術を活用した農林水産研究高度化事業 乾燥ナマコのための計画的生産技術の開発　平成19年度報告書, 独

立行政法人水産総合研究センター北海道区水産研究所，2008；14-15.
3) 野呂英樹，ゆるぎないなまこ主産地形成事業，平成23年度青森県産業技術センター水産総合研究所事業報告，地方独立行政法人青森県産業技術センター水産総合研究所，2013；589-592.
4) 松尾みどり，工藤敏博，吉田 達，小笠原大郎，小谷健二，ゆるぎないなまこ主産地形成事業，平成22年度青森県産業技術センター水産総合研究所事業報告，地方独立行政法人青森県産業技術センター水産総合研究所，2012；419-428.
5) 崔 相,「なまこの研究―まなまこの形態・生態・増殖―」海文堂，1963.

# III部　産業編

## 9章　乾燥ナマコの品質・加工

成田正直

　乾燥ナマコは内臓を除去したナマコの体壁を，煮熟，乾燥した加工品で，高級食材として中華料理に用いられる．日本における乾燥ナマコ製造の歴史は古く，江戸時代に遡る．乾燥ナマコは，干しアワビ，干し貝柱とともにいわゆる俵物として中国（清）に輸出されていた．現在でも，マナマコ *Apostichopus japonicus* を原料とした日本産乾燥ナマコは中国市場で評価が高く，高級ブランドとして流通している．

　ナマコは日本各地で漁獲され加工されているが，乾燥ナマコの品質に関する知見は少ない．既往の知見としては，水戻し方法とテクスチャー（食感）の関係[1]，製造方法と歩留まり[2-4] あるいは水戻しした乾燥ナマコの組織構造[5] などが報告されているが，複数産地の乾燥ナマコについて品質を調査，比較した報告例は見当たらない．このため，日本産乾燥ナマコの品質を明らかにするために，産地の異なる6種の乾燥ナマコについて，疣足数，水戻し時間および水戻し後の体壁の物性について調査を行うとともに，化学成分との関係を調べた[6]．

　また，乾燥ナマコの製造は地域や加工場ごとに経験則に基づいて行われており，産地間あるいは加工場間での品質の不均一性が指摘されている．こうした品質の不均一性は，日本産乾燥ナマコのブランド力や国際競争力の低下を招くことが懸念される．このため，乾燥ナマコの製造方法が品質に及ぼす影響を調べるために，煮熟工程および乾燥工程に着目して，製造条件と品質の関係について検討した[7,8]．本章ではこれらの結果について紹介する．

## §1. 国内産乾燥ナマコの品質

### 1-1 国内産乾燥ナマコの疣足数

乾燥ナマコの品質について加工業者や流通業者に聞き取りを行うと,疣足数や水戻り率,水戻し後の食感などが重要視されていることがわかった.こうした調査の内容をもとに,中国市場で評価されている日本産乾燥ナマコの品質を把握するために,疣足数,水戻し時間および水戻し後の体壁の物性,化学成分について調査を行った.

試料は日本産5種(産地),中国産1種の乾燥ナマコを用いた(図9・1 カラー口絵).試料の平均重量は北海道産6.6 g,青森県産7.8 g,新潟県産13.4 g,香川県産13.0 g,広島県産6.2 g,大連市産6.3 gだった($n=20$以上).

1個体当たりの疣足数は北海道産が56.0個で最も多く,青森県産42.8個,新潟県産40.2個がこれに次いで多かった.香川県産31.0個,広島県産30.8個,大連市産32.2個は,ほぼ同様の疣足数を示し最も少なかった.北海道産は,新潟県産,香川県産,広島県産,大連市産に比べ,統計的にも多い(有意差が認められる)ことが確かめられた(表9・1).疣足の数や形状は乾燥ナマコの品質において最も重要な要素とされる.乾燥ナマコの世界的消費地である大連市では,疣足のある乾燥ナマコは「棘参(ツーシェン)」と呼ばれ,疣足数によって6列ナマコと4列ナマコに区別されている.前者の価格は後者に比べ3〜4割程度高価である.筆者が大連市内の市場で入手した6列ナマコおよび4列ナマコの疣足数を計測したところ,列数の区別は明確でなかったが,疣足数は異なっており,6列ナマコは43.3個,4列ナマコは35.7個($n=3$)で,6列ナマコのほうが明らかに多かった.本研究で用いた日本産乾燥ナマコの1 kg当たりの価格は北海道産約8万円,青森県産および新潟県産5〜6万円,

表9・1 乾燥ナマコの疣足数

| 生産地 | 疣足数 | |
|---|---|---|
| 北海道 | 56.0 ± 7.7 | a |
| 青森県 | 42.8 ± 5.1 | ab |
| 新潟県 | 40.2 ± 3.7 | b |
| 香川県 | 31.0 ± 11.3 | b |
| 広島県 | 30.8 ± 7.6 | b |
| 大連市 | 32.2 ± 3.6 | b |

平均値±標準偏差(無水物換算値,$n=5$).異なるアルファベット間で有意差あり.チューキークレーマーによる多重比較($p<0.05$).

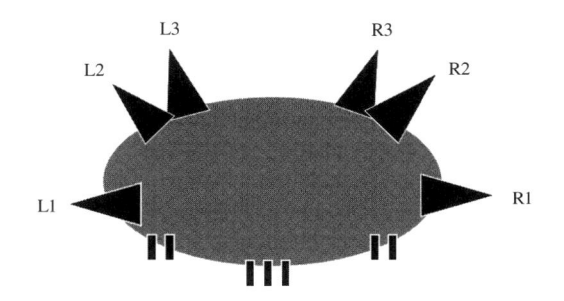

図9・2 マナマコを総排泄口側（肛門側）からみたときの疣足の配置
(松尾, 小坂[9]).

香川県産および広島県産約3万円だった(いずれも卸売り価格. 2008～2009年, 北海道漁業協同組合連合会からの聞き取り調査による). 北海道産, 青森県産, 新潟県産は疣足数の多さから高価格で取引きされており, 香川県産, 広島県産は, 疣足数が少ないと同時に疣足の形状が短いことから, 疣のない乾燥ナマコ「光参（クワンシェン）」としてより安価に取引されていると考えられる.

松尾, 小坂[9]によれば, ナマコの疣足数は加工前と加工後で高い相関がみられる. このことから, 乾燥ナマコの疣足数は原料の状態が反映されていることがわかる. また, 松尾, 小坂[9]はこの報告の中で, 北海道産と青森県産の生鮮ナマコにおける疣足数を比較している. 疣足を6列に判別し, 総排泄口側（肛門側）からみて右側の腹から背にかけての疣足をR1～R3列, 左側の疣足を同様にL1～L3列として列ごとに計測したところ, R1列（またはL1列）の疣足数は差がないが, R2列＋R3列（またはL2列＋L3列）の疣足数は, 北海道産が青森県産に比べて有意に多いことを確認している(図9・2). これらのことから, 北海道産のナマコは他の産地に比べ原料段階ですでに疣足数が多いことがわかる.

### 1-2 乾燥ナマコの水戻し時間と物性

乾燥ナマコを喫食する際は, 水戻しが行われる. このため水戻しした乾燥ナマコの品質を評価するために, 水戻し時間を比較した. 水戻し方法は, 福永ら[5]の方法を参考に, 次のように行った. すなわち, 乾燥ナマコを約20倍重量の蒸

留水に室温で浸漬した．一晩浸漬した後，90 ± 2℃で30分加熱後，蓋をして室温にて放冷した．翌日，同量の蒸留水で換水し，同じ条件で加熱した．このようにして水戻し前の8倍重量に増加するまで毎日，加熱・放冷の操作を繰り返した．8倍重量の設定は，これまでの試験例[2]や予備試験の結果により決定した．なお，水戻しを促進するために，水戻し開始後，2～3日目に腹部を切開し，体壁内部の縦走筋を除いた．

　水戻し時間は，大連市産（69時間）および広島県産（71時間）が最も短く，新潟県産（102時間）および香川県産（100時間）が長かった．北海道産（80時間）および青森県産（85時間）は，これらの中間の水戻し時間を示した（図9・3）．Fukunaga et al.[10]は乾燥ナマコを4日間かけて水戻したときの水戻り率は7.6倍であったことを報告している．また，筆者らが大連市にて行った聞き取り調査によれば，レストランや専門店は乾燥ナマコの水戻しに3～6日間かけている．本研究で要した水戻し時間や水戻り率は，これらの結果と概ね一致していた．

　水戻しした乾燥ナマコの食感は重要な要素とされている．このため，水戻しした乾燥ナマコの物性を把握するために，8倍重量に水戻しした乾燥ナマコの針状プランジャーによる突き刺し強度を測定した（図9・4）．突き刺し強度は，香川県産（112 g）と北海道産（108 g）が高かった．次いで，新潟県産（63 g），大連市産（62 g），広島県産（52 g），青森県産（51 g）の順に高かった（図9・5）．試食したところ，香川県産，北海道産とも適度な歯ごたえがあり，特に北海道産はコリコリとした歯ごたえを感じた．他の産地はこれより柔らかい食感だった．突き刺し強度の測定結果から，8倍重量に水戻しした乾燥ナマコの突き刺し強度は，50～100 gの範囲にあることがわかった．

## 1-3　乾燥ナマコの化学成分

　これらの水戻し時間や突き刺し強度の違いは，乾燥ナマコに含まれる化学成分と関係があるのだろうか．この関係を調べるために，乾燥ナマコの体壁を粉末化し，化学成分分析を行った．分析は一般成分の他に，ナマコ体壁の結合組織における主要なタンパク質であるコラーゲン[11]について行った．また，生鮮ナマコの食感や硬さに影響するといわれている無機成分[12]についても行った．

　乾燥ナマコの化学成分は，サイズの大小によって影響を受けることも考えら

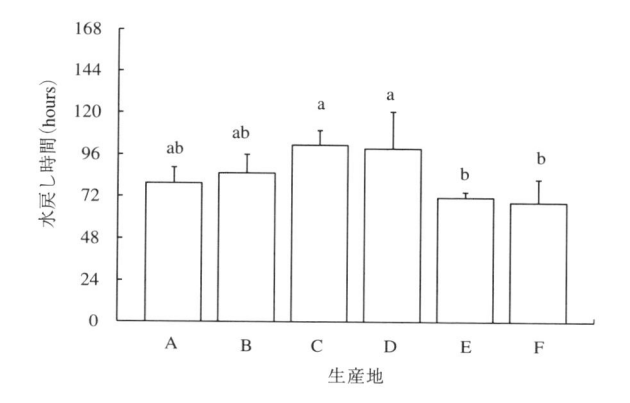

図9・3 乾燥ナマコが8倍重量に戻るまでの水戻し時間
A：北海道産，B：青森県産，C：新潟県産，D：香川県産，E：広島県産，F：大連市産．縦棒は標準偏差（$n=3\sim6$）．異なるアルファベット間で有意差あり．チューキークレーマーによる多重比較（$p<0.05$）．

図9・4 突き刺し強度の測定
8倍重量に水戻しした乾燥ナマコ体壁の上部を針状プランジャーで突き刺したときの最大応力を測定した．レオメーター（レオテック RT-2002DD），直径3 mm 針入度測定用針状プランジャー使用，ストロークスピード60 cm/min．測定は乾燥ナマコの体軸に沿って1個体につき5カ所行い，得られた値の平均値を用いた．

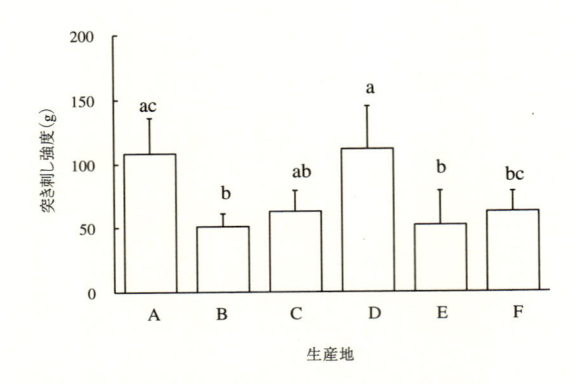

図9・5　8倍重量に水戻ししたときの乾燥ナマコの突き刺し強度
　　　A～Fの記号は図9・3に同じ．縦棒は標準偏差（$n=3～6$）．異なるアルファベット
　　　間で有意差あり．チューキークレーマーによる多重比較（$p<0.05$）．

れる．このため，6種の乾燥ナマコの成分分析に先立って，乾燥ナマコのサイズが化学成分に及ぼす影響を調べた．サイズの異なる北海道産（宗谷）の乾燥ナマコを用い，成分分析を行った．用いたサイズは，小サイズ3.7 g，中サイズ6.6 g，大サイズ8.6 g，（平均重量，$n=5$）の3サイズである．その結果，一般成分はそれぞれ，水分9.1～9.6％，粗タンパク質72.9～77.5％，粗灰分13.0～13.7％，粗脂肪2.4～4.1％，コラーゲン45.6～50.2％の範囲にあった．なお，乾燥ナマコは乾燥の度合いで水分含量が変わるため，各成分の比較は無水物換算値（水分以外の成分，すなわち固形分に占める割合）で行った（表9・2）．その結果，成分に有意な差がみられたのは中サイズと大サイズにおける粗脂肪のみであることがわかった．このことから，乾燥ナマコの化学成分は，粗タンパク質，粗灰分，コラーゲンでサイズ間に有意な差はないと判断した．

　なお，コラーゲンは直接定量するのが難しいため，本研究では次の方法で体壁のコラーゲン含量を求めた．先ず，北海道産（雄武）および山口県産（平生）の生鮮ナマコを用いて，Saito et al.[13]の方法を参考に，体壁からコラーゲンを抽出した．抽出したコラーゲンを6規定塩酸で加水分解（110℃，24時間）して，コラーゲンに特有に含まれるアミノ酸であるヒドロキシプロリンをHPLC（高速液体クロマトグラフィー）にて定量した．ヒドロキシプロリン量に対するコラーゲン量の比を算出したところ，（コラーゲン量）／（ヒドロキシプロリン量）の

表 9·2 北海道宗谷産乾燥ナマコの化学成分

| サイズ | 水分<br>(%) | 粗タンパク質<br>(%) | 粗灰分<br>(%) | 粗脂肪<br>(%) | コラーゲン<br>(%) |
|---|---|---|---|---|---|
| 小 | 9.1 ± 0.4 | 72.9 ± 3.5a | 13.5 ± 1.5a | 2.7 ± 0.9ab | 45.6 ± 4.6a |
| 中 | 9.4 ± 0.2 | 75.0 ± 3.9a | 13.7 ± 1.4a | 4.1 ± 0.6a | 48.5 ± 5.5a |
| 大 | 9.6 ± 0.9 | 77.5 ± 3.0a | 13.0 ± 0.7a | 2.4 ± 1.0b | 50.2 ± 5.3a |

平均値±標準偏差（無水物換算値，$n=4$）．異なるアルファベット間で有意差あり．チューキークレーマーによる多重比較（$p<0.05$）．

比率は，北海道産（雄武）13.4，山口県産（平生）13.2 を示した（各 $n=3$）．この結果から，乾燥ナマコ体壁の塩酸加水分解物におけるヒドロキシプロリンを定量し，これに 13.3 を乗じてコラーゲン量とした．

　産地の異なる 6 種の乾燥ナマコの水分は 8.7〜11.0% とばらつきがみられた．このため，各成分の比較は，前述と同様に無水物換算値により行った．その結果，粗タンパク質は 64.7〜75.0% で，日本の産地間では有意な差がみられなかった．一方，大連市産との比較では，香川県産を除く日本産はいずれも有意に高かった．粗灰分は 13.7〜26.8% で，香川県産および広島県産が北海道産，青森県産，新潟県産に比べて有意に高かった．大連市産は日本産よりも粗灰分が有意に高く，粗タンパク質とは逆の傾向を示した．粗脂肪は 1.3〜4.1% で，北海道産が香川県産，広島県産，大連市産に比べて有意に高かった．コラーゲンは 44.1〜48.5% で，粗タンパク質の 61〜70% を占めていた．コラーゲンは産地間で有意な差がみられなかった（表 9·3）．

　無機成分をみると，乾燥ナマコのナトリウムは 2.81〜8.00% で，香川県産が北海道産，青森県産，新潟県産に比べて有意に高く，広島県産は北海道産，青森県産に比べて有意に高い値を示した．また，大連市産は香川県産以外の日本産に比べ有意に高かった．カリウムは 0.19〜0.37% で，広島県産および新潟県産が香川県産，大連市産に比べて有意に高かった．カルシウムは 0.52〜1.13% で，大連市産が新潟県産および香川県産に比べて有意に高かった．マグネシウムは 0.48〜0.93% で，広島県産および大連市産が北海道産，新潟県産，香川県産に比べて有意に高かった（表 9·4）．

　以上より，乾燥ナマコの粗タンパク質は，日本の産地間では有意な差はみられなかったが，大連市産に比べるといずれも高いことがわかった．一方，粗タン

表9・3 乾燥ナマコの化学成分

| サイズ | 水分 (%) | 粗タンパク質 (%) | 粗灰分 (%) | 粗脂肪 (%) | コラーゲン (%) |
|---|---|---|---|---|---|
| 北海道 | 9.4 ± 0.2 | 75.0 ± 3.9a | 13.7 ± 1.4c | 4.1 ± 0.6a | 48.5 ± 5.5a |
| 青森県 | 10.5 ± 0.2 | 72.8 ± 0.7a | 13.7 ± 0.8c | 2.1 ± 0.4ab | 44.1 ± 0.9a |
| 新潟県 | 11.0 ± 0.7 | 74.7 ± 3.0a | 14.4 ± 2.4c | 2.4 ± 0.6ab | 47.5 ± 3.6a |
| 香川県 | 8.7 ± 0.5 | 69.3 ± 2.1ab | 21.1 ± 2.0b | 1.9 ± 1.2b | 46.9 ± 0.6a |
| 広島県 | 10.1 ± 0.3 | 71.1 ± 2.8a | 20.0 ± 0.9b | 1.8 ± 1.3b | 47.4 ± 6.2a |
| 大連市 | 9.4 ± 0.4 | 64.7 ± 0.7b | 26.8 ± 3.0a | 1.3 ± 0.2b | 45.2 ± 0.7a |

平均値±標準偏差（無水物換算値，$n=3～4$）．コラーゲン含量は体壁のヒドロキシプロリンに13.3を乗じた．北海道産乾燥ナマコの値は表9・2の中サイズと同じ．異なるアルファベット間で有意差あり．チューキークレーマーによる多重比較（$p < 0.05$）.

表9・4 乾燥ナマコの無機成分

| 生産地 | ナトリウム (%) | カリウム (%) | カルシウム (%) | マグネシウム (%) |
|---|---|---|---|---|
| 北海道 | 2.81 ± 0.37d | 0.28 ± 0.05ab | 1.01 ± 0.21ab | 0.72 ± 0.08c |
| 青森県 | 3.10 ± 0.19d | 0.29 ± 0.03ab | 1.02 ± 0.13ab | 0.86 ± 0.03ac |
| 新潟県 | 3.33 ± 0.70cd | 0.34 ± 0.09a | 0.73 ± 0.10bc | 0.71 ± 0.07c |
| 香川県 | 6.33 ± 0.77ab | 0.23 ± 0.06b | 0.52 ± 0.10c | 0.48 ± 0.09b |
| 広島県 | 4.88 ± 0.18bc | 0.37 ± 0.03a | 1.06 ± 0.16ab | 0.93 ± 0.01a |
| 大連市 | 8.00 ± 1.25a | 0.19 ± 0.03b | 1.13 ± 0.21a | 0.91 ± 0.06a |

平均値±標準偏差（無水物換算値，$n=3～4$）．異なるアルファベット間で有意差あり．チューキークレーマーによる多重比較（$p < 0.05$）.

パク質とは逆に，粗灰分は大連市産が日本産よりも高かった．また，日本産の比較では，西日本地域である香川県産および広島県産の粗灰分は，東日本地域である北海道産，青森県産，新潟県産に比べて高い傾向がみられた．

粗灰分は無機成分中のナトリウムと正の相関関係がみられたことから（図9・6），粗灰分の違いは塩分（塩化ナトリウム）によるものと考えられる．北海道や青森県などの東日本では，ナマコの煮熟水は真水が主流である一方，西日本の山口県は主に海水が使用されている（聞き取り調査による）．西日本の香川県産，広島県産のナトリウム含量が高い要因は，海水あるいは塩水を用いた煮熟方法によるものと推測される．また，大連市では塩蔵ナマコを原料として，乾燥ナマコが製造されている．大連市産の粗灰分が高い理由は塩蔵ナマコに残存する塩分の影響が推測される．

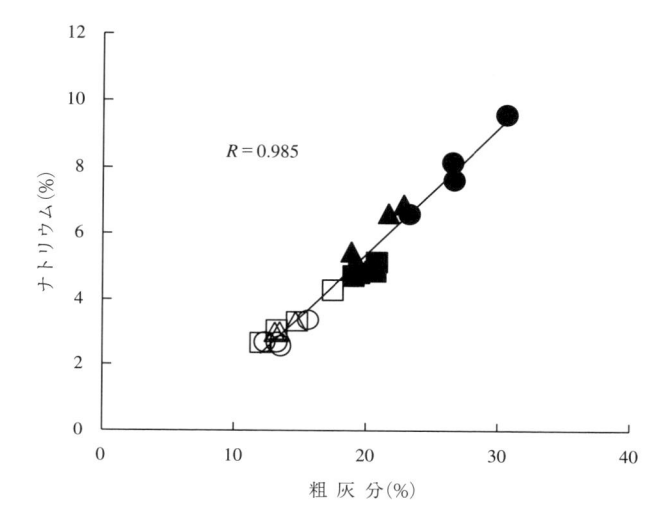

図 9・6 乾燥ナマコの粗灰分とナトリウム含量の関係
○：北海道産，△：青森県産，□：新潟県産，
▲：香川県産，■：広島県産，●：大連市産．
相関係数 $R = 0.985$，$n = 22$，有意に相関あり．
ピアソン検定（$p < 0.01$）．

　以上，§1．では乾燥ナマコの産地別による疣足数，水戻し時間，水戻し後の物性，化学成分について明らかにした．しかし，水戻し時間や水戻し後の物性は，粗タンパク質や粗灰分，コラーゲンなどの化学成分と明確な関係がみられなかった．このことから，これらはナマコに含まれる化学成分ではなく，加工方法に関連する可能性が考えられる．このため，次項で述べるように，煮熟や乾燥など加工条件との関係について検討を行った．

## §2. 乾燥ナマコの加工

### 2-1 乾燥ナマコの製造工程

乾燥ナマコの製造において，煮熟（ボイル）および乾燥は重要な工程である．しかし，これらの工程はいずれも標準的な製造条件が確立されておらず，加工場ごとに経験則によって行われているのが現状である．このため，異なる煮熟条件および乾燥条件により乾燥ナマコを製造して，製造条件と品質の関係を明らかにすることは，乾燥ナマコにおける品質の均一化を図るためにも重要な意味があると考えられる．

以下に，本研究で行った乾燥ナマコの製造工程を示す（図9・7）．生鮮ナマコを水産試験場に搬入後，腹部の肛門側を体軸と平行に約3 cm切開した．この切開部分から内臓・生殖腺を除いた後，洗浄・水切りして煮熟を行った．煮熟水は真水を用いた．煮熟後，送風機械乾燥機（ヤマトDN84）にて乾燥を行った．乾燥は，初回のみ4時間，翌日から1日1回当たり8時間行った．1回乾燥するごとに，翌日まで室温で放冷する操作を1サイクルとした．このサイクルをナマコ体壁の水分が約10％になるまで毎日繰り返し行った後，あん蒸を行った．あん蒸は，乾燥物を一定時間放置して乾燥物内部の水分拡散を図る操作である．あん蒸は，乾燥ナマコをポリ袋に密封して室温で約1週間保管して行った．あん蒸後，二番煮熟を行った（図9・8カラー口絵）．二番煮熟は，乾燥ナマコ独特の製造方法で，乾燥がある程度進んだ段階で，乾燥ナマコの疣立ちを大きく明瞭にする目的で一般的に行われている．本試験では，90℃の真水で10分間の煮熟を行った．二番煮熟によって乾燥ナマコは吸水するため，追加乾燥を行って吸水した水分を除き，製品とした．

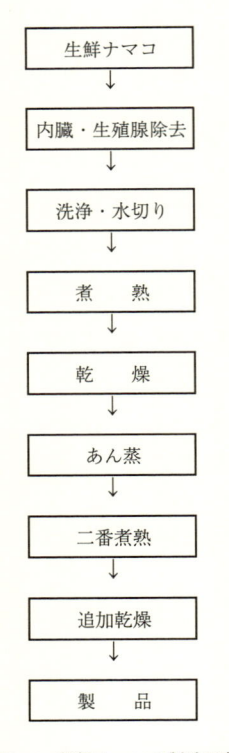

図9・7 乾燥ナマコの製造工程

## 2-2 煮熟条件と乾燥ナマコの品質

煮熟条件が乾燥ナマコの品質に与える影響を検討した．試料は北海道産（湧別）の生鮮ナマコを用いた．煮熟温度は，60～70℃（A），80～90℃（B），100℃（C）の3区分を設定し，煮熟時間はそれぞれ30分，60分，90分行った（表9.5）．真水によって煮熟した後，乾燥，あん蒸，二番煮熟，追加乾燥を行って乾燥ナマコを製造した．なお，乾燥温度は全て40℃で行った．

製造した乾燥ナマコには，変形個体の発生が観察された．このため，変形個体数を「そり」，「ねじれ」，「扁平」に分けて計測した（図9・9 カラー口絵）．その結果，変形が発生したのは，いずれも60～70℃煮熟（A）と100℃煮熟（C）の区分だった．一方，80～90℃煮熟（B）はいずれの区分も変形個体の発生がみられなかった．乾燥ナマコの変形で品質上，問題になるのは「扁平」である．製造現場では「ねじれ」および「そり」は，乾燥中の体壁に木棒などを差し込んで矯正することが可能であるが，「扁平」は矯正が難しいとされている．「扁平」は60～70℃煮熟（A）の全区分で15％程度発生した．一方，100℃煮熟（C）には「そり」または「ねじれ」が30～40％みられたが，いずれも程度は軽いものだった．（図9・10）．

乾燥ナマコを水戻しして，水戻り率

表9・5 乾燥ナマコの煮熟条件

| 試料区分 | 煮熟温度（℃） | 煮熟時間（分） |
|---|---|---|
| (A) | 60～70 | 30 |
|  |  | 60 |
|  |  | 90 |
| (B) | 80～90 | 30 |
|  |  | 60 |
|  |  | 90 |
| (C) | 100 | 30 |
|  |  | 60 |
|  |  | 90 |

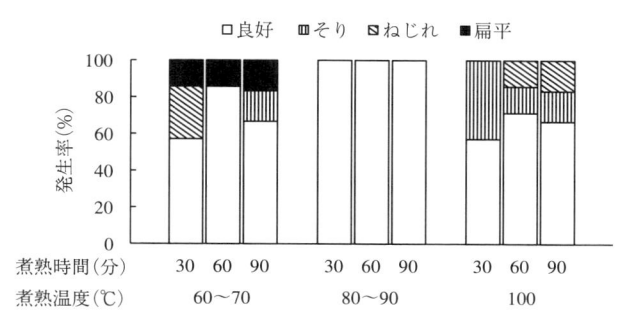

図9・10 煮熟温度の異なる乾燥ナマコにおける変形個体の発生率（$n=6$～7）

の変化を調べた（図9・11）．60～70℃煮熟（A）は，60分区分と90分区分の水戻り率が同様に増加し，6日目で約10倍となった．30分区分の水戻り率はこれらよりも小さかったが，全体的に煮熟時間の影響は小さかった．

　80～90℃煮熟（B）は，90分区分が最も水戻り率が大きく，7日目で18倍に達した．60分区分と30分区分はこれより小さく11～12倍の水戻り率を示した．

　100℃煮熟（C）は，90分区分＞60分区分＞30分区分の順で水戻り率が大きく，煮熟時間による影響が最も大きかった．水戻し中の体壁を観察したところ，90分区分の6日目（水戻り率22倍），60分区分の8日目（同19倍）でそれぞれ，体壁に亀裂が観察され過度な軟化がうかがわれた．

　8倍重量に水戻した体壁の突き刺し強度を調べた（図9・12）．60～70℃煮熟（A）の60分区分および90分区分の突き刺し強度は，いずれも100gを超えていたが，これに対し，100℃煮熟（C）の60分区分，90分区分は約50gで有意に低い値を示した．また，80～90℃煮熟（B）はこの中間の値を示した．この結果から，突き刺し強度は煮熟温度が高いほど，また，煮熟温時間が長いほど低下する傾向がみられた．なお，60～70℃煮熟（A）の30分区分は4個体のうち3個体が8倍重量まで戻らなかったため，突き刺し強度を測定することができなかった．

　これらのことから，煮熟条件は乾燥ナマコの外観や水戻し後の物性に影響することが示唆された．特に煮熟温度が低い60～70℃は，品質上問題となる扁平の発生や水戻り率の低下を招くと考えられる．なお，データは示さないが80～90℃煮熟は真水の他に3％塩水で煮熟した区分も試験を行っている．その結果，真水と3％塩水の用水による顕著な差はみられなかったことを確認している．

　太田ら[14)]はマナマコの加熱条件と物性の関係を調べ，同一温度でも加熱時間が長くなるにつれて体壁の破断強度が低下することを報告している．本研究の結果，煮熟条件は，水戻しした乾燥ナマコの物性だけでなく，水戻り率にも影響を及ぼす重要な要因であることが明らかとなった．

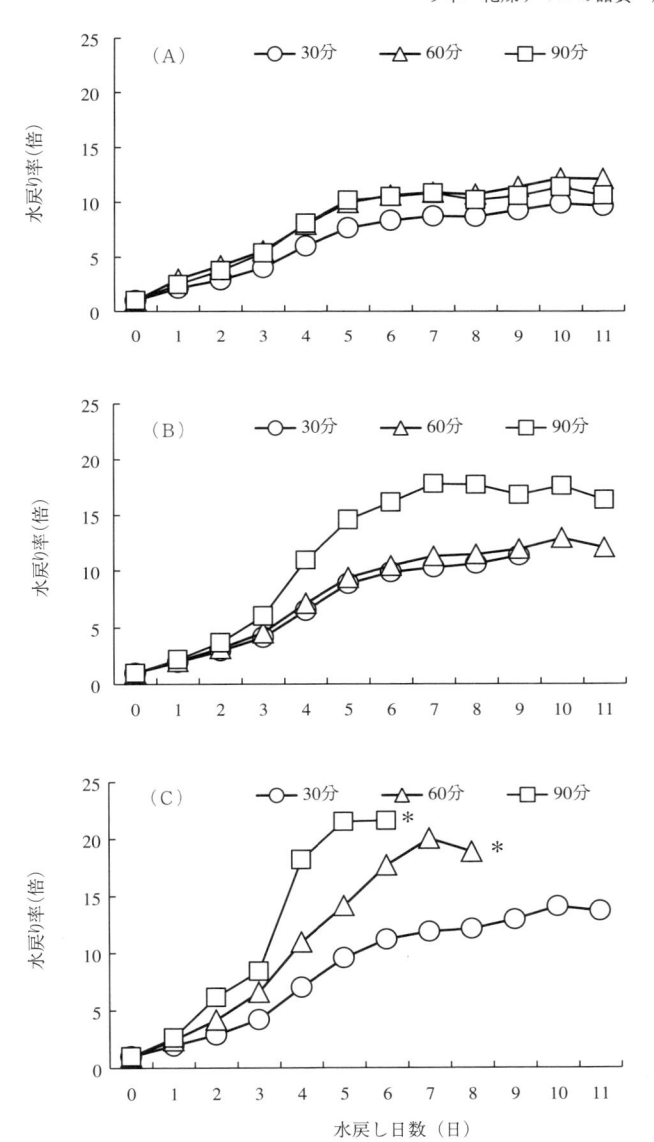

図9・11 煮熟温度の異なる乾燥ナマコの水戻り率
(A) 60～70℃で煮熟後, 乾燥, (B) 80～90℃で煮熟後, 乾燥, (C) 100℃で煮熟後, 乾燥. 水戻り率は水戻し前に対する水戻し後の重量倍率で示した ($n=2$～3).
＊は体壁に亀裂が観察されたことを示す.

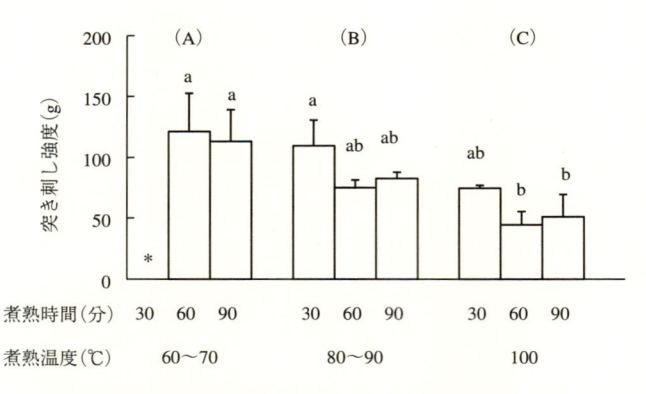

図9・12　8倍重量に水戻ししたときの乾燥ナマコの突き刺し強度
(A) 60〜70℃で煮熟後，乾燥．(B) 80〜90℃で煮熟後，乾燥．(C) 100℃で煮熟後，乾燥．縦棒は標準偏差を示す（$n=4$）．異なるアルファベット間で有意差あり．チューキークレーマー による多重比較（$p < 0.05$）．＊は4個体中3個体が8倍重量まで戻らなかったことを示す．

## 2-3　乾燥条件と乾燥ナマコの品質

　乾燥条件が乾燥ナマコの品質に与える影響を検討した．試料は北海道産（雄武）の生鮮ナマコを用いた．生鮮ナマコの内臓，生殖腺を除去し，90℃で60分間，真水で煮熟を行った．煮熟後，40℃，4時間乾燥を行った．これらを一旦，−30℃で凍結した後，順次，解凍して温度別に乾燥を行った．なお，この条件で凍結保管したものは，解凍後，乾燥ナマコに加工しても，水戻り率や突き刺し強度に影響しないことを事前に確認した．乾燥温度は20，40，60，80℃の4区分を設定した．乾燥は各温度とも1日当たり8時間行い，乾燥後，室温に放冷し，乾燥終了までこれを繰り返した．乾燥後，2-2に示した試験と同様にあん蒸，二番煮熟（90℃，10分），追加乾燥を行った．追加乾燥の温度は，各区分とも設定した乾燥温度と同じ温度で行った．

　乾燥終了後の製品について変形個体の発生を調べた（図9・13）．20℃乾燥は「ねじれ」，60℃乾燥は「そり」，80℃乾燥はその両方がみられた．しかし，いずれも変形の程度は軽度で，乾燥中に矯正が可能な範囲と考えられる．40℃乾燥は変形個体が発生せず，矯正が難しい「扁平」はいずれの区分にも発生しなかった．

　これらの乾燥ナマコを，2-2に示した試験と同様の方法で水戻ししたところ，水戻り率は80℃乾燥が最も大きく15倍を示した．しかし，80℃乾燥は15倍ま

で増加したときに，過度な軟化から体壁に亀裂が観察された．一方，20℃乾燥，40℃乾燥，60℃乾燥の水戻り率はいずれも11倍に留まったが，体壁の亀裂はみられなかった（図9・14）．

8倍重量に水戻しした乾燥ナマコの突き刺し強度は，20℃乾燥が最も高く126 gを示した．40℃乾燥は105 g，60℃乾燥は73 gで，80℃乾燥が最も低く42 gだった（図9・15）．試食したところ，歯ごたえにコリコリ感があったのは20℃乾燥および40℃乾燥だった．60℃乾燥はこれよりやや軟らく，最も歯ごた

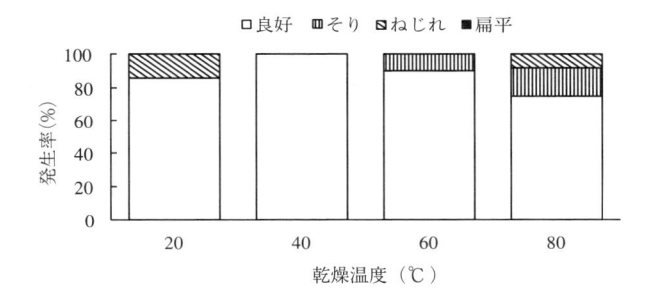

図9・13 乾燥温度の異なる乾燥ナマコにおける変形個体の発生率（$n=10〜12$）

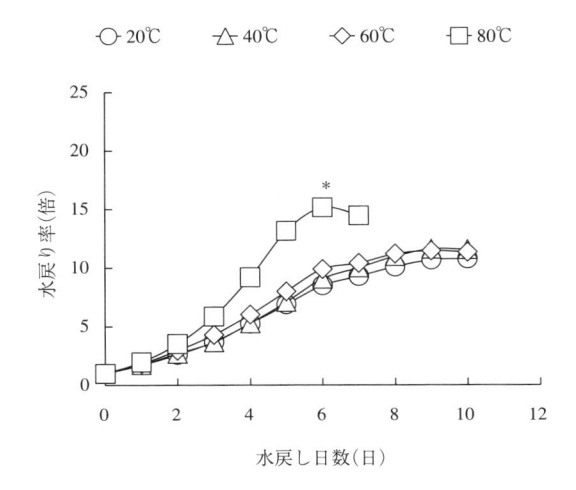

図9・14 乾燥温度の異なる乾燥ナマコの水戻り率（$n=3$）
　　　　水戻り率は水戻し前に対する水戻し後の重量倍率で示した．＊は体壁に亀裂が観察されたことを示す．

えが弱かったのは80℃乾燥で，ゼリー状の食感を示した．水戻し中の亀裂の発生や 1-2 で示した試験結果を考慮すると（産地の異なる 6 種の乾燥ナマコの突き刺し強度は 50～100g の範囲，図 9・5），80℃は過度な軟化を招く乾燥温度と考えられる．中華料理では，水戻しした乾燥ナマコは煮込み料理などに用いられるため，さらに加熱されて調理中に軟化が進むことを考慮すると，水戻しの時点で過度に軟化したものは亀裂の発生を招くため，不適と考えられる．

これまでの結果から，乾燥ナマコの水戻り率や物性は乾燥ナマコに含まれるコラーゲンの量ではなく，コラーゲンの存在状態に関係することが推測された．コラーゲンは 3 本のポリペプチド鎖によるヘリックス構造からなっている．このヘリックス構造は加熱によってほぐれゼラチンに変化すると同時に，ほぐれたゼラチンは冷却によってゲル化することが知られている[15]．このときゼラチンは網目構造を形成し，網目構造に侵入した水によってゲルが膨張すると考えられている[16]．

このため，乾燥ナマコにおけるコラーゲンの存在状態について検討を行った．不溶性であるコラーゲンは，ゼラチンになると可溶性に変わることから[15]，乾

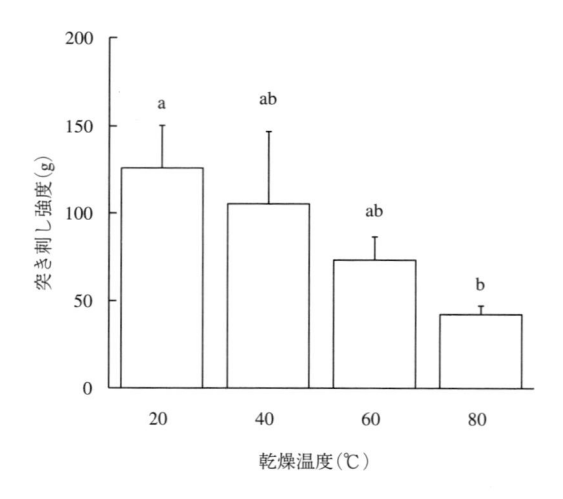

図 9・15　乾燥温度の異なる乾燥ナマコの突き刺し強度
　　　　　 8 倍重量に水戻しした乾燥ナマコを針状プランジャーで突き刺したときの最大応力．縦棒は標準偏差（$n=3$），異なるアルファベット間で有意差あり．チューキークレーマー による多重比較（$p < 0.05$）

燥ナマコに含まれているコラーゲンについて可溶化の割合を調べた．乾燥ナマコを粉末化して，6規定の塩酸で加水分解後（110℃，24時間），ヒドロキシプロリンをHPLCにて測定した．また，粉末の水抽出物を同様に加水分解し，ヒドロキシプロリンを測定した（図9·16）．この比率を全コラーゲンに占める可溶性コラーゲンの割合とした．その結果，乾燥ナマコの全コラーゲンに占める可溶性コラーゲンの割合は，20℃乾燥で5％，40℃乾燥で6％，60℃乾燥で10％だったのに対し，80℃乾燥はこれらの区分に比べ，最も高い33％を示した（図9·17）．

Gao et al.[17]は，異なる温度で加熱したマナマコ体壁の物性変化を調べ，組織観察とDSC測定から物性の変化はコラーゲンが加熱によってゼラチン化するた

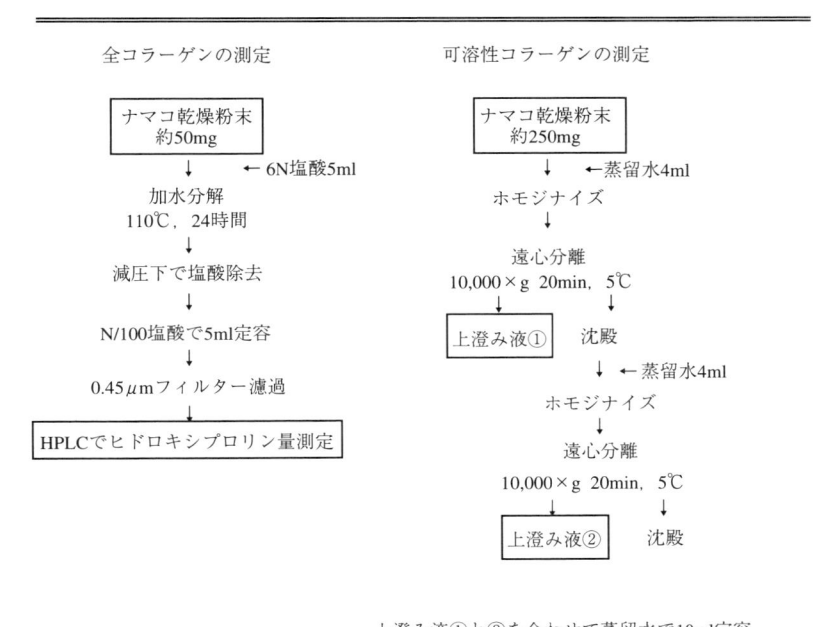

図9·16　全コラーゲンおよび可溶性コラーゲンの測定方法

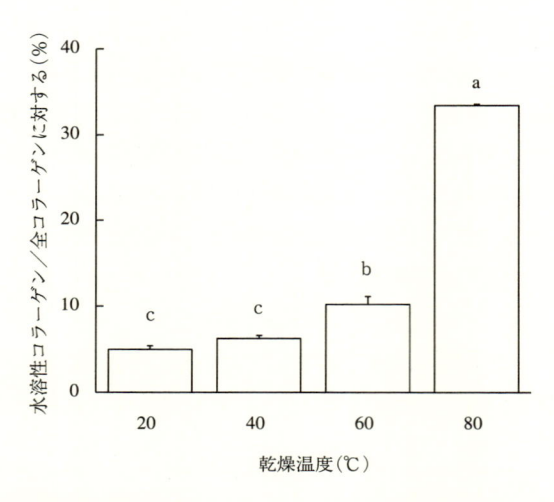

図9・17 乾燥温度の異なる乾燥ナマコの全コラーゲンに対する可溶性コラーゲンの割合
　　　　縦棒は標準偏差（$n=3$），異なるアルファベット間で有意差あり．チューキークレーマーによる多重比較（$p<0.05$）．

めと報告している．先の煮熟条件における結果を合わせて考えると，乾燥ナマコの製造工程における煮熟条件および乾燥条件は，水戻した乾燥ナマコの水戻し時間や物性に影響を与える要因の1つであり，これはナマコに含まれるコラーゲンのゼラチン化に関係していると考えられる．

### 2-4　まとめ

これら一連の結果から，煮熟条件および乾燥条件は，乾燥ナマコの疣立ちや変形に影響を及ぼすだけでなく，水戻り率や水戻し後の物性などにも影響することがわかった．また，1-2で得られた産地の異なる乾燥ナマコ6種における水戻し後の性状の違いは，製造方法による可能性が高いと考えられる．

以下に，製造条件と水戻し後の乾燥ナマコにおける性状との関係を整理した．
①煮熟条件および乾燥条件は，乾燥ナマコの外観や水戻り率，水戻し後の物性などに影響を及ぼす重要な要因と考えられる．
②煮熟条件については，60～70℃煮熟は水戻り率の低下から加熱不足になる温度と考えられる．特に煮熟時間の短い30分区分は，乾燥後の個体変形率が高

くなっていた．
③ 100℃煮熟は，60分および90分煮熟を行った場合，水戻し中に体壁に亀裂が観察されたことから，過度な加熱温度と考えられる．
④ 80～90℃は真水，3％塩水いずれを用いても良好で，加熱時間は30分および60分が適していた．
⑤ 水戻しした乾燥ナマコの突き刺し強度は，煮熟温度が高いほど，煮熟時間が長いほど低下する傾向がみられた．
⑥ 乾燥条件については，80℃は最も乾燥速度が速く水戻り率も大きかったが，水戻し中に体壁に亀裂が観察され，不適な乾燥温度と考えられる．
⑦ このことから，乾燥温度は20℃～60℃が適していた．
⑧ 水戻しした乾燥ナマコの突き刺し強度は，乾燥温度が高いほど低下する傾向がみられた．

## §3. 乾燥ナマコの今後の課題

　日本産乾燥ナマコの需要は，世界的消費地である中国の経済発展にともなって，2007年まで急速に増大してきた[18]．しかし，ここ数年，中国の経済発展が停滞の兆しをみせている中で，2011年3月に起きた東日本大震災による福島原発事故は，日本産乾燥ナマコに対する風評被害をもたらし，売り手側の過剰在庫を招く結果となった．とりわけ，最高級品とされてきた北海道産の荷動きが鈍る中，疣足数など外観が大連産と類似している青森，北陸などの乾燥ナマコは中国産として流通できるため，価格が北海道産よりも上昇する逆転現象が生じたことが報告されている[19]．乾燥ナマコの需要や価格の変動には，品質とは直接関係のないこうした不確定要因が少なからず影響を及ぼしている．その一方で，市場では高級ブランドとして日本産乾燥ナマコには，現在でも高い品質が求められているのも事実である．
　ここ数年，北海道立総合研究機構水産試験場には加工業者や漁業協同組合などから，乾燥ナマコに関する技術相談が多く寄せられている．これまでは，乾燥ナマコの基本的な製造方法に関する問い合わせが多かったが，最近は変形ナマコの発生や水戻り率に影響する製造要因，蓄養方法と製品品質の関係など，品

質の優劣に直接関係する問い合わせが増えている．これは，売り手市場であった乾燥ナマコが，上述した状況によって買い手市場に変化していることが関連している．これまで「数量確保」に注力していた買い手の姿勢が，良品の「選択的購入」に変化した結果，扁平，曲がり，ねじれなどの体躯変形に対する評価がより厳しくなっている．さらに，最大水戻り率など，これまであまり強く求められていなかった要因についても買い手側は言及している．こうした状況から，現在，日本産乾燥ナマコは，買い手側からこれまでにない厳しい品質的要求を突きつけられている．今後，日本産乾燥ナマコのブランド力を維持し国際競争力のさらなる強化を図って行くためには，乾燥ナマコにおける製造工程を科学的に解明し，品質劣化要因とその対策を明らかにして行く必要がある．

謝辞：本研究を実施するにあたり，コラーゲンの抽出方法にご助言いただいた女子栄養大学，西塔正孝博士，中国大連市視察において多大なご協力をいただいた北海道漁業協同組合連合会，葛西恭久氏，情報収集ならびに試験試料入手にご協力いただいた元山口県水産研究センター，松野進氏，宗谷漁業協同組合，坂東忠男氏に深謝する．本研究は2007年度～2009年度に実施された「新たな農林水産政策を推進する実用技術開発事業」における「乾燥ナマコ輸出のための計画的生産技術の開発」で行った．

### 文献

1) 高橋敦子，宮本千華子，李 鐘順，寺本芳子，キンコのもどし方とテクスチャーについて，女子栄養大学紀要 1984；12：87-94．
2) 金庭正樹，佐々木政則，成田正直，ナマコの有効利用試験，平成元年度稚内水産試験場事業報告書 1990；200-225．
3) 麻生慎吾，佐々木政則，菅原 玲，ナマコの有効利用試験，平成2年度稚内水産試験場事業報告書 1991；226-239．
4) 菅原 玲，佐々木政則，中島一也，ナマコの有効利用試験，平成3年度稚内水産試験場事業報告書 1992；262-293．
5) 福永淑子，岡野雅子，松本美鈴，今井悦子，畑江敬子，乾燥ナマコ（キンコ）の水戻しによる成分と組織構造の変化，日本調理学会誌 2002；35：357-360．
6) 成田正直，宮崎亜希子，飯田訓之，乾燥ナマコの品質基準の確立，平成21年度網走水産試験場事業報告書 2010；61-63．

7) 成田正直, 宮崎亜希子, 今村琢磨, 乾燥ナマコの製造基準の確立, 平成20年度網走水産試験場事業報告書 2009；80-81.
8) 成田正直, 宮崎亜希子, 飯田訓之, 乾燥ナマコの製造基準の確立, 平成21年度網走水産試験場事業報告書 2010；64-67
9) 松尾みどり, 小坂善信, 乾燥ナマコ輸出のための計画的生産技術の開発, 平成21年度報告書, 独立行政法人水産総合研究センター北海道区水産研究所, 2010；46-49.
10) Fukunaga T, Matsumoto M, Murakami T, Hatae K. Effects of soaking condition on the texture of dried sea cucumbers. *Fish. Sci.* 2004; 70: 319-325.
11) 木村郁夫, クリープ, 「水産食品のテクスチャー（丹羽栄二編）」, 恒星社厚生閣, 1987；57-65.
12) 渡部終五・橋本兼久, ナマコの歯ごたえの謎を探る, 化学と生物 1986；24：697-699.
13) Saito M, Kunisaki N, Urano N, Kimura S, Collagen as the major edible component of sea cucumbers (*Stichopus japonicus*). *Journal of Food Science* 2002；67：1319-1322.
14) 太田 聡, 大迫一史, マナマコの加熱処理による物性の変化, 長崎県水産試験場研究報告 1999；25：9-13.
15) 石崎松一郎, 落合芳博, 加藤 登, 魚貝類成分の加工貯蔵中の変化, 「水産利用化学の基礎（渡部終五編）」, 恒星社厚生閣, 2010；61-62.
16) 永沢信, 「食品工業, 12」光琳, 1961；56 - 59.
17) Gao X, Xue D, Zhang Z, Xu J, Xue C. Rheological and structural properties of sea cucumber Stichopus japonicus During Heat Treatment. *Journal of Ocean University of China*. 2005; 4：244-247.
18) 澁谷長生, 流通・経済, 「ナマコ学―生物・産業・文化―」（高橋昭義・奥村誠一編）成山堂書店, 2012；143-168.
19) 廣田将仁, 「国際商材ナマコ製品の市場と流通事情」, 水産振興第533号, 東京水産振興会, 2012；59-61.

# 10章 ナマコの普及流通
## ―透明性のある本乾ブランドを再考する―

若林克典

　2011年の秋，バブルのように上昇を続けたナマコの浜値は，皆の心配をよそに急落し，浜では「もう，ナマコは終わったのか？　この後は何で食べていけば良いのだろうか？」との声が拡がった．

　その後のナマコの浜値は，漁期ごとに乱高下を繰り返したことから，漁獲量を管理しながら操業を行っている漁業者は，浜値の乱高下による収入の差に困惑させられることとなった．

　今後，ナマコの価格はどうなっていくのか？　そしてナマコを扱っている漁業者はどう対応していけばよいのか？　このことを考えるために，ナマコの価格が急落した翌年の3月（2012年3月），水産総合研究センター中央水産研究所を訪れ，ナマコの単価暴落が引き起こされた要因について，北海道で漁獲されたナマコが中国国内へ輸出されるまでの加工処理の工程や流通の経路，ナマコの価格が決定する要因について研修を受けることにした．

　10章では，"価格が乱高下するナマコを現場でどう扱っていけばよいのか？"という疑問に対し，答えを出そうとしている利尻漁業協同組合鬼脇支所ナマコ桁曳部会の取り組みと，それに対し，研修で得た情報や関係者とのつながりをもとに支援を行ってきた普及活動について紹介したい．

## §1. 流通における情報の大切さ

　北海道では，豊富な水産資源を利用した漁業が営まれていることから，漁業の現場では水産資源を適正に管理する取り組み（資源管理）や，資源を作り育てる取り組み（増養殖）を中心に様々な活動が行われている．しかし，普及員として現場にいると，獲った水産物をどのように収入につなげていくかという消費者ニーズへの対応という課題も，年々大きくなっていると感じる．

近年では，消費地において"魚離れ"が進み，食卓の"おかず"的存在であった水産物はむしろ，寿司ネタや刺身といった"嗜好品"に変わってきていると聞く．その一方で，これまでは割烹や料亭のみで取り扱われていた"高級食材"が，一般の人でも気軽に食べることができるようにもなっている．漁業者は，消費者の嗜好の多様化を感じとり，誰が，どういったものを求め，何にお金を費やしてくれるかをしっかりと見極めなければならなくなるであろう．生産地である現場（浜）も，"漁獲した水産物は市場に出荷すればお金になる"という見方ではなく，"消費者がどういったものを求めているのか?"という見方に視線をかえていく必要があると思う．

そのためには，水産物を漁獲している漁業者が消費地へアンテナを広げ，消費者ニーズという情報を集めることが大切で，これが漁業を取り巻く様々な問題を解決できる大きな一歩になっていくはずである．

魚を獲る（漁業者），加工する（加工業者），搬送する（搬送業者），売る（小売業者）………それぞれの役割や作業は独立しているが，生産する人から消費する人まで，常に情報の流れるパイプはつながっている必要がある．最終的に消費者が魚を買って食べることで，水産物とお金のやり取りがつながるのだから，双方の間で消費者ニーズという情報もつながっていることはとても重要である．

実際に"もの"がある生産地から消費者ニーズを把握することができれば，今まで生産地で注目されていなかったものにも価値があらわれてくるかもしれない．ナマコがそうであるように，今では消費地は世界中に広がっているのである．

## §2. 消費地で起きている実態（情報）を浜へ伝える

ナマコの流通に関する研修を受けた後，まず筆者が取り組んだことは浜へ情報を伝えることであった（図10・1）．すべてのことがそうであるが，情報とはそれを利用（活用）する人に伝えて初めて大きな意味をもつと考えている．今回の取り組みを行うこととなった鬼脇地区に対しても，ナマコ部会の伊藤敏之部会長へ，まずナマコの流通事情について話を聞いていただいた．

"情報を求めていた漁業者のところへ必要な情報を提供することができた"，今回紹介する取り組みの第一歩はここにあったと感じている．

研修で得た知識や，関係する人との話をパソコンのハードディスクに書き込むだけや，自分の頭の中に入れておくだけでは意味のないことである．自分のもっている情報を必要とする漁業者へつなぐことがなにより大切なことである．

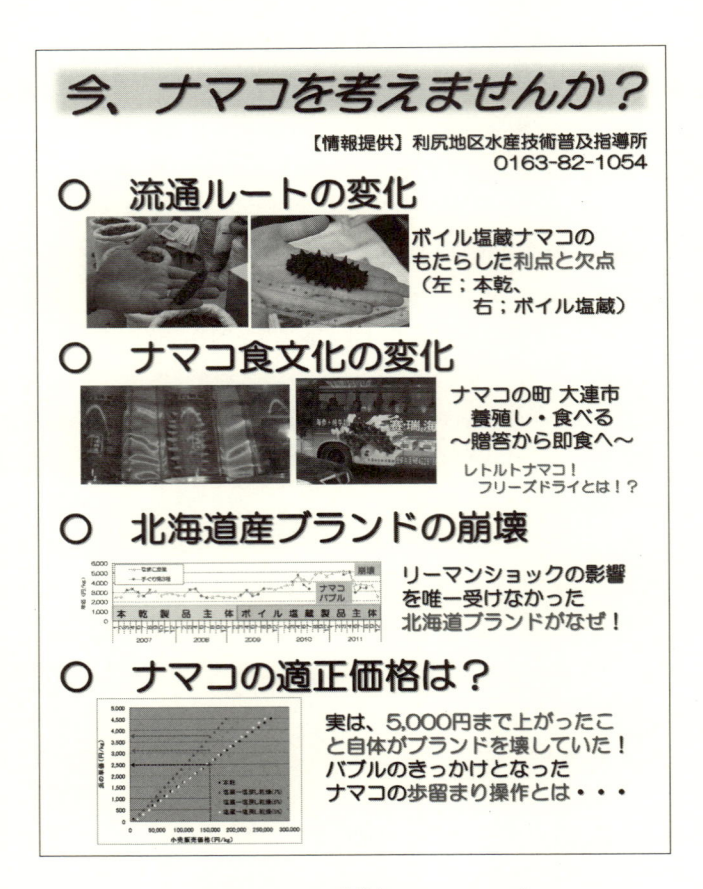

図10・1 ナマコ着業者へのリーフレット

## 2-1　ナマコ価格暴落のメカニズム

　本書で取り上げる事例の背景として，北海道での 2011 年のナマコ価格の暴落という出来事があった．1990 年以降，高値で推移してきたナマコが突如として暴落したことは漁業者をはじめ関係者を驚かせた．このような出来事には必ず理由があるはずという問題意識に基づいて，研修や調査を通じて得た情報を浜に伝えることにした．北海道では 2007 年まで本乾ナマコ製品での取引が主体であったため，ボイル塩蔵品を作る業者に対して取引を行ってこなかった．2008 年以降では，ボイル塩蔵品主体の取引へと急速に変化していくこととなった．このあたりの事情は，1，2 章を参照していただきたい．

　特に 2 章では，塩蔵ボイルが生産地の加工業者にとって資金回転性に優れていたほか，ボイル塩蔵品を作る業者が本乾製品を作る業者より高い値段[*2]で原料ナマコを買い取ることができたことが説明されている．道内各地の浜においてもこれまで行われてきた伝統的な本乾加工を前提にした随意契約による取引から，誰もが参入しやすい入札方式へと取引方法が変化していったことが影響し，流通の流れが大きく変わったと考えられる．北海道の加工業者からの聞き取りでも，「以前は随意契約により香港市場にあわせた仕入れを行っていたが，新規参入を希望する業者が多く，取引先の漁協が入札による取引に変えていった結果，とても香港市場の相場では買えないような単価に跳ね上がった」という話を聞く．

　しかし，2 章にあるように新規業者により作りだされた新たな流通ルートには大きなデメリットも指摘され，結果としてナマコバブルと呼ばれる異常な高騰があり，それが崩壊し，それとともに北海道産ナマコのブランドが壊れてしまうことさえ危惧された．新たな流通ルートにおける一番のデメリットとしては，流通段階での品質管理の不透明性であるという（2 章，文献 1）参照）．本乾ナマコ製品では流通段階で製品に手を加えられることがほとんどないため，生産～加工～消費にいたる流れに透明性があった（産地や加工業者の流通ルートが明確で情報を訴求できる）のに対し，ボイル塩蔵ナマコの流通では，中間加工段階での再加工を経ることにより製品への歩留まり操作（合成膨張剤や砂糖の添加）が行われるという．仮に粗悪品のナマコが出回ったとしても，果たして

---

[*2] ボイル塩蔵ナマコの流通では，再加工の段階で製品への合成膨張剤や砂糖などの添加による歩留まり操作が行われるケースが多く，これにより仕入れ値を高く設定することができた．

北海道であるかどうかも含めてどの段階で不正が行われたか出所を特定することが困難であった．

塩蔵ボイルは浜値を上げるが品質の管理に問題があり，価格に対するリスクが小さくないという見方である．少なくとも北海道のナマコ加工は，このような不安定な状況にあるということは理解しておかなくてはならないようである．

新規の流通ルートでは，不適正な製品管理の方法で利益を得ようとする一部の国内外の業者により，これが大量の粗悪品の温床になる可能性があるが，中国国内には安心なナマコ製品を求める声がますます強くなってきており，このようなときこそ世界最高の品質を誇る北海道産ナマコの高品質性を発信すべきであると考えている．

### 2-2　漁業者の意識変容と行動喚起

北海道でのナマコの価格暴落のメカニズムを聞き，中国で起こっている流通事情について知った伊藤部会長は，「自分たちが漁獲しているナマコは漁獲物の鮮度保持だけでなく選別もしっかり行っているのだから，きちんとした製品を市場に供給し，鬼脇産ナマコの真の評価を求めたい」と考えを伝えてくれた．

さらに，伊藤部会長の所属する利尻漁業協同組合鬼脇支所としても「徹底した選別をして，良品のみを出荷するよう漁業者と取り組んでいるのに，正しい評価を受けることができないのであれば，新たな販路を模索することも必要である」と本乾製品による新たな販路の模索に積極的な意欲を見せてくれた．

このため，部会では地元の加工業者との関係をうまく保ちながらも，値段があわなかったときの対応策として乾燥ナマコによる新たな販路を作っていくこととした．

## §3. ナマコの評価を求めた漁業者の取り組み

　現在，筆者が普及活動を行っている利尻島は，北海道稚内市からフェリーで西へ約2時間行った所に位置しており，高級出汁コンブとして有名な利尻コンブやエゾバフンウニ，キタムラサキウニをはじめ，ミズダコやホッケ，カレイ，ワカメなど豊富な水産物が水揚げされている（図10·2）.

　利尻におけるナマコ漁業は，磯舟からたもあみを用いて採取する漁法と，10トン未満の動力船でなまこけたと呼ばれる桁網を曳いて採取する漁法により操業が行われている（図10·3）.

図10·2　利尻島の様子（2013年7月）
　　　　利尻コンブを干している様子．利尻には砂利を用いた干場と笹を用いた干場がある．

図10·3　ナマコ漁業の様子
　　　　写真左はたもあみを用いて採取する漁法．写真右はなまこけたを曳いて採取する漁法．

平成22年(単位:百万円)

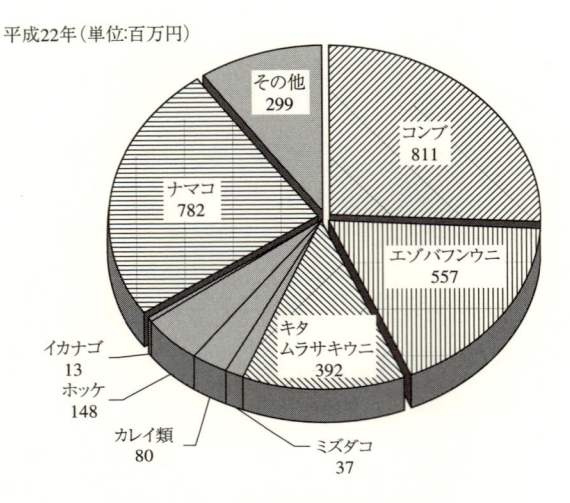

図10・4　利尻島の水揚げ
[北海道水産現勢]

　価格が上昇してきた近年では，ナマコは利尻コンブやウニ類（エゾバフンウニ，キタムラサキウニ）に並ぶ水揚げ額となっており，他魚種の価格が低迷する中，漁家経営を支える重要な魚種になっている（図10・4）．
　島の主要魚種となったナマコだが，その浜値は2011年の春でキロ4,700円，2012年の夏ではキロ1,700円，2013年の春でキロ4,300円，夏ではキロ2,200円と乱高下が激しく，水揚げに占める割合が大きくなった現在では，この価格差による収入の差が漁家経営に大きな影響を与えている．

### 3-1　"弱み"を"強み"に換えた漁業者の挑戦
　利尻島には4つの漁業協同組合（鴛泊，沓形，仙法志，鬼脇）があったが，2008年に合併し，現在の利尻漁業協同組合（以下，利尻漁協）が誕生した．
　利尻では，30年以上も前からナマコ漁業が行われていたが，着業者が急増したのは10年ほど前からである．
　紹介する利尻漁協鬼脇支所では，動力船4隻により手ぐり第3種（なまこけた）漁業が行われているが，島内の他3地区と比べ，着業隻数が少なく水揚げ数量も少ないことから，「荷がまとまらない」という理由で買い取り価格を下げられ

ることがあった．これに対し，鬼脇支所のナマコ桁曳部会（以下，部会）が行った対策は，操業2日分のナマコをまとめることで，1回当たりの出荷量を多くすることであった．部会では，この取り組みを行うために海水を循環させることができる水槽や漁獲したナマコを一晩蓄養するためのカゴを準備し，着業者ごとに出荷物の管理を行った．

この取り組みにより"荷がまとまらない"という"弱み"を克服しただけでなく，「鬼脇のナマコは砂出し（泥はき）が行われているので歩留まりが高く，ボイル加工した時に砂噛みしているナマコが少ない」と高い評価を受けることになった．

さらに鬼脇支所では，着業隻数が少ないため，出荷時に荷受け待ちをするトラックの列ができないという利点を生かし，時間をかけ徹底した選別を行うよう取り組んできたことから，「加工した時に規格外（傷，小型）となるナマコが少ない」と加工業者からの評価が上昇し，2008年以降では島内他地区より高い価格でナマコを買い取ってもらえるようになった（図10·5，10·6）．

また，長年の取り組みから，傷のあるナマコは水温が低い春先であれば2～3週間の蓄養により表面の傷や疣立ちが回復し，再び出荷できるようになることを把握していたため，"傷は治してから再び出荷すればよいので，たとえ販売係

図10·5　鬼脇支所での荷受けの様子
　　　　荷受時に販売係の職員が1個体ずつ出荷規格（傷，重量）をチェックする．
　　　　厳しい選別について漁業者に聞くと「傷を回復させて出荷するので問題はないと」
　　　　答えてくれた．

の職員が厳しい選別を行っても決して文句を言わない"という認識を部会員全員がもっていた（図10・7，10・8カラー口絵）．

部会長をしている伊藤氏に，このような取り組みができている理由を尋ねると「鬼脇地区は着業者が少ないのでみんなの意見をまとめやすい．それに，漁業者が率先してやっていかなければ，職員にやれと言っても現実的に無理だろう．職員が率先して厳しい選別をしたら『これがなぜ規格外なんだ？ いいから出荷品に入れろ！』と漁業者に言われ，お互いの関係がおかしくなるだけ」と話して

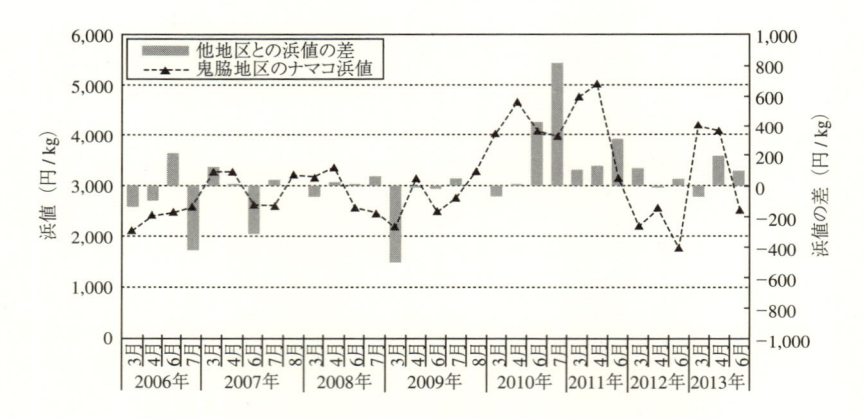

図10・6 利尻漁協鬼脇支所におけるナマコ価格の推移［利尻漁協提供］

図10・7 出荷規格から外れたナマコを整理する着業者（左）と規格外のナマコ写真（右）
　　　　出荷規格から外れたナマコは，漁場へ放流するもの（規格より小型のもの），傷回
　　　　復のため蓄養へまわすもの，その他（傷の大きいもの，死んだもの）に分けられる．
　　　　写真右は傷回復のため蓄養にまわされるナマコだが，イボ先が少し白いだけでも出
　　　　荷できない．

くれた.

　まさしくこれこそ情報が共有された分業ではないだろうか？　ただの分業であれば，漁業者が出荷する，販売係の職員が選別する，加工業者が購入していく作業が淡々と流れていくのだろうが，"加工した時に規格外になる（浜値が安くなる）ナマコは求められていない."という情報を漁業者が受け入れる（消費サイドに目を向ける）ことで初めてこのように厳しい選別を行うことができたのではないだろうか？"網に入ったナマコはすべて売ればよい"という売り手本位の時の考え方では決して実施することはできなかったと思う.

　さらに部会長は，「我々漁師の打ち合わせは会議室ではやらない．浜や倉庫に集まり『どうだべ？（どうだろう）』，『んだんだ（そうだそうだ）』という感じで決めるから新しい取り組みがどんどん決まっていく」と話してくれた．実際，鬼脇地区のナマコ部会では操業期間の短縮，選別の強化や出荷体制の変更などを浜で決めて漁協へ報告する形を取っている．このように，鬼脇地区では"弱み"を，"弱み"のままにしておくのではなく，「みんなの意見をまとめ，新たなことに挑戦する」という"強み"に変えているのであった．

　こういった取り組みにより，鬼脇地区におけるナマコの評価はますます高くなったのだが，2011年の秋に起きたナマコ価格の暴落は，鬼脇地区へも大きな影響を与えた．

　2011年3月にはキロ5,000円にまで上昇していたナマコの浜値が，翌2012年3月には2,000円にまで下落した．

　価格が大きく下落した要因は，中国国内で行われたナマコ添加物の流通規制や金融引き締め政策が影響したのではないかと噂されていたが，いずれにしても，浜値の大きな下落は生産地に大きな衝撃を与えた．

　3月中旬に行われたナマコの取引価格を決める入札では，1,000円台前半の値をつける業者が続出した．このため，利尻漁協では競争入札による値決めを取りやめ，随意契約による取引を行うことで価格暴落の対策を図ることとした．

　随意契約による取引では，利尻漁協全地区の手ぐり第3種（なまこけた）漁業で漁獲されたナマコ全てを契約先に搬送することとなり，契約価格も利尻漁協で統一されることとなった．毎日，契約先から指定された方法で出荷することとなったため，鬼脇地区で行われていた蓄養による出荷は行われなくなった．

同年5月1日から6月15日までの北海道漁業調整規則による禁漁期間が終わり，夏の操業が開始されることとなったが，ナマコの契約価格は，再び1,000円台後半で開始されることとなった．さらに翌週には，「ナマコの選別状態が悪い」，「ボイル加工すると規格外の割合が高くなる」との理由からナマコの契約価格がさらに下げられることとなった．このことを聞いた鬼脇地区のナマコ部会では，「また浜値が下がったみたいだ．どうする？ 操業をやめるか？」，「こんな浜値なら無理することもねえべ？」となり，この話をした6月19日（操業開始4日目）をもって夏の操業を終了することとした．

　部会では水温が上昇する夏操業で漁獲したナマコは歩留りが悪い上に，傷ついたナマコの回復率（放流後の生残率）が悪いことをこれまでの経験でわかっていたことから，7月の操業を自主的に控えていた経緯があった．ウニやコンブ漁が始まり漁業の繁忙期を迎える夏場に操業を行うよりも，他の漁業がなく，ナマコの回復率も高い春（3～4月）に操業を行う方がよいと考えていたのである．

　良質のナマコを出荷できるよう検討し，取り組んでいた中で2012年の価格暴落に見舞われたため，次に部会が考えた対策が本乾製品への加工と出荷方法の検討であった．利尻島では，20年程前まで漁獲したナマコを漁業者自らが本乾製品に加工し，漁協へ出荷していた経緯があったのであるが，当時の加工方法は鉄鍋を用いてボイルすることや，ヨモギの葉を用いて焙乾するなど現在の加工方法とは異なる技術が用いられていた．このため，部会としては最近の加工技術（ヨモギや鉄鍋を用いず加工する方法）を知る必要があったのだが，加工方法に関する情報や人脈がなかったため，動くに動けない状況にあった．

### 3-2　関係機関との連携，漁業者へのパイプ役

　伊藤部会長から相談を受け，最近の加工方法について情報を集めることとしたのだが，筆者自身，情報も技術も加工業者とのパイプも，このときは持ち合わせていなかった．そのため，研修でナマコ流通について指導を受けた中央水研の廣田研究員（2章執筆者），当時名古屋市立大学の赤嶺准教授（1章執筆者）に助言を求めたところ，北海道宗谷管内の漁協へナマコの加工指導（本乾製品加工）を行った経緯のある水産加工会社を紹介してもらうことができ，この方からナマコの加工技術について指導を受けることになった．

指導を受けた後，教わった内容（脱腸処理，一番煮，乾燥，二番煮，選別）を詳細に書き示した"鬼脇版ナマコ加工マニュアル"を作成し（図10・8），これをもとに本乾製品作りに取り組んでいくことになった.

### 3-3 試作品作り

部会では，2013年以降，本格的なナマコの乾燥加工を行う予定であったため，2012年ではマニュアルをもとに試作品作りを行い技術の習得に努めるとともに，試作品の評価と検証を行うこととした.

2012年7月，手ぐり第3種（なまこけた）漁業により試作用の生鮮ナマコ37.9 kgを採取し，鬼脇版ナマコ加工マニュアルをもとに193個体，1,442 g（製品歩留り3.8%）の乾燥ナマコを作成した（図10・9～12）.

試作は，部会員4名全員と，鬼脇支所の関係職員，利尻地区水産技術普及指導所の所員で実施し，部会員はマニュアルをもとに裁割，脱腸処理，洗浄，一番煮，乾燥と一連の作業を行い，作業時にはデータを集めるため，ナマコの測定と一部サンプルへのタグ打ちを行った．試作品は2カ月ほどかけて制作し，完成後は部会員がマニュアルをもとに規格の選別を行った．結果は次の通り.

- 規格［大］　　…12 g以上のもの　　：13個体（7%），173 g（12%）
- 規格［中］　　…11.9~7.6 gのもの　：70個体（36%），660 g（46%）
- 規格［小］　　…7.5~5.0 gのもの　　：75個体（39%），472 g（33%）
- 規格［小小］　…4.9~4.0 gのもの　　：17個体（9%），77 g（5%）
- 規格［極小］　…3.9~3.0 gのもの　　：18個体（9%），60 g（4%）

この結果から，鬼脇地区の前浜で手ぐり第3種（なまこけた）漁業により漁獲されるナマコについては，個体数比率で8割以上の物が規格［小］以上の製品となり，重量比率では9割以上が規格［小］以上の製品となることがわかった（図10・13）.

また，ボイルする前にタグを付けたサンプル35個体の測定結果から，次のこともわかった（表10・1）.

- 生鮮重量で263 g以上のナマコが本乾製品で規格［大］となった.
- 生鮮重量で196 g以上のナマコが本乾製品で規格［中］となった.
- 生鮮重量で137 g以上のナマコが本乾製品で規格［小］となった.

| 本乾なまこ製造工程（○○水産会社 指導法） | 平成24年5月作成 |

### 1. 脱腸処理
① 形が変わらないように、海水中に入れておく。
② 腹の真ん中から、全長の5分の1の長さで肛門に向けて切る。
③ 腸と砂・泥等を取り出し、塩水又は真水で洗い完全に取り除く。
　※注）極端に切り口を大きくしない。

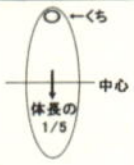

### 2. 一番煮
① 釜に真水を入れ、沸騰する直前の約90℃くらいにする。
② ナマコを入れ、良くカクハンする。温度が戻ったらナマコを追加する。作業中は、まめにアク取りをする。
　※投入するナマコは入れすぎないこと。
③ 最後のナマコが入って再沸騰したら、火を弱め約90℃を保つ。
　※温度を上げ過ぎると、ナマコが焦付・破裂するので注意！
④ 最後のナマコを入れてから、約30分ボイルする。
⑤ ボイルが終わったらきれいな水の中にナマコを通し砂やアク等を取る。
　※注）上記の行程はあくまで目安です。
　　　同じ釜（水）では最大3回までのボイルとする（塩分が濃くなる）。

### 3. 乾燥
① 煮上がったナマコは干し台にまばらに載せる。
　※ナマコを押し砂かみが無いか確認する。
② 天日や乾燥機等を使用し8割程度（少し曲がる程度）の乾燥状態にする。
　※途中、砂かみを見つけた場合、千枚通し等で砂を抜く。
③ 乾燥作業中は、マメに「手返し」を行い、網目付き・潰れ等を防ぐ。
　乾燥は2～3時間でパッと乾かし、その後アンジョウする。
　2日ほど乾かしたら、サイズ選別しておくと後の作業が効率的である。
④ 乾燥は低温（10～40℃）で行う。

### 4. 二番煮
① 真水を沸騰する直前の90℃くらいにする。
② ナマコを入れ、弱火にして煮る（目安として10分前後）。
③ 煮上がりは、時間では無く、乾燥したナマコが指で曲がる位が目安。
　煮過ぎは禁物！！
　　（ここではサイズ別に煮る必要があるので、事前にサイズ別選別が必要！）

### 5. 乾燥
① 3.の乾燥手順と同じ。完全に乾燥させる。
　※注）乾燥の仕上がりは、ナマコを強く触っても曲がらない状態！

### 6. 選別
① 砂かみが無いか1つ1つ確認し、規格別にする。

《品質規格》
　A品 － 良品
　B品 － キズ・変形・穴・こげつき
　C品 － 砂くい・皮はげ・鮮度落ち

《重量規格》

| | 粒　数 | 1粒あたりの重さ |
|---|---|---|
| 大 | 50以上 | 12g 以上 |
| 中 | 51～79 | 11.9g ～ 7.6g |
| 小 | 80～120 | 7.5g ～ 5g |
| 小小 | 121～150 | 4.9g ～ 4g |
| 極小 | 151～200 | 3.9g ～ 3g |

※注意※
・ミョウバン、ヨモギ及びその他の着色料は一切使用しない。
・加工前の生きたナマコは5℃位の海水中で保管してください。

図10・8　鬼脇版ナマコ加工マニュアル

10章　ナマコの普及流通　257

図10・9　試作品作り①
解剖ばさみを用いてナマコを裁割し（写真左），細いスプーンで腸と砂をかき出す（写真右）．

図10・10　試作品作り②
一番煮（写真左）と，焦げ付きやパンク防止のため撹拌する様子（写真右）．

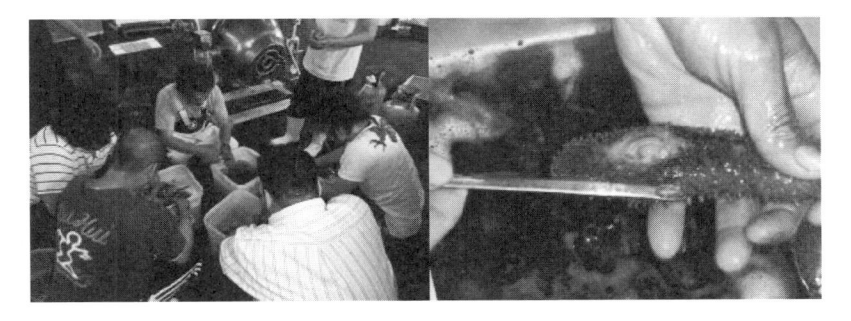

図10・11　試作品作り③
ボイル後に表面を真水で洗い（写真左），再度砂かみをチェックする様子（写真右）．

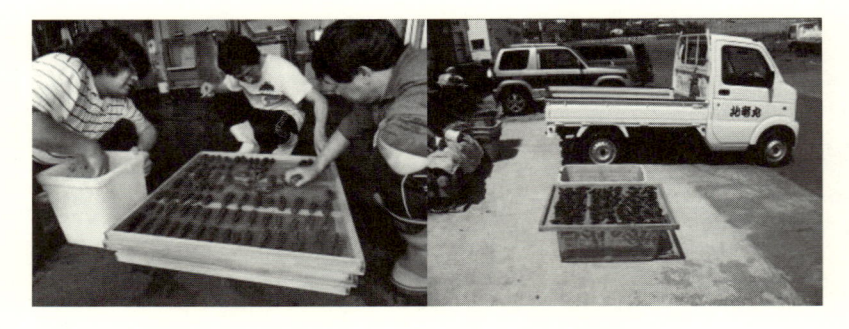

図 10・12　試作品作り④
　　　　　チェックが完了したら干し網の上にナマコを並べ（写真左），天日干しを行う（写真右）．

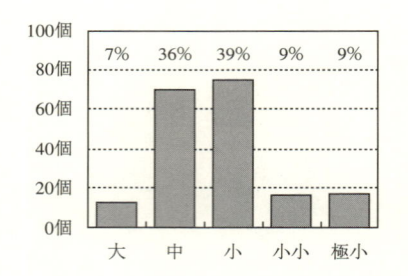

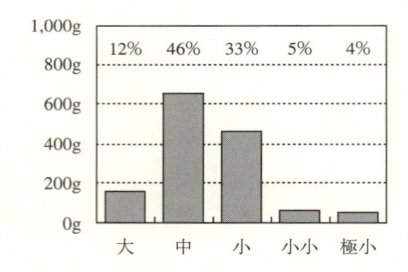

図 10・13　試作したナマコの規格別個体比率（左）と規格別重量比率（右）

・規格［小小］のものはタグ付きサンプルからはできなかった．
・生鮮重量で 153 g 未満のものが規格［極小］となった．

　タグを付けたサンプルから，重量比率で 1 割に満たない規格［小小］，並びに規格［極小］ができるのは，生鮮重量で 153 g 未満（規格［極小］のデータ），または 137 g 未満（規格［小］未満のデータ）のナマコを加工した場合であることがわかった．
　鬼脇支所で行われている手ぐり第 3 種（なまこけた）漁業では，2012 年 6 月に実施したナマコの重量組成調査結果から，図 10・14 に示すようなサイズのナマコが水揚げされていることが確認されている．
　鬼脇支所では，生鮮重量で 100 g 以上のナマコを出荷対象として扱っているが，調査データから，全漁獲物のうち 150 g 未満のもの（規格［小小］，規格［極小］

となる可能性が高いもの）は漁獲物全体の 8.5 %（重量比）と重量比では 1 割に満たないことがわかった．

ナマコの漁獲サイズに関しては，本乾製品を作る上で製品の規格を決める大きな要素になるだけでなく，資源を維持管理していく上でも重要な要素になってきている．

しかし，実際のところ，どの漁獲サイズで規制することが資源の維持管理に

表 10・1　試作した乾燥ナマコのデータ

| 製品規格 | | タグを付けたサンプル | | 全　体 | | | |
|---|---|---|---|---|---|---|---|
| | | 個数 | 生での重量 | | | | |
| 大 | 12 g 以上 | 4 個 | 50.8 g | 263〜337 g | 13 個 | 7 % | 172.9 g | 12 % |
| 中 | 11.9〜7.6 g | 15 個 | 137.5 g | 196〜267 g | 70 個 | 36 % | 659.8 g | 46 % |
| 小 | 7.5〜5.0 g | 11 個 | 66.4 g | 137〜217 g | 75 個 | 39 % | 472.4 g | 33 % |
| 小小 | 4.9〜4.0 g | 0 個 | − | 対象なし | 17 個 | 9 % | 77.0 g | 5 % |
| 極小 | 3.9〜3.0 g | 5 個 | 17.3 g | 94〜153 g | 18 個 | 9 % | 60.3 g | 4 % |
| 計 | | 35 個 | 272 g | | 193 個 | 100 % | 1,442 g | 100 % |

| 生鮮重量（g） | 37,900 g |
|---|---|
| 製品の歩留り（%） | 3.8 % |

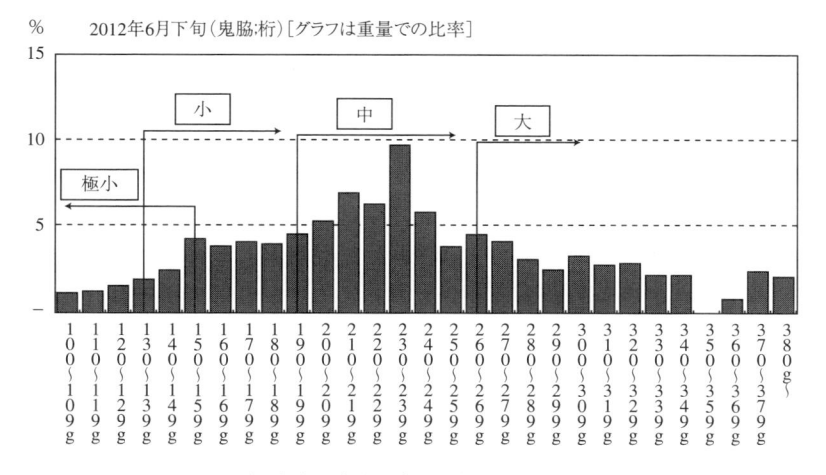

図 10・14　ナマコ重量組成 調査結果（平 24 年 6 月 19 日に実施された調査）

つながるかについては明確な指導が行えていない状況である．

このため，更なるデータの積み重ねが必要だが，本乾製品で出荷した場合に取引価格が下がる規格［極小］を扱わないようにすることが，加工に係る作業の向上と，資源の有効活用に繋がっていくのではないかと考え，ナマコ部会に対して「今後もデータの蓄積が必要だが，製品化する作業の効率性や資源の有効活用を考えると，将来的には規格［極小］を扱わないようにすることが望ましい体制ではないか」と話をした（表 10・2）．

マニュアルをもとに，大きさの規格である［極小］〜［大］については試作品の重量を測定することで選別を行い，データの採取を行うことができたが，品質の規格［A 品（良品），B 品（キズ・変形・穴・こげつき），C 品（砂くい・皮はげ・鮮度落ち）］については，明確な基準がわからないという理由から，部会員による選別を実施することができなかった．しかし，現在の加工技術の評価を認識し，今後のスキルアップを図っていくためには現段階で試作した乾燥ナマコの客観的な評価を得る必要があった．

このため，試作品作りの途中経過報告を兼ねて中央水研の廣田研究員に相談したところ，「香港の市場で扱われているナマコの規格（基準）と繋がっている業者を選択すべき」との助言から，ぎょれん（北海道漁連稚内支店）に品質評価を依頼することとなった．

このため，完成した試作品を漁連稚内支店に送付し，試作品の品質規格について判断および評価を求めた．

品質規格の判断は 26 個体のサンプルで確認され，このうち 21 個体（81％）が A 品と判断された．

また，全体的な評価として"よいナマコである"と伝えられ，道内他地区のナマコに比べると，若干細長い形をしているとの評価も受けた．

また，B 品以下の特徴として，口部（骨部）が外に出ているものや，裁割部が大きすぎるものがあるとの評価を受けることができた．

表10·2　ナマコ重量組成結果における階級別の個数比率一覧表

| 階級 | 階級中間値 | 個数 値 | 個数 割合 | 個数 累積割合 | 重量 中間値×個数 | 重量 割合 | 重量 累積割合 | |
|---|---|---|---|---|---|---|---|---|
| 50 〜 59g | 55 g | | | | | | | |
| 60 〜 69g | 65 g | | | | | | | |
| 70 〜 79g | 75 g | | | | | | | |
| 80 〜 89g | 85 g | | | | | | | |
| 90 〜 99g | 95 g | | | | | | | |
| 100 〜 109g | 105 g | 5 | 2.3 | 2.3 | 525 g | 1.1 | 1.1 | |
| 110 〜 119g | 115 g | 5 | 2.3 | 4.7 | 575 g | 1.2 | 2.4 | |
| 120 〜 129g | 125 g | 6 | 2.8 | 7.5 | 750 g | 1.6 | 4.0 | |
| 130 〜 139g | 135 g | 7 | 3.3 | 10.8 | 945 g | 2.0 | 6.0 | |
| **140 〜 149g** | **145 g** | **8** | **3.8** | **14.6** | **1,160 g** | **2.5** | **8.5** | ←出荷ナマコのうち150g 未満の個数割合は 14.6%で,重量割合は 8.5%である. |
| 150 〜 159g | 155 g | 13 | 6.1 | 20.7 | 2,015 g | 4.3 | 12.8 | |
| 160 〜 169g | 165 g | 11 | 5.2 | 25.8 | 1,815 g | 3.9 | 16.7 | |
| 170 〜 179g | 175 g | 11 | 5.2 | 31.0 | 1,925 g | 4.1 | 20.9 | |
| 180 〜 189g | 185 g | 10 | 4.7 | 35.7 | 1,850 g | 4.0 | 24.8 | |
| 190 〜 199g | 195 g | 11 | 5.2 | 40.8 | 2,145 g | 4.6 | 29.5 | |
| 200 〜 209g | 205 g | 12 | 5.6 | 46.5 | 2,460 g | 5.3 | 34.7 | |
| 210 〜 219g | 215 g | 15 | 7.0 | 53.5 | 3,225 g | 6.9 | 41.7 | |
| 220 〜 229g | 225 g | 13 | 6.1 | 59.6 | 2,925 g | 6.3 | 48.0 | |
| 230 〜 239g | 235 g | 19 | 8.9 | 68.5 | 4,465 g | 9.6 | 57.6 | |
| 240 〜 249g | 245 g | 11 | 5.2 | 73.7 | 2,695 g | 5.8 | 63.4 | |
| 250 〜 259g | 255 g | 7 | 3.3 | 77.0 | 1,785 g | 3.8 | 67.2 | |
| 260 〜 269g | 265 g | 8 | 3.8 | 80.8 | 2,120 g | 4.6 | 71.8 | |
| 270 〜 279g | 275 g | 7 | 3.3 | 84.0 | 1,925 g | 4.1 | 75.9 | |
| 280 〜 289g | 285 g | 5 | 2.3 | 86.4 | 1,425 g | 3.1 | 79.0 | |
| 290 〜 299g | 295 g | 4 | 1.9 | 88.3 | 1,180 g | 2.5 | 81.5 | |
| 300 〜 309g | 305 g | 5 | 2.3 | 90.6 | 1,525 g | 3.3 | 84.8 | |
| 310 〜 319g | 315 g | 4 | 1.9 | 92.5 | 1,260 g | 2.7 | 87.5 | |
| 320 〜 329g | 325 g | 4 | 1.9 | 94.4 | 1,300 g | 2.8 | 90.3 | |
| 330 〜 339g | 335 g | 3 | 1.4 | 95.8 | 1,005 g | 2.2 | 92.4 | |
| 340 〜 349g | 345 g | 3 | 1.4 | 97.2 | 1,035 g | 2.2 | 94.7 | |
| 350 〜 359g | 355 g | 0 | 0.0 | 97.2 | 0 g | 0.0 | 94.7 | |
| 360 〜 369g | 365 g | 1 | 0.5 | 97.7 | 365 g | 0.8 | 95.4 | |
| 370 〜 379g | 375 g | 3 | 1.4 | 99.1 | 1,125 g | 2.4 | 97.9 | |
| 380g 〜 | 498 g | 2 | 0.9 | 100.0 | 996 g | 2.1 | 100.0 | ←階級中間値は380g 以上の平均値 |
| 計 | 計 | 213 | 100.0 | 100.0 | 46,521 g | 100.0 | | |

### 3-4　商社からの評価

ナマコの試作品製作で助言を受けていた当時名古屋市立大学の赤嶺准教授（現在，一橋大学教授）の紹介で，乾燥ナマコの流通に携わっている大手水産物流通商社の担当者に，制作したナマコの評価を依頼することができた．

評価は品質規格への評価だけでなく，商品としての価値を調べるための水戻し後の品質評価も行われた．

水戻しは7日間かけて行われ，水戻し後の倍率は5.5倍（乾燥時32 g →戻し後176 g）で，水戻し後も弾力性と肉厚感があり，形状変化もなかったことから良品であると判断された．

また，客観評価として香港顧客にて同様の試験を実施してもらえることとなり，概ね良品であるとの評価を受けたことから，商業レベルにて販売可能な商品であるとの判断を頂くことができた．

さらに，製品評価および水戻し後の製品評価を受けた商社から製品取扱の商談が鬼脇支所ナマコ部会に申し込まれることとなった．

2013年1月にナマコ部会の会議が行われ，試作品作りに関する報告と3月の春操業からの実施計画について協議が行われた．

会議では，商社からの商談についても協議が行われ，部会としては「間違いのない製品（本乾ナマコ）を透明性と与信のある販売ルートで消費地に届けてもらうことで，鬼脇産ナマコの真の評価を受けたい」という理由と，「3～4月の悪天候で出漁できない日や，操業のない5月に仕事を確保するため」という理由から，本乾製品の作成と，商社との取引を2013年以降進めていくこととなった．

2013年3月に商社担当者とナマコ部会員による意見交換会が実施され，漁業者が普段知ることができない消費地（中国東北部）での流通事情や今後の見通しについて情報を得ることができた．

消費地に近い商社の担当者と漁業者が接点をもつことができたことで，生産地と消費地の情報がつながり，利尻島鬼脇産ナマコブランドを作り上げていく上で，非常に価値のある関係ができあがったのではないかと感じている．

## 3-5 始動へ向けた改善

2012年に実施した試作品作りでは，裁割部の大きさや乾燥温度調整など多くの技術的な課題が残された．

裁割部の大きさに関しては，大きくなる要因として，裁割する時のナマコの形状と腸の中に取り込まれている砂泥の量が影響しているとわかったため，この対策を行うこととした．

裁割する時にナマコがねじれていたり，折れ曲がっている場合には，裁割部が斜めになったり，大きくなったりすることがわかったため，裁割するナマコは海水を入れた容器にナマコ同士が重なり合わないよう収容し，自然な形状で裁割できるよう改善した．

また，腸の中に砂や泥を大量に含んでいる場合，裁割部を大きくしなければきれいに除去することができなかったのであるが，蓄養による出荷の経験をいかし，加工前に徹底した砂出しを行うことで裁割部を小さくできるよう改善を行った．

利尻島では3～4月の水温が5℃前後であることから，漁獲物を蓄養し砂出しを行ったとしても品質が低下することがなく，逆に疣立ちが回復することを過去の取り組みで明らかにしていた．

乾燥温度については，初めての試作品作りであったということと，比較的湿度の高い7月に実施したこともあり，天日干しと温風による乾燥を行ったのであるが，北海道立総合研究機構網走水産試験場より，「初期乾燥の温度が水戻し後の製品の倍率や弾力性に影響を与える」との助言を得ることができ，製品作りでは，乾燥時の温度を低く抑えるため天日干しによる乾燥（晴天時）と冷風機での乾燥（雨天時）に切り替えることとした．

また，本乾製品作りを行う際に，どういったものが品質の規格でB品（キズ・変形・穴・こげつき）になるかを確認してもらえるよう"ナマコの品質規格表"を作成し，部会員へ配布した（図10・15）．

鬼脇地区で行われているナマコ加工では，徹底した良品の選別と徹底した砂出しが行われていることで，生産現場でしか扱えない最高品質の原料が用いられている．

*264*

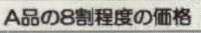

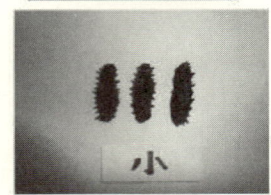

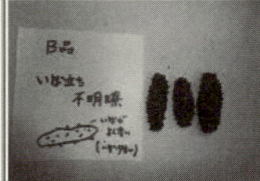

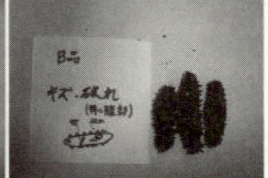

図 10・15　ナマコの品質規格表（試作品の評価をもとに作成）

## 3-6 地元加工業者との関係

　漁業者が自家加工を行う上で，最も懸念していることが地元加工業者との関係ではないだろうか？　このことは，鬼脇地区においても同じであった．伊藤部会長は「地元加工業者との関係を保ちながら，鬼脇産ナマコの評価を高めていきたい」と常々考えている．

　本乾製品での取引を行うこととなっている商社との関係も維持していく必要があることから，伊藤部会長が結論付けた方法として，ボイル塩蔵の需要が高くなっている時には，地元の加工業者への出荷割合を多くし，ボイル塩蔵の需要が低くなった時には，乾燥加工の割合を高くするという方法であった．利尻島にはナマコの取り扱いを行う加工業者が3社あり，1社はボイル塩蔵で出荷，残りの2社は道内の加工業者（ボイル塩蔵）へ生送り（生鮮出荷）を行っている．

　部会長が考えた出荷方針は，

① ボイル塩蔵の需要が高いということは，利尻島内の加工業者への注文も多くなることから，地元業者もたくさんのナマコを欲しがる．
② 地元加工業者は加工や輸送のマージンを得て商売をしているわけだから，こういうときはなるべく地元を優先する．
③ ボイル塩蔵の需要が低い時には，逆の現象が起こり，全体として本乾製品の需要が伸びてくるわけだから，自らが加工し本乾製品として出荷する割合を高くする．

であり，決して100％か0％といった対応はせず，あくまでナマコの地元需要に合わせて出荷割合を調節していくことであった．


## 3-7　いざ，本格始動

　ナマコ部会では，2013年の計画として本乾製品で100 kg制作することを目標にし，漁業を開始した．しかし，本年は漁期が始まった3月から悪天候の日が続き，例年では10日程出漁できる3月に，4日しか操業できる日がなかった．4月に入っても悪天候の日が先行したため，3～4月の春操業では計12日の操業にとどまり，例年の4割程度の水揚量にとどまってしまった．

　2013年の春はボイル塩蔵の需要が高く，地元加工業者は少しでも購入数量を増やしたい状況にあったので，このような中で自家加工を行うことは部会員に

とって大きなプレッシャーとなったようである．

　部会では，「地元加工業者との関係を保ちながら，鬼脇産ナマコの評価を高めていきたい」という方針をもとに，地元加工業者への出荷を重視しながらも，1日当たりの水揚げ量が多かった日は水揚げの一部を加工へ回してきた．

　禁漁期間（北海道漁業調整規則）後の夏操業（6月16日以降）では，状況が一変し，ボイル塩蔵の需要が弱まり，「安ければ買う」という状況になった．

　このため，6月に漁獲したナマコでは加工に回す数量を多めに調整し製品作りを行うこととなった．

### 3-8　開始1年目の成果

　部会では，2013年計画の約半数にあたる40 kgの本乾ナマコを制作した（図10・16〜18）．出荷に際しては，マニュアルと品質規格表をもとに部会員それぞれが規格［大〜極小］・品質［A〜C品］の選別を行い，利尻漁協鬼脇支所を通して，取引先である商社へ発送した．

　1年目の成果について伊藤部会長に話を伺ったところ，「制作回数を重ねるたびにB品以下の割合は減ってきたと感じている」と答えてくれた．

　さらに，「最初からよいものができるとは思っていない．今後も，商社の担当者と連絡を取り合うことで，悪い部分を知り，どうすれば改善できるか考えていきたい」と話してくれた．

　制作期間中，伊藤部会長の作業所を訪ねるたび，「裁割するナイフを工夫した…，ナマコのサイズによってボイル温度を調整した…，ボイル後の洗いを丁寧かつしっかりとしなければよい色の製品はできないことがわかった…，乾燥させるための移動式干し台を作った…」など，作業の改善について話しをしていただいた．

### 3-9　来年への目標

　2013年の製品出荷が終了した後，伊藤部会長へ2014年の目標について聞いたところ，「よい製品を作るためには加工作業に十分な時間をかける必要があることがわかった．2014年は，春漁が終わり沖の作業が落ち着く5月に加工処理を行えるよう，加工用のナマコを蓄養することや，春の操業中はボイル処理の

10章 ナマコの普及流通　267

図10・16　ナマコの水揚げの様子
　　　　　海水を循環させている魚槽からナマコを取り出す様子（写真左）．ナマコの鮮度
　　　　　が下がらない様，搬送する容器に入れる数量を調整するなど常に気を使っている
　　　　　（写真右）．1日1隻当りの水揚げ数量は100〜200 kg 程である．

図10・17　本乾製品作り①
　　　　　製品作りは悪天候で出漁できない日に行われている（写真左）．作業は家族で行
　　　　　うため，1日当たり50〜100 kg（生鮮重量）が限界である．漁業者は各自でボ
　　　　　イル用の釜や裁割用の刃物を準備し作業を行っている（写真右）．

図10・18　本乾製品作り②
　　　　　乾燥用の棚を自作し，いつボイルしたものか把握できるように工夫している（写
　　　　　真左）．乾燥途中のナマコ（写真右）．乾燥とあん蒸を繰り返すことで良質の製品
　　　　　が完成する．

み行い，5月まで冷凍保存する取り組みを行っていきたい」と話してくれた．

また，「ボイル後に冷凍したナマコを，後日解凍させ製品化する試みを，2013年に行い，保存方法と解凍方法さえ間違わなければ問題のない製品ができることを確認している」と話してくれた．

今後すぐに，鬼脇産本乾ナマコの知名度が上がることは難しいと思われるが，数年後にはこの取り組みの成果が，知名度として，浜値として現れてくることを信じて，今後も可能な限りのサポートをしていきたいと考えている．

## §4. 日本産，北海道産，利尻産，鬼脇産ナマコとして売り込む

やせ豚事件に食品添加物問題，PM2.5 による汚染や深刻な海洋汚染…

中国国内では食の安全性に課題が多いことから，ナマコに関しても，出どころのはっきりしないものは買いたがらず，日本のマーケット担当者のところへ直接交渉に来るケースもあるようだ．

疣立ちのよさから，北海道産ナマコが最高級品として扱われていることは間違いない．しかし，その一方で北海道産ナマコも香港から広州に入ってしまえば，北海道産という産地はなくなってしまい，遼寧省産などと変わってしまう（図10・19）．また，ボイル塩蔵で入って行った製品では，流通の不透明性から香港に輸出されるまでは安全安心が担保されていても，再加工される段階でそれが壊されてしまうことが多いそうである．

中国国内ではナマコ需要にこたえるため，国内での養殖規模を拡大するだけでなく，世界各国でナマコを探しているといわれている．

ボイル塩蔵で流通している日本産ナマコはあくまで養殖ナマコの補足的な位置付けであるため，中国国内の養殖ナマコが供給過剰となれば日本産ボイル塩蔵の価格は暴落し，養殖ナマコが足りなくなると価格は高騰する．

相場が安定しない現状において，本乾製品出荷による北海道産ブランドの再構築を行うことは非常に難しいことであり，それを唯一できるとしたら，海から漁獲物を水揚げできる漁業者がきっかけを作っていくしかないのではと筆者は考えている．

北海道が誇る安全安心なものを作り届けるという点からも，日本国内で製品

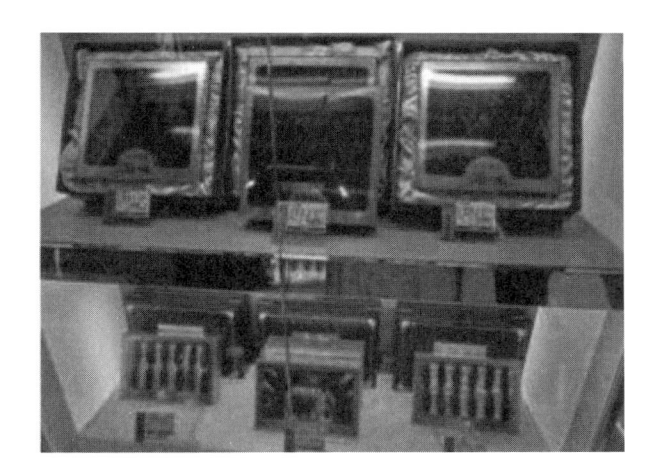

図10・19 大連黄河路にある専門店内の写真 400 g で 27 万円のナマコが売られていた．展示品はすべて遼寧省産となっていた．

化したものを与信ある流通ルートで出荷していくことこそが，将来にわたり北海道産ナマコとして中国国内市場で付加価値を持ち続けていくことができる方法ではないだろうか？

北海道の利尻島鬼脇地区で漁獲され，地元で本乾製品にしたナマコを中国国内の市場に売り込んでいくという鬼脇支所ナマコ部会が行っている取り組みは，まさにこれを実践しているものである．

## §5. 今後の方針

これまで紹介した取り組みは，今後どう展開していけばよいのだろうか？

筆者は，"ナマコの扱われ方を変えていけるよう漁業者の意識変容と行動喚起を進めていく必要がある"と考えている．

ここまでも述べてきたが，2011年まで続いてきた右肩上がりの価格上昇はすでに終わり，今では中国国内の諸事情により価格が乱高下する事態となっている．

乱高下の原因は，従来の本乾製品での流通から，ボイル塩蔵流通に変わったことで中国国内における中間加工段階で製品への歩留まり操作（合成膨張剤や

砂糖の添加）が行われ，粗悪品が作られたことによって北海道産本乾ブランドが崩壊してしまったことにある可能性が高い．

そして，前浜で漁獲した良質のナマコを安全安心が担保された状態のまま中国市場へ売り込むためには，現状では，日本国内で本乾製品まで加工を行い，透明性と与信ある流通ルートを通して消費地へ供給していく体制をもう一度作り上げていくことが必要であり，この第一歩を踏み出すことができるのは漁業者であると説明してきた．

もし，漁業者が「他国で消費されるナマコだから，我々は原料だけ供給するので後は中国国内で加工すればよい」と考えるのであれば，今のままの体制でよい．

ただ，将来にわたって安定した漁家経営を行っていくために，「前浜産という名で最高品質のナマコを消費者に届けたい」と考えるのであれば，漁業者自らが体制を再検討する必要があるのではないだろうか？

ナマコの扱われ方を変えていかなければならないと記載したが，ナマコはもともと収入を補う副業として営まれていたことから，主となる漁業の合間に操業が行われていた．

しかし，漁家収入を支えるだけでなく，地域を支えるほどの重要魚種に変わった今（図10・20）では，

①資源再生産と漁業生産性を考慮した漁獲可能量と漁獲サイズはどうか？
②消費者が求めるイボ・弾力性・肉厚感のある物が漁獲できるのはいつか？
③品質を落とさないためには漁獲後どう管理すればよいのか？
④安全安心な製品を消費者に届けるにはどうすればよいのか？
⑤上述したことを実施できる体制をどう構築していくのか？
などを検討していく必要があるのではないだろうか？

重要魚種に変わったナマコだが，本当にキロ数千円の扱いをされているのか，見つめ直す必要があるのではないだろうか？

## §6. おわりに

私は生産現場での動向把握（魚の生態・再生産，漁業，管理など）を行うこ

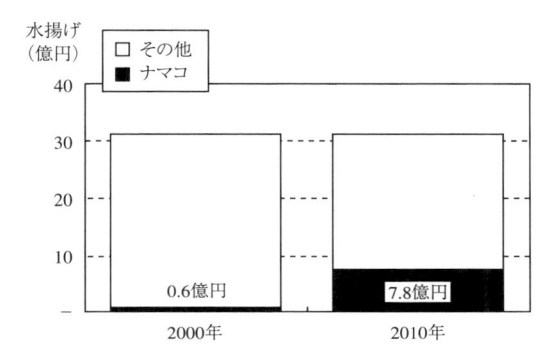

図10・20 総水揚げに占めるナマコの割合の推移
[北海道水産現勢]
約10年でナマコの水揚げ額は13倍に増加し，2010年では全体の25%を占めるまでになった．

とは当然としながら，加工・流通現場や消費現場の動向にもアンテナを広げ，常に新しい情報を収集していくことが大切であると感じている．また，普及員は浜（漁業現場）に最も近い位置にあり，多くの関係機関や研究者機関，行政機関から情報を集め，内容を精査した上で，つないでいくことができる立場にあると感じている．当然，筆者自身も情報を通すパイプに過ぎないので，大事なことは漁業者自身がこのパイプを用いて，消費サイドの情報を集めてくれるよう意識変容に取り組んでいく必要がある．今回の取り組みによって，部会員の皆さんは，製品作りに支援を頂いた様々な関係者からナマコの情報を集めるように変わってきた．

筆者自身も，この本を通じて様々な方々と関係を築き，その関係を浜につないでいくため役に立つことができればと期待している．

最後になるが，日頃より貴重な時間を頂き現場の問題点や情報を提供して下さる漁業者の皆様に，そして，それらの問題を解決すべく御尽力下さっている関係者の方々にこの場をお借りしてお礼申し上げる．また，危険な環境下や厳しい寒さの中で漁労作業に従事されている漁業者の皆様には，海難事故に遭わないよう十分に注意して頂き，万が一の備えとして，救命胴衣の着用に加え，位

置情報機能の付いた携帯電話（防水）を身に付けて下さるようこの場をお借りしてお知らせしたい（図 10・21）.

図 10・21　救命胴衣の効果を試した実験
　　　　　浮いた状態であれば防水機能の付いた携帯で助けを呼ぶことが可能．最近では位置情報が表示できる機能も搭載されている．

# 11章 ナマコ漁業の総合的管理[*1]

——牧野光琢

## §1. 本章の目的

(独) 水産総合研究センターは，水産庁の要請に応じ，2009年3月に「我が国における総合的な水産資源・漁業の管理のあり方」(以下「管理のあり方」と略称)を発表した[1]．これは，我が国の生態系の特徴と社会の特徴，そして消費者が重視する価値観を踏まえた政策選択肢を提供することを目的とした政策レポートである．そこでは，「総合的な管理」の要件として，様々な管理施策を組合せることと，様々な管理目的を衡量すべきことなどの重要性が指摘されている[*2]．

図11・1 (カラー口絵) は，ナマコ資源が海の中で再生産し，漁業により採捕され，消費者の食卓に上がるまでを，I～Ⅷの8つの段階に分類したものである．表11・1に整理されているように，漁業管理には，このI～Ⅷの各段階において導入できる様々なツール (管理施策) がある．「管理のあり方」では，生態系および社会の変化や不確実性・多様性を前提とし，かつ，各管理施策の適性や有効範囲・限界などを踏まえたうえで，複数の施策を組み合わせることにより，相乗的で頑健な効果を発揮させることを推奨している．また，図11・2は「管理のあり方」で提示された，管理の目的 (理念) を整理した図である．資源の保護のみ，利潤最大化のみ，産業保護のみ，といった単一の目的を適用するのではなく，現場の漁業の状況に応じて，図11・2に整理されたA～Hの5つの大

---

[*1] 本章は，牧野[4]，牧野ら[5] を基に，大幅に加筆・再構成したものである．なお，「漁業管理」と「資源管理」の定義については，牧野[3] の注1を参照．また，近年の漁業管理理論の国際的動向についてはGrafton et al.[6] が詳しい．

[*2] 本報告書の解説書として牧野[7-9] などを参照．

表11・1 管理施策の段階別分類とその性格（水産総合研究センター[1]を基に一部加筆）

| | | 内容 | 長所 | 限界 |
|---|---|---|---|---|
| I | 生態系の維持・修復 | 生態系の生産力（漁場豊度）の向上 | 豊かな海の維持・再生と，生態系保全を通じた多面的機能が発揮できる． | 効果の程度や時期が不明確． |
| II | 資源の積極的添加・培養 | 低下した資源を人為的に添加・培養する | 局所的資源低下を直接改善できる．手法が分かりやすく，漁業者の理解を得やすい． | 種間関係の変化や遺伝的多様性など生態系への影響の把握が困難，対象が添加技術の開発種に限定，広域的資源低下への対応が困難． |
| III | 漁獲圧の管理（入口） | 操業の質や量を規制 | 基礎的・長期的効果がある．複数の資源全体を対象に出来る．対象生物の生活史に応じた対策が可能．資源評価や規制の不確実性に頑健． | 柔軟で機動的な管理に不適．資源量への効果は間接的で評価が困難．努力量・漁獲圧の把握が困難な場合がある． |
| IV | 漁獲物の管理（出口） | 漁獲物の質や量を規制 | 資源変動に応じた機動的管理が可能．手法が分かりやすい．特に越境・広域分布資源の管理に適用しやすい． | 数量の設定・執行コストが大きい．資源変動や評価誤差が大きい場合は効果が低減する．多魚種漁業では管理が困難． |
| V | 経営構造の改善 | 資本設備の削減や漁業転換，裏作操業 | 経営コストの削減や，他の収入源が確保できる． | 減船の場合，財政（国民）や残存漁業者の負担が大きい．関係漁業種との調整が困難． |
| VI | 処理・加工・流通の改善 | 魚価・付加価値の向上，利用の効率化 | 漁業や加工・流通業の収入向上，漁業地域への経済波及・雇用創出効果が期待でき，消費者の多様なニーズにも対応できる． | 資源量への直接的な効果の程度や時期が不明確． |
| VII | 人的・組織的体制の重点化 | 管理に係る人材の育成・確保，組織の改変・強化 | 様々な問題に柔軟で創意に満ちた対応が可能．魅力ある地域形成にも貢献できる． | 人材育成には時間がかかる．組織が硬直化すると保守的・排他的になりやすい． |
| VIII | 科学・技術振興 | 技術・資源開発や生態機序の理解・予測・共有 | 中長期的・根本的に問題を改善・解決しうる．産業発展の方向性を提示しうる． | 機動的対応が困難．初期投資が大きい．期待した結果が出るかどうかは不確実． |

目的を総合的に勘案することが重要である．

　以上の考え方に基づき，本章の前半では，ナマコ漁業管理施策の様々な選択肢を図11・1の8つの段階に分類した，「ナマコ漁業管理ツール・ボックス」を紹介する．この「ナマコ漁業管理ツール・ボックス」は，漁業管理の各段階で，どのような問題に対してはどのような管理施策があるのか，その具体事例はどこか，を一覧としてまとめたものである．全国のナマコ生産現場で個別具体的な問

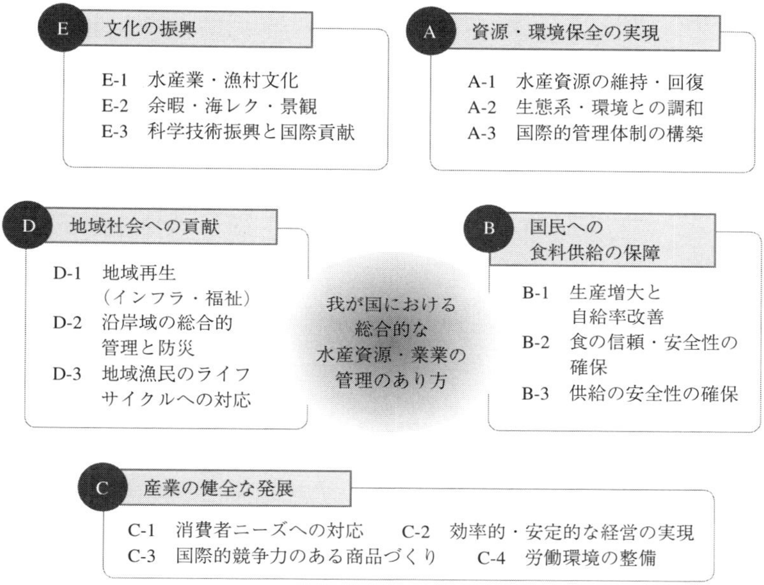

11章 ナマコ漁業の総合的管理　275

```
E  文化の振興
   E-1  水産業・漁村文化
   E-2  余暇・海レク・景観
   E-3  科学技術振興と国際貢献

A  資源・環境保全の実現
   A-1  水産資源の維持・回復
   A-2  生態系・環境との調和
   A-3  国際的管理体制の構築

D  地域社会への貢献
   D-1  地域再生
        (インフラ・福祉)
   D-2  沿岸域の総合的
        管理と防災
   D-3  地域漁民のライフ
        サイクルへの対応

　　　　我が国における
　　　　総合的な
　　　水産資源・業業の
　　　　管理のあり方

B  国民への
   食料供給の保障
   B-1  生産増大と
        自給率改善
   B-2  食の信頼・安全性の
        確保
   B-3  供給の安全性の確保

C  産業の健全な発展
   C-1  消費者ニーズへの対応      C-2  効率的・安定的な経営の実現
   C-3  国際的競争力のある商品づくり   C-4  労働環境の整備
```

図11・2　漁業管理の目的（水産総合研究センター[1]より転載）

題への対処策を検討する際に，取り得る管理施策の選択肢を提示することを目的としている．

　また，沿岸漁業の現場で，実際に管理施策を導入する際には，対象漁業の操業内容，経営内容，現場での人的・資金的・時間的制約など，様々な条件を考慮する必要がある．たとえ「ナマコ漁業管理ツール・ボックス」により多様な管理施策の選択肢が提供されたとしても，その全てを同時に実施することは現実的に不可能である．つまり，様々な管理施策について，その効果予測やコスト，関係漁業者の合意形成の困難性などに基づき，優先順位を設定することが必要となる．よって本章後半では「ナマコ漁業管理ツール・ボックス」の中のどの施策が，図11・2の各目的にどの程度効果があるのか，を分析する．そこでは，各地の沿岸漁業経営の特徴や，資源変動の不確実性を考慮した提案を行う．この目的のため，ナマコ漁業管理の数理モデルを作成し，様々な管理施策の組み合わせ方の効果とリスクをシミュレーションによって比較・検討する．

## §2. ナマコ漁業管理ツール・ボックス

### 2-1 様々な管理施策の整理とツール・ボックスの作成

　ナマコ漁業は日本全国で広く操業されている．代表的なナマコ生産地として，北海道オホーツク海域，青森県陸奥湾海域，長崎県大村湾海域に着目し，実際に現場で導入されている様々な管理施策に関する聞き取り調査を行った[*3]．さらに，定着性資源一般の漁業管理に関する国内外の文献レビューを実施し，理論的に効果が期待される管理施策についても情報を整理した．以上の作業の結果，ナマコ漁業管理施策として，少なくとも58種類の選択肢があることがわかった．これらの選択肢を，図11・1および表11・1の8つの分類に即して整理した結果を以下に示す．

#### I．生態系の維持・修復

〈具体事例のあるもの〉
　1．植樹活動（北海道枝幸，青森県蓬田），2．保護区の設置（青森県むつ），3．天敵・害獣駆除（長崎県大村湾），4．海底耕耘（長崎県大村湾）

〈具体事例はないが，効果が期待できるもの〉
　5．流砂・土砂の管理（ナマコ初期発生場である浅海域の管理），6．ランドスケープレベルや集水域単位での取り組み（環境問題としての水質管理）

#### II．資源の積極的添加・培養

〈具体事例のあるもの〉
　7．漁場造成（青森県川内町，長崎県大村湾），8．天然採苗・放流（青森県川内町・野牛・大間・脇野沢，長崎県大村湾など．徳島県では竹林礁により効果を確認（本章7章参照），9．人工種苗開発・放流（長崎大村湾，青森県川内町）

〈具体事例はないが，効果が期待できるもの〉

---

[*3] 各海域における調査の概要，ナマコ漁業の歴史と経営上の位置付け，管理の詳しい内容については，牧野ら[5)]を参照．

10. 種内多様性の確保（松尾ら[2]）が行った統計的解析によれば，青森県産マナマコの形状は個体によりばらつきがあり，一部には北海道産マナマコに近いか同等のものがある）．

## III. 漁獲圧の管理（入口管理）
〈具体事例のあるもの〉
11. 漁期・漁具・漁法・漁場・漁船数・漁船サイズ・操業時間などの規制，12. 単位漁労時間の制限（青森県蓬田では個体の損傷防止のため1回の曳網時間を10分に制限），13. 禁漁区の設置（青森県川内町，長崎県大村湾），14. 輪採制（青森県陸奥湾の一部海域では3輪採制を導入），15. グループ操業（青森県川内町），16. 賦課金・会費徴収（北海道枝幸），17. 漁業種間での操業海域調整（北海道枝幸）

〈具体事例はないが，効果が期待できるもの〉
18. 曳網回数の制限（操業時間の制限よりも丁寧な操業が期待できる），19. 目合の拡大，20. 仕向けに応じた漁獲時期・漁獲場所の工夫（時期や漁場により品質に差がある），21. 個別努力量割当（IEQ）や譲渡可能個別努力量割当（ITEQ）

## IV. 漁獲物の管理（出口管理）：漁獲量・サイズなど
〈具体事例のあるもの〉
22. サイズ規制（北海道枝幸，青森県川内町，長崎県大村湾をはじめ多数），23. 年間漁獲量規制（北海道枝幸，青森県川内町），24. 1日当たり漁獲量制限（青森県川内町），25. 個別割当（北海道枝幸），26. 混獲個体の買い取り・再放流（青森県野辺地では夏にホタテ底びきで混獲されるナマコを漁協が買い取り，保護区に再放流）

〈具体事例はないが，効果の期待できるもの〉
27. 漁期別（成熟度に応じた）TAC・IQ・ITQ（特に北海道の夏漁は乾燥加工工程で日光が重要だったからであるが，現在は機械乾燥が進んでおり，また乾燥作業を行わない場所も多いことから，検討に値する），28. 品種別TAC・IQ・ITQ，29. サイズ別TAC・IQ・ITQ，30. 漁具別TAC・IQ・ITQ

## V. 経営構造の改善

〈具体事例のあるもの〉

　31．兼業魚種の組合せ・開発（北海道枝幸，青森県川内，長崎県大村湾）

〈具体事例はないが，効果が期待できるもの〉

　32．生産規模に合わせた漁業資本や加工資本の縮小，33．漁業資本や加工資本の共有，34．協業化，35．減船

## VI. 処理・加工・流通過程の改善

〈具体事例があるもの〉

　36．船上処理の改善（鮮度は乾燥後の形状の良否に影響），37．品種別の仕向け規則の策定（長崎県大村湾），38．加工品質基準や加工マニュアルの作成・研修の実施（北海道枝幸），39．組合自営工場による加工（青森県川内町，長崎県大村湾），40．市場ニーズの把握と製品への反映（青森県川内町），41．出荷時の選別の実施（青森県川内町），42．直接取引ルートの確立（青森県川内町），43．トレーサビリティー・システムの導入（青森県野辺地では2007年より生鮮ナマコに導入しQRコードにより生産者の氏名，顔写真，船名，漁法などが表示される），44．組合による流通管理（北海道宗谷では漁獲量把握の徹底を目的として市場への水揚げ義務化，北海道枝幸では乾燥加工・組合出荷の義務化），45．新商品の開発（長崎県大村湾），46．未利用資源や残滓の有効利用（大連水産学院の研究ではナマコ煮汁から機能性を有する多糖類を抽出できる可能性を指摘．中国のナマコ関連商品の情報を参考に加工時に発生する粉や残滓の有効利用も要検討）

〈具体事例はないが，効果が期待できるもの〉

　47．加工作業の精度を上げるための奨励金・課徴金，48．MEL-JapanやMSCなど第三者認証の活用によるブランド価値の維持・創出，49．衛生基準の取得・設置（特に大村湾など生食用の流通が主体となる海域），50．中国本土における直接的販売網の創設・PR

## Ⅶ. 人的・組織的体制の強化

〈具体事例のあるもの〉

51．新たな管理組織の設立・実施（青森県川内町，長崎県大村湾），52．管理内容の普及（北海道枝幸，長崎県大村湾），53．操業日誌の義務化（北海道枝幸），54．密漁監視体制の強化（青森県川内町，長崎県大村湾），55．活動内容の発信（青森県川内町，長崎県大村湾），56．公的機関との連携による事業の実施や体制の整備（北海道の「北海道ナマコ栽培技術検討協議会」や「ナマコ資源増大推進事業（2007〜2013年）」，青森県の「地先型増殖場造成事業調査（マナマコ）」，長崎県の「長崎県大村湾ナマコ資源回復計画（2005〜2008年）」

## Ⅷ. 科学・技術的知見の整備

〈具体事例のあるもの〉

57．生態機序・資源動態の調査・把握（北海道枝幸，青森県川内，長崎県大村湾など多数），58．マニュアルの作成（北海道および青森県ではナマコ資源管理や漁場造成のための現場マニュアルを作成・配布）

なお，同じ目的と内容をもった管理施策であっても，その導入に際してはいくつかの方法がある．たとえば1．植樹活動の場合，理論的には行政による指示や義務化などによって導入することも可能であるし，経済的手法（補助金や助成金）を活用することもでき，また漁協の自主的な活動としても実施が可能である．また，漁期・漁具・漁法などの規制であれば，行政的手法（権利や許可の制限），自主的手法（漁協内部での自治的取り決め），さらに違反者に対しては法的手法（提訴）も適用できるだろう．ここでは便宜的に，その管理施策をだれがやるのか，という観点から，「行政がやる（国，県，漁業調整委員会など）」と「漁業者が自主的にやる（漁協あるいは部会など関係漁業者のグループ）」，の2つに分類した[*4]．

以上の整理に基づき，図11・1および表11・1にまとめた「どこに効くのか（Ⅰ

---

[*4]「管理のあり方」では，管理施策の導入方法を，行政的手法，経済的手法，情報的手法，司法的手法，自主的手法，の5つに分類して整理している．

表11・2 ナマコ漁業管理ツール・ボックス

| | 行政がやる | 漁業者が自主的にやる |
|---|---|---|
| Ⅰ. 生態系の維持・修復<br>（陸上と海中に分けてもよい） | 1, 2, 3, 4, 5, 6 | 1, 2, 3, 4 |
| Ⅱ. 資源の積極的添加・培養 | 7, 8, 9, 10 | 7, 8, 9, 10 |
| Ⅲ. 漁獲圧の管理（入口） | 11, 12, 13, 17, 18, 19, 21 | 11, 12, 13, 14, 15, 16, 17, 18, 19, 20, 21 |
| Ⅳ. 漁獲物の管理（出口） | 22, 23, 24, 25, 27, 28, 29, 30 | 22, 23, 24, 25, 26, 27, 28, 29, 30 |
| Ⅴ. 経営構造の改善 | 31, 35 | 31, 32, 33, 34, 35 |
| Ⅵ. 処理・加工・流通の改善<br>（船上と陸上に分けてもよい） | 37, 38, 43, 45, 46, 49, 50 | 36, 37, 38, 39, 40, 41, 42, 43, 44, 45, 46, 47, 48, 49, 50 |
| Ⅶ. 人的・組織的体制強化 | 51, 52, 53, 54, 55, 56 | 51, 52, 53, 54, 55, 56 |
| Ⅷ. 科学・技術振興 | 57, 58 | 57, 58 |

～Ⅷ)」を表側に，「誰がやるのか（行政か漁業者か）」という整理を表頭に配置して，前節の58施策を分類した結果が，表11・2の「ナマコ漁業管理ツール・ボックス」である．表11・2の中の数字は，上記のそれぞれの管理施策に対応している[*5]．

## 2-2 ナマコ漁業管理ツール・ボックスの活用法

### 1) 現場での現状評価および認識共有

まず，各現場ナマコ漁業者や水産普及指導員らが，表11・2の58の選択肢を見ながら，各現場の現在のナマコ漁業管理の状況を議論・整理することが有効である．そして，協議の結果，現在管理が上手く行っていると思う部分には■を，現在は課題があり新たな取り組みが必要と考えられる部分には▨を塗る．以上の作業により，各現場の漁業管理の状況をわかりやすく評価することができ，また関係者の認識共有も促進される．図11・3（a～c）は，筆者らが現場聞き取り調査を行った漁協の中から，北海道A漁協，青森県B漁協，長崎県C漁協について，上記の評価を行った例である．

---

[*5] 回遊性資源などナマコ以外の資源にも適用可能な，一般的な漁業管理ツール・ボックスについては，「管理のあり方」[1]を参照されたい．そこでは，78の理論的な管理施策が整理されている．

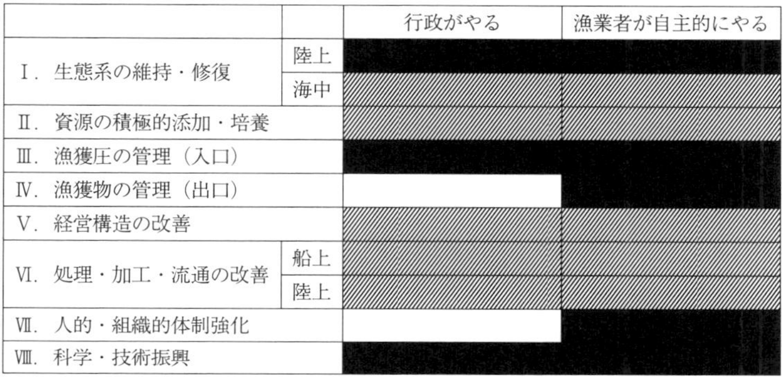

11 章 ナマコ漁業の総合的管理 *281*

図 11・3(a) 北海道 A 漁協のナマコ漁業管理の評価

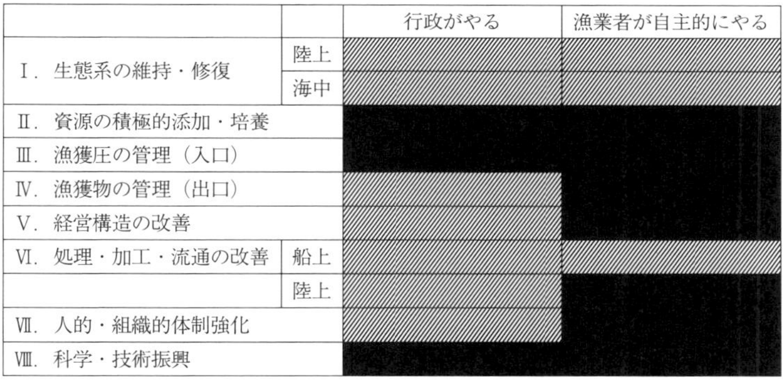

図 11・3(b) 青森県 B 漁協のナマコ漁業管理の評価

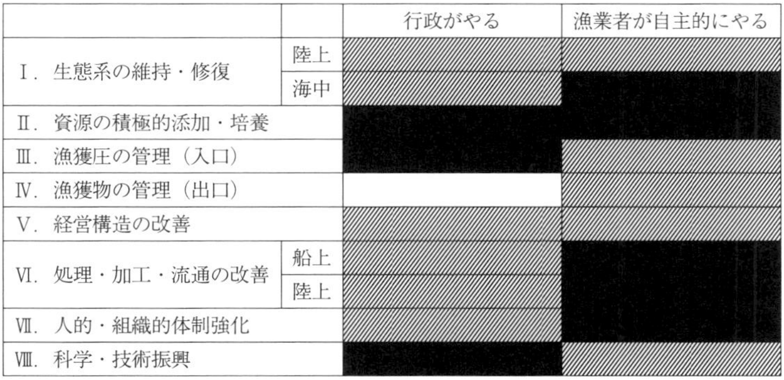

図 11・3(c) 長崎県 C 漁協のナマコ漁業管理の評価

### 2）普及指導業務や研究業務での活用法

上記のように各現場の漁業管理の現状を整理・評価することによって，水産普及指導員が現場関係者と一緒に考え，認識を共有し，改善のための議論を始めるための端著とすることができる．その結果として，資源管理規定・漁業権行使規則や資源管理計画の改訂作業，その上乗せ的な追加的自主管理の促進が期待される．また，担当者の転勤に際しては，各現場で残された課題や，これまでの取り組みの経緯を後任に伝える様式としても使用が可能である．

各海域の管理の比較研究にも，この「漁業管理ツール・ボックス」は有用である．たとえば，亜寒帯海域の北海道A漁協と，温帯海域の長崎県C漁協を比較すると，おおよそ色の配置が逆になっている．これは，対象とする生態系の違いや，ナマコ資源の単価および経営依存度の違いによるものと考えられる（後述）．なお，青森県B漁協については，県による資源回復計画が実施されていた期間は「行政がやる」の列を中心に評価が高かったが，計画の終了にともない，効果の確認された施策を中心に漁業者による自主的管理の列に移動したと考えられる．このように「漁業管理ツール・ボックス」は，漁業管理内容の時間変化の把握にも使用できる．

## §3. ナマコ漁業管理モデルによる定量的検討

次に，上記の結果に基づき，追加的改善策としてどの管理施策を優先的に実施すべきか，を考察する．この目的のため，本節ではナマコ漁業管理の数理モデルを用いたシミュレーションを実施する．

### 3-1 モデルの構成と評価指標の定義
#### 1）漁業管理モデルの構成と決定論による最適解の導出

青森県A海域におけるナマコ資源評価結果を用いて，ナマコ資源の再生産関係式を推定した[*6]．なお，$X_t$はt年の漁期前資源量，rは内的自然増加率，Kは環境収容量，$Y_t$はt年の漁獲量である．

---

[*6] 本モデルの詳細については，牧野[4]を，資源動態モデルの種類や推定法については赤嶺[10]を参照．

$$X_{t+1} = 1.695 (X_t - Y_t)(1 - (X_t - Y_t)/945.6), 標準誤差(\sigma) = 306.3$$

また，ナマコ漁業による利潤（$\pi$）は，ナマコ生単価（p）から単位漁獲当たりのコスト（c）を差し引いた値を，漁獲量（$Y_t$）にかけ合わせることで得られる．

$$\pi_t = (p-c)Y_t$$

ナマコ生産現場での生単価（p）については，モデル海域と同じ青森県に所在するd漁協の近年の平均値（1,982円/kg）を使用した．また，現場聞き取り調査の結果を参考に，単位漁獲当りコスト（c）を単価の4割と仮定した[*7]．将来の収入を現時点での価値に換算する際に使用する割引率は，安全資産（長期国債）の利率を参考に年3％と仮定した．

以上のモデルに基づき，まず不確実性を考慮しない決定論の最適生産を解析解により求めた．その結果，利潤を最大化する年間漁獲量（Y*）は400.6トン/年，Y*を実現するための漁期終了時の資源量（X*）は464.4トン，Y*の漁獲によるA海域全体での年間利潤（$\pi$*）は476.3百万円/年，現在から20年間Y*で操業する場合のA海域全体の正味現在価値（NPV）が7,086.8百万円となった．なお，生産量を最大化する漁獲量（MSY）は400.7トン/年，MSYを実現するための漁期終了後資源量（$X_{MSY}$）は472.8トンと計算された．

ただし，実際の海域生態系には自然由来の変動が存在する．さらに，資源推定の誤差に基づく不確実性や，モデルの説明能力不足に由来する不確実性もある．これらの不確実性を無視した分析は，現実的には，ほとんど役に立たないと言っても過言ではないだろう．本モデルでも，A海域の標準誤差は300トン以上である．計算上の最適年間漁獲量（Y*）が400.6トンと推定されていることに鑑みれば，不確実性を明示的に組み込んだ分析の必要性は明らかである．よって，以下の考察では不確実性を考慮した評価指標を定義し，シミュレーションを実

---

[*7] 延出漁日数や延曳網回数など投入努力量のデータが入手できなかったため，生産関数が推定できず，従って資源水準に応じた単位漁獲当りコストも推定できなかったため，一定コストを採用した．ナマコは比較的に集性の強い資源なので，資源水準がある程度良好であればこのモデルでも大きな問題は生じにくいが，資源水準が著しく低い場合には大きな誤差につながる可能性が高い．

施する.
### 2) 管理の目的に対応する評価指標の定義

不確実性を前提としたナマコ漁業の管理には,各地域におけるナマコ資源の位置付けに応じて,様々な考え方がある(後述).よってここでは,「管理のあり方」で提示された,漁業管理の目的(図11・2)に基づき,以下の4つの評価指標を定義した.

まず,「資源・環境保全の実現」に対応する資源面の指標として,各年の漁期終了後の資源量の期待値($E(X)$)を定義する.また,漁期終了後の資源量が,決定論の最適値($X^*=464.4$トン)の1/2を下回る確率を,資源リスクとする(X risk).「国民への食料供給の保障」に対応する生産面の指標として,各年の生産量の期待値($E(Y)$)と,各年の生産量が決定論の最適値($Y^*=400.6$トン)の1/2を下回る確率(生産リスク:Y risk)を,それぞれ定義する.「産業の健全な発展」に係る漁業経営面の指標として,各年の利潤の期待値[$E(\pi)$]と,それが決定論の$\pi^*$の1/2を下回る確率(経営リスク:$\pi$ risk)を定義する.最後に,「地域社会」を構成する後継者確保に対応する指標として,現在から20年間ナマコ漁業を操業すると仮定した場合の利潤の期待正味現在価値($E(NPV)$)を算出する.なお,この20年間という期間は,漁船など固定資本の減価償却期間と,漁業者の世代交代に係る期間を勘案して設定した.$E(NPV)$は,いわば"長期的な漁場の価値"を見積もったものであり,この漁業に後継者や新規参入者が着業する上で,単年の利潤である$E(\pi)$とならび重要な指標となる.また,シミュレーションで計算されるNPVが決定論でのNPV(=7,086.8百万円)の1/2を下回る確率を後継者リスク(NPV risk)と定義する.なお,新規参入者や後継者にとって,年による利潤変動は,生活設計や安心の面で特に重大な問題である.よって,$E(NPV)$の算出に際しては,この変動の程度を経済的に正当に評価する必要がある.本研究では,牧野[3]の手法を用いてリスク・プレミアムを推定・適用することにより,将来の利潤の変動の大きさを加味した現在価値を算出した[*8].以上の指標を整理したものが,表11・3である.

---

[*8] 将来の利潤の変動が大きいほど,ペナルティーとして高い割引率を適用することにより,将来の利潤を低く評価するという考え方に基づいている.

表11・3　漁業管理の評価指標

| 資源・環境保全 | 漁期終了後資源量の期待値（トン） | E(X) |
| --- | --- | --- |
|  | 漁期終了後資源量が，決定論の最適値（464.4トン）の1/2を下回る確立（%）：資源リスク | X risk |
| 食料供給 | 漁業生産量の期待値（トン） | E(Y) |
|  | 生産量が，決定論の最適値（400.6トン）の1/2を下回る確立（%）：生産リスク | Y risk |
| 産業発展 | 各年の利潤の期待値（千円） | E($\pi$) |
|  | 各年の利潤が，決定論の最適値（476356千円）の1/2を下回る確立(%)：経営リスク | $\pi$ risk |
| 地域社会 | 新規着業者にとってのナマコ漁場の価値の期待値（千円） | E(NPV) |
|  | ナマコ漁場価値の期待値が，決定論の価値の1/2を下回る確立（%）：後継者リスク | NPV risk |

### 3）管理施策とパラメータの対応

表11・4に，2-2で議論した「ナマコ漁業管理ツール・ボックス」における，Ⅰ～Ⅷの8種類の管理施策の内容と，数理モデルの諸パラメータとの関係を整理した．「Ⅰ．生態系の維持・修復」に関する管理施策は，生態系サービスの1つである，漁場生産力の増大を通じて，環境容量（$K$）の増大に寄与すると仮定した．つづいて，「Ⅱ．資源の積極的添加・培養」は，漁場造成や種苗放流により，加入量の極端な低下を防ぐ施策（資源変動の平準化のための施策）として位置付け，標準誤差（$\sigma$）の減少に寄与すると仮定した[*9]．「Ⅲ．漁獲圧の管理（入口管理）」と「Ⅳ．漁獲物の管理（出口管理）」は，ともにナマコの「獲り方」に関するものなので，次節で導出する漁獲計画によって比較・検討する[*10]．「Ⅴ．経営構造の改善」は，主に経費の削減や副収入の増加に関する施策と整理し，ここでは単位漁獲当たりコスト（$c$）の削減として計算した．「Ⅵ．処理・加工・流通の改善」は，ナマコ生産現場での生単価（$p$）の増加に寄与すると仮定した．

---

[*9] 種苗放流などの資源添加施策が，内的自然増加率（$r$）の増加につながるという見解もある．今後，ナマコ種苗放流効果の推定など実証研究の蓄積を待って，さらにモデルを修正していきたい．

[*10] 今回は齢構成を考慮しない資源動態モデル（ロジスティック式）を採用している．よって，サイズ別の市場ニーズに応じた採り分けや，稚ナマコに特化した保護策などの管理施策については，その効果を検討できなかった．

表11・4 ナマコ漁業管理ツール・ボックスにおける分類とパラメータとの対応

| | 内容 | 管理施策の具体例 | パラメータの変化 |
|---|---|---|---|
| I | 生態系の維持・修復 | 天敵・害獣駆除,藻場・干潟の修復,海底耕耘,植樹活動,流砂・土砂の管理,ランドスケープレベルや集水域単位での水質管理,など | 環境容量（K）の増加 |
| II | 資源の積極的添加・培養 | 漁場造成,天然採苗・放流,人工種苗生産・放流,育種,など | 標準誤差（$\sigma$）の減少 |
| III | 漁獲圧の管理（入口管理） | 漁期・漁具・漁法・漁場・漁船数・漁船サイズ・操業時間などの規制,単位漁労時間の制限,禁漁区の設置,輪採制,グループ操業,賦課金・会費徴収,漁業種間での操業海域調整,曳網回数の制限,目合の拡大,仕向けに応じた漁獲時期・漁獲場所の工夫,個別努力量割当（IEQ）,譲渡可能個別努力量割当（ITEQ）,など | 漁獲計画の実施（本章3-2参照） |
| IV | 漁獲物の管理（出口管理） | サイズ規制,年間漁獲量規制,一日あたり漁獲量制限,個別割当,混獲個体の買い取り・再放流,時期別TAC・IQ・ITQ,品種別TAC・IQ・ITQ,サイズ別TAC・IQ・ITQ,漁具別TAC・IQ・ITQ,など | 漁獲計画の実施（本章3-2参照） |
| V | 経営構造の改善 | 兼業魚種の組合せ・開発,生産規模に合わせた漁業資本や加工資本の縮小,漁業資本や加工資本の共有,協業化,減船,など | 単位漁獲コスト（c）の低下 |
| VI | 処理・加工・流通の改善 | 船上処理の改善,品種別の仕向け規則の策定,組合自営工場による加工,市場ニーズの把握と製品への反映,出荷時の選別の実施,直接取引ルートの確立,トレーサビリティー・システムの導入,新商品の開発,未利用資源や残滓の有効利用,加工作業の精度を上げるための奨励金・課徴金,MEL-JapanやMSCなど第三者認証の活用によるブランド価値の維持・創出,衛生基準の取得・設置,など | 生単価（p）の向上 |
| VII | 人的・組織的体制の重点化 | 新たな管理組織の設立・実施,操業日誌の義務化,管理活動内容の普及・発信,密漁監視体制の強化,公的機関との連携による事業の実施や体制の整備,など | 上記すべて |
| VIII | 科学・技術振興 | 生態機序・資源動態の調査・把握,管理マニュアルや広報誌を通じた成果の普及・共有,など | 上記すべて |

また，VIIとVIIIは管理全体の精度向上に寄与するものとして整理した．

### 3-2 シミュレーションによる管理施策の効果分析
#### 1）様々な獲り方の比較・検討（管理施策III・IV）
　不確実性を組み込んだ数理モデルを用いて，水産資源の獲り方を導出する際

には，いくつかの考え方がある．たとえば資源経済学（Natural Resource Economics）では，期待利潤の正味現在価値［E(NPV)］を最大化する手法である，動的計画法（Dynamic Programming）を用いることが多い[*11]．このようにして得られる，貨幣的な意味で最適な獲り方を，漁獲計画1とする．

ただし，この動的計画法による漁獲計画1は，漁獲量の年変動が大きいという欠点がある．たとえば加入資源量が少ない年には，しばしば禁漁の実施が解となる．つまり，漁獲計画1は"貨幣的効率性"は最も高いものの，収入や生産の"安定性"は低い計画であると言うべきであろう．たとえば，乾燥ナマコがブランド化されている場合や，ナマコ漁業からの収入が家計収入の大部分を占めるような場合には，貨幣的効率性を多少犠牲にしても，供給量や収入の安定性を重視することが必要となる場合もあるだろう．つまり，動的計画法のみでは，表11・3に整理した様々な漁業管理の目的を総合的に衡量することは不可能である．

よってここでは，以下の3種類の代替的な漁獲計画を導出する．まず，漁期前の資源推定量のうち，漁獲する比率を一定に固定して，毎年の漁獲計画をたてるという計画である（漁獲率一定計画）．これを，漁獲計画2とする．漁獲率には，決定論で導出された比率（漁期前資源量の46.3％）を使用した．つづいて，供給量の安定化という意味では，漁獲量を一定とする計画も考えられる（漁獲量一定計画）．これを，漁獲計画3とする．漁獲量には，決定論で導出された最適漁獲量（400.6トン／年）を使用した．最後に漁獲計画4は，1と2の折衷案である．両者の漁獲量の平均値を使用した．

図11・4（カラー口絵）は，標準偏差＝306.3トンの正規乱数（20個）によって描写された20年間の資源変動に対する4つの漁獲計画の効果を比較した例である．漁獲計画1（動的計画法）では，資源量が少ない年には禁漁が実施され，収入がゼロとなるなど，生産量と利潤の変動がはげしい．いわば，資源変動に直接的に順応した漁獲が行われる．凹凸は激しいが，算術平均値でみると，資

---

[*11] 具体的な計算方法については，牧野[4]補足資料2を参照．なお，不確実性下の意思決定に関する経済理論についてはDixit and Pindyck[11]を参照．また，不確実性下の再生産性資源の利用については，Conrad and Clark[12]やClark[13]が詳しい．近年は，複数の管理戦略の中から最も不確実性に頑健な方策を選択するための方法論として，Management Strategy Evaluationという手法も発展している[14]．

源量・生産量・利潤全ての値が最大となることがわかっている．漁獲計画2（漁獲率一定）では，漁場に資源が少しでもある限り禁漁は実施されず，生産量・利潤ともに変動は小さいが，それらの平均値も小さくなっている．漁獲計画3（漁獲量一定）では，何らかの不確実性要因により一度でも資源が減少すると，かなり高い確率で資源が枯渇してしまう．また，その後は突発的に加入のよい年があっても，ほとんどすぐに採りつくしてしまうことがわかる[*12]．一方で漁獲計画4（折衷）は，漁獲計画1と漁獲計画2の平均値を使用しているため，生産量・漁獲金額ともに両者の中間の性質となっている．この計画の場合，資源の多い年には漁獲計画2（漁獲率一定）よりも多く獲り，資源の少ない年には漁獲計画2よりも少なく獲る，という漁獲計画が導出された．

以上の4種類の漁獲計画について，それぞれ500回のシミュレーションを行い，表11・3で定義された8種類の評価指標を計算した結果が，表11・5の一番左上のボックスである．漁獲計画1（動的計画法）は，資源量の期待値が高く，資源リスクは著しく小さい．いわば，もっとも資源保全に配慮した漁獲計画ということができる．その対極にあるのが漁獲計画3（漁獲量一定）である．資源量期待値は著しく低く，また資源リスクは約87％である．漁獲計画2（漁獲率一定）は資源リスクが32％あり，期待資源量も漁獲計画1より2割以上小さい．折衷案の漁獲計画4は資源リスクが約5％であり，資源量の期待値は漁獲計画1より6％ほど下回っている．食料指標に関しては，1年当たりの期待生産量が最も大きいのが漁獲計画1であり，生産リスクは約29％である．それに比較して，漁獲計画4は，期待生産量が約9％小さいものの，生産量の安定性が高い（年変動が小さい）ため，生産リスクは漁獲計画1よりわずかに小さい．漁獲計画2と3は，期待生産量の面でも生産リスクの面でも他の2つより大きく劣っている．産業発展指標は，食料供給指標とほぼ同じ傾向がみられる．地域社会指標をみると，漁獲計画4が最も優れている．これは，収入の年変動に関連するリスク・プレミアム（RP）が漁獲計画1では大きいため，将来の収入が低く評価されて

---

[*12] 漁獲量一定計画は，現場で最も導入しやすい漁獲計画である．実際の漁獲量一定計画では，資源水準の低下が観察された場合には，漁獲量を改訂することが普通である．よって，この漁獲量をどの水準で固定すべきか，それをどのような基準で決定すべきか，この水準を定期的・順応的に改訂する場合は何年おきにどのように実施すべきか，などの点についても，詳しい分析が必要である．

いるからである．

　以上より，資源保全面では漁獲計画1が，地域社会面では漁獲計画4が優れていることが明らかとなった．また，食料供給面と産業発展面では，期待値に関しては漁獲計画1が優れているが，リスクや変動の面からは漁獲計画4がわずかに優位であることがわかった．漁獲計画2, 3については，ほぼすべての指標において，漁獲計画1, 4よりも明らかに劣っていた．

### 2）その他の管理施策（Ⅰ・Ⅱ・Ⅴ・Ⅵ）の効果比較・検討

　続いて，漁獲計画1〜4について，その他の管理施策を導入した際の効果を比較・検討する．表11・4より，「ナマコ漁業管理ツール・ボックス」のうちの「Ⅰ．生態系の維持・修復」，「Ⅱ．資源の積極的添加・培養」，「Ⅴ．経営構造の改善」，「Ⅵ．処理・加工・流通の改善」に関する管理施策の効果として顕れるパラメータ変化は，環境収容量（$K$）の増加，予測資源量の標準誤差（$\sigma$）の減少，生単価（$p$）の上昇，単位漁獲コスト（$c$）の低下，の4通りである．さらに，これら2つ以上の組み合わせ（11通り）により，合計15通りの管理施策の組み合わせが想定できる．この15通りの組合せについて，上記のパラメータを限界的に変化させることにより（1％の変化），各漁獲計画における諸評価指標にどのような効果をもたらすかについて，それぞれ500回のシミュレーションを実施した（表11・5）．

　以下，漁獲計画1（動的計画法）と漁獲計画4（折衷）について，諸評価指標への効果を要約する．まず資源保全面について，漁獲計画1はもともと期待値が高くリスクも著しく低い．一方で漁獲計画4では，管理施策Ⅱの「資源の積極的添加・培養」を実施し標準誤差$\sigma$を削減すると改善されるが，その効果はそれほど大きくない．よって，資源面に関しては，管理施策Ⅲ・Ⅳに相当する漁獲の管理と，それを支える人的・組織的側面（Ⅶ）や，科学・技術的知見の整備（Ⅷ）の管理施策を導入することが何よりも重要である．

　食料供給面では，管理施策Ⅰにより，生態系の保全や漁場・生息地保全を行い，環境容量を高めることが，両漁獲計画において効果的である．特に漁獲計画4の場合は，管理施策Ⅱの資源の積極的添加や培養を実施すると，相乗的効果が得られ，期待生産量は1％以上増加し，リスクも1％近く削減できる．

　産業発展面について，利潤の期待値では，主に管理施策ⅤとⅥの施策による

*290*

表11・5 シミュレーション

| ツール・ボックスにおける管理施策 | Ⅲ+Ⅳ（漁獲計画）のみ | | | | Ⅲ+Ⅳ+Ⅰ | | | |
|---|---|---|---|---|---|---|---|---|
| パラメータ変化 | なし | | | | K1% up | | | |
| 漁獲計画 | 1 | 2 | 3 | 4 | 1 | 2 | 3 | 4 |
| E(X) | 464.84 | 354.91 | 76.28 | 436.61 | 469.25 | 358.19 | 77.51 | 438.31 |
| X risk | 0 | 32.11 | 86.66 | 4.82 | 0 | 31.82 | 86.46 | 4.69 |
| E(Y) | 398.01 | 301.70 | 157.63 | 363.35 | 401.48 | 304.70 | 158.09 | 367.04 |
| Y risk | 28.86 | 34.13 | 62.1 | 28.11 | 28.42 | 33.82 | 61.99 | 27.61 |
| E($\pi$) | 473317 | 358777 | 187456 | 432101 | 477438 | 362345 | 188004 | 436488 |
| $\pi$ risk | 28.86 | 34.13 | 62.1 | 28.11 | 28.42 | 33.82 | 61.99 | 27.61 |
| E(NPV) | 6026351 | 4864386 | 2842422 | 6335605 | 6076674 | 4908473 | 2849481 | 6398538 |
| NPV risk | 0.2 | 18.4 | 79.6 | 2.8 | 0 | 17.8 | 79.2 | 2.8 |
| Risk Premium | 1.480% | 0.859% | 0.829% | 1.176% | 1.484% | 0.862% | 0.828% | 1.180% |
| ツール・ボックスにおける管理施策 | Ⅲ+Ⅳ+Ⅴ | | | | Ⅲ+Ⅳ+Ⅰ+Ⅱ | | | |
| パラメータ変化 | c 1% down | | | | K1% up と，$\sigma$ 1% down | | | |
| 漁獲計画 | 1 | 2 | 3 | 4 | 1 | 2 | 3 | 4 |
| E(X) | 464.84 | 354.91 | 76.28 | 436.61 | 469.25 | 358.74 | 75.23 | 439.03 |
| X risk | 0 | 32.11 | 86.66 | 4.82 | 0 | 31.52 | 86.74 | 4.51 |
| E(Y) | 398.01 | 301.70 | 157.63 | 363.35 | 400.97 | 305.18 | 156.51 | 367.54 |
| Y risk | 28.86 | 34.13 | 62.1 | 28.11 | 28.15 | 33.49 | 62.37 | 27.31 |
| E($\pi$) | 476473 | 361169 | 188706 | 434981 | 476834 | 362918 | 186127 | 437076 |
| $\pi$ risk | 28.86 | 33.94 | 61.98 | 27.98 | 28.15 | 33.49 | 62.37 | 27.31 |
| E(NPV) | 6060981 | 4894194 | 2861347 | 6377836 | 6075174 | 4918440 | 2823248 | 6406427 |
| NPV risk | 0.2 | 17.8 | 79.2 | 2.8 | 0 | 17.6 | 80 | 2.8 |
| Risk Premium | 1.490% | 0.864% | 0.834% | 1.184% | 1.474% | 0.856% | 0.825% | 1.171% |
| ツール・ボックスにおける管理施策 | Ⅲ+Ⅳ+Ⅱ+Ⅵ | | | | Ⅲ+Ⅳ+Ⅱ+Ⅴ | | | |
| パラメータ変化 | $\sigma$ 1% down と，p 1% up | | | | $\sigma$ 1% down と，c 1% down | | | |
| 漁獲計画 | 1 | 2 | 3 | 4 | 1 | 2 | 3 | 4 |
| E(X) | 464.84 | 355.45 | 74.01 | 437.45 | 464.84 | 355.51 | 73.59 | 437.59 |
| X risk | 0 | 31.88 | 86.95 | 4.62 | 0 | 31.81 | 87 | 4.56 |
| E(Y) | 397.50 | 302.17 | 156.06 | 363.93 | 397.47 | 302.37 | 155.89 | 364.00 |
| Y risk | 28.6 | 33.89 | 62.47 | 27.79 | 28.58 | 33.81 | 62.52 | 27.76 |
| E($\pi$) | 480584 | 365330 | 188679 | 439993 | 475828 | 361971 | 186615 | 435760 |
| $\pi$ risk | 28.26 | 33.51 | 62.11 | 27.4 | 28.5 | 33.72 | 62.34 | 27.6 |
| E(NPV) | 6111220 | 4948867 | 2863154 | 6450302 | 6057612 | 4906086 | 2831360 | 6386768 |
| NPV risk | 0 | 17.6 | 79 | 2.8 | 0 | 17.6 | 79.6 | 2.8 |
| Risk Premium | 1.494% | 0.867% | 0.839% | 1.187% | 1.479% | 0.858% | 0.832% | 1.175% |
| ツール・ボックスにおける管理施策 | Ⅲ+Ⅳ+Ⅰ+Ⅱ+Ⅴ | | | | Ⅲ+Ⅳ+Ⅰ+Ⅴ+Ⅵ | | | |
| パラメータ変化 | K1% up と，$\sigma$ 1% down と，c 1% down | | | | K1% up と，p 1% up と，c 1% down | | | |
| 漁獲計画 | 1 | 2 | 3 | 4 | 1 | 2 | 3 | 4 |
| E(X) | 469.25 | 358.74 | 75.23 | 439.03 | 469.25 | 358.19 | 77.51 | 438.31 |
| X risk | 0 | 31.52 | 86.74 | 4.51 | 0 | 31.82 | 86.46 | 4.69 |
| E(Y) | 400.97 | 305.18 | 156.51 | 367.54 | 401.48 | 304.70 | 158.09 | 367.04 |
| Y risk | 28.15 | 33.49 | 62.37 | 27.31 | 28.42 | 33.82 | 61.99 | 27.61 |
| E($\pi$) | 480013 | 365337 | 187368 | 439990 | 488579 | 370800 | 192390 | 446673 |
| $\pi$ risk | 28.07 | 33.24 | 62.21 | 27.18 | 28 | 33.09 | 61.48 | 27.1 |
| E(NPV) | 6110112 | 4948583 | 2842046 | 6449130 | 6198556 | 5013553 | 2915882 | 6547814 |
| NPV risk | 0 | 17.6 | 79 | 2.8 | 0 | 17.4 | 78 | 2.6 |
| Risk Premium | 1.483% | 0.862% | 0.830% | 1.179% | 1.519% | 0.882% | 0.847% | 1.207% |

ツール・ボックスのⅢ，Ⅳに対応する，漁獲の入口・出口管理　漁獲計画1) 採り残し一定：貨幣的な最適制御
漁獲計画3) 漁獲量一定：決定論での最適漁獲量を採用

# 結果一覧

| III + IV + II || | | III + IV + VI || | |
|---|---|---|---|---|---|---|---|
| σ 1% down |||| p 1% up ||||
| 1 | 2 | 3 | 4 | 1 | 2 | 3 | 4 |
| 464.84 | 355.45 | 74.01 | 437.45 | 464.84 | 354.91 | 76.28 | 436.61 |
| 0 | 31.88 | 86.95 | 4.62 | 0 | 32.11 | 86.66 | 4.82 |
| 397.50 | 302.17 | 156.06 | 363.93 | 398.01 | 301.70 | 157.63 | 363.35 |
| 28.6 | 33.89 | 62.47 | 27.79 | 28.86 | 34.13 | 62.1 | 28.11 |
| 472705 | 359341 | 185586 | 432780 | 481206 | 364757 | 190580 | 439302 |
| 28.6 | 33.89 | 62.47 | 27.79 | 28.53 | 33.7 | 61.75 | 27.79 |
| 6024692 | 4874214 | 2816278 | 6344575 | 6112804 | 4938844 | 2889733 | 6441182 |
| 0.2 | 18.2 | 80.2 | 2.8 | 0 | 17.8 | 78.6 | 2.8 |
| 1.470% | 0.853% | 0.825% | 1.168% | 1.505% | 0.873% | 0.843% | 1.196% |

| III + IV + I + VI |||| III + IV + I + V ||||
|---|---|---|---|---|---|---|---|
| K1% up と, p 1% up |||| K1% up と, c 1% down ||||
| 1 | 2 | 3 | 4 | 1 | 2 | 3 | 4 |
| 469.25 | 358.19 | 77.51 | 438.31 | 469.25 | 358.07 | 77.63 | 438.26 |
| 0 | 31.82 | 86.46 | 4.69 | 0 | 31.71 | 86.09 | 4.68 |
| 401.48 | 304.70 | 158.09 | 367.04 | 401.42 | 304.62 | 158.09 | 367.01 |
| 28.42 | 33.82 | 61.99 | 27.61 | 28.4136546185 | 33.8353413655 | 62.0180722892 | 27.6204819277 |
| 485396 | 368384 | 191137 | 443763 | 490090 | 370049 | 192200 | 447887 |
| 28.07 | 33.26 | 61.62 | 27.23 | 28.16 | 33.56 | 61.66 | 27.39 |
| 6163815 | 4983572 | 2896911 | 6505164 | 6110199 | 4936219 | 2868105 | 6439718 |
| 0 | 17.4 | 78.4 | 2.8 | 0 | 17.8 | 78.4 | 2.8 |
| 1.509% | 0.876% | 0.842% | 1.200% | 1.494% | 0.867% | 0.833% | 1.187% |

| III + IV + V + VI |||| III + IV + I + II + VI ||||
|---|---|---|---|---|---|---|---|
| p 1% up と, c 1% down |||| K1% up と, σ 1% down と, p 1% up ||||
| 1 | 2 | 3 | 4 | 1 | 2 | 3 | 4 |
| 464.84 | 354.91 | 76.28 | 436.61 | 469.25 | 358.74 | 75.23 | 439.03 |
| 0 | 32.11 | 86.66 | 4.82 | 0 | 31.52 | 86.74 | 4.51 |
| 398.01 | 301.70 | 157.63 | 363.35 | 400.97 | 305.18 | 156.51 | 367.54 |
| 28.86 | 34.13 | 62.1 | 28.11 | 28.15 | 33.49 | 62.37 | 27.31 |
| 484361 | 367149 | 191830 | 442183 | 484782 | 368966 | 189229 | 444360 |
| 28.39 | 33.56 | 61.61 | 27.62 | 27.94 | 32.99 | 62.03 | 26.95 |
| 6147270 | 4968571 | 2908657 | 6483413 | 6162393 | 4993736 | 2870241 | 6513185 |
| 0 | 17.6 | 78.2 | 2.8 | 0 | 17.4 | 79 | 2.6 |
| 1.515% | 0.879% | 0.848% | 1.204% | 1.498% | 0.870% | 0.838% | 1.191% |

| III + IV + II + V + VI |||| III + IV + I + II + V + VI ||||
|---|---|---|---|---|---|---|---|
| σ 1% down と, p 1% up と, c 1% down |||| K1% up と, σ 1% down と, p 1% up と, c 1% down ||||
| 1 | 2 | 3 | 4 | 1 | 2 | 3 | 4 |
| 464.84 | 355.45 | 74.01 | 437.45 | 469.25 | 358.74 | 75.23 | 439.03 |
| 0 | 31.88 | 86.95 | 4.62 | 0 | 31.52 | 86.74 | 4.51 |
| 397.50 | 302.17 | 156.06 | 363.93 | 400.97 | 305.18 | 156.51 | 367.54 |
| 28.6 | 33.89 | 62.47 | 27.79 | 28.15 | 33.49 | 62.37 | 27.31 |
| 483735 | 367725 | 189917 | 442879 | 487961 | 371386 | 190470 | 447274 |
| 28.1 | 33.27 | 62 | 27.21 | 27.84 | 32.76 | 61.91 | 26.81 |
| 6145716 | 4978671 | 2881904 | 6492592 | 6197165 | 5023797 | 2889037 | 6555887 |
| 0 | 17.4 | 78.8 | 2.8 | 0 | 17.4 | 78.6 | 2.6 |
| 1.504% | 0.873% | 0.845% | 1.195% | 1.508% | 0.876% | 0.844% | 1.199% |

漁獲計画 2) 漁獲率一定：決定論での最適漁獲率を採用
漁獲計画 4) 折衷：1) と 2) の平均

単価の向上とコストの削減が効果的である．一方で経営リスクは，Ⅰの生態系の保全や漁場・生息地保全を行い，環境容量を高めることも大きなリスク削減につながる．漁獲計画1は期待利潤が既に大きいので，リスク削減を優先すべきであろう．一方，漁獲計画4では経営リスクが小さいので，単価向上を優先しつつ，なるべく多くの施策を組み合わせることが効果的である．

地域社会面については，どの施策も漁獲計画4に効果的である．特に管理施策Ⅵにより単価を向上させると，NPVの期待値は15％以上改善する．漁獲計画1でも，生単価向上や環境容量向上，コスト削減の順に効果をもつが，その改善度は相対的に小さい．

## §4. 各海域の漁業特性に応じた漁業管理の考察

以上のシミュレーション結果をもとに，海域による漁業特性の違いを踏まえたナマコ漁業管理の方向性を考察する．具体的には，筆者らが現場調査を実施した3つの海域（北海道オホーツク海域，青森県陸奥湾海域，長崎県大村湾海域）の特徴を参考に，表11・6のように沿岸漁業経営のタイプを3つに大分し，適した管理施策の組合せを検討した．

オホーツク海型のナマコ漁業では，既に高い総収入があり，またナマコへの依存度が高い．このような海域では，漁獲計画4（折衷案）により安定的な生産

表11・6　ナマコ漁業に係る沿岸漁業経営のタイプ

| | 経営の特徴 | 管理の方向性 |
|---|---|---|
| オホーツク海型 | ナマコ漁業からの収入が総収入の8割以上を占める専業漁業．総収入は地域の平均的雇用就業者よりも大きい． | すでに十分な収入があるので，ブランド維持のためにも，収入安定のためにも，生産量の安定性を高めることを優先． |
| 陸奥湾型 | ナマコ漁業からの収入は全家計収入の3〜4割で，主要な漁業種類ではあるが，他にも太い副業漁業種がある専業漁業．総収入は地域の平均的雇用就業者の所得とほぼ同じ程度． | ブランド維持のために生産量の安定性を重視しつつ，後継者確保のために収入の安定性や漁場価値も重視．つまりバランスが重要． |
| 大村湾型 | ナマコ漁業は多様な漁業種類の1つで依存度が低く，また，漁業以外の収入が半分以上を占める第2種兼業漁業． | 主要な収入源は他で確保されているため，ナマコ漁業からはなるべく多くの収入を得ることを優先． |

および利潤を維持することにより，ブランド価値の確保と経営の安定性を高めることが重要である．しかし，漁獲計画4は生産量と収入の期待値が相対的に低いため，「ナマコ漁業管理ツール・ボックス」における管理施策VIによる単価の向上と，管理施策Iによる環境容量の増大を中心に，実施に必要な費用を勘案しながら施策を組み合わせることが有効である．表11・2の情報をもとに，実際のオホーツク海域の漁協について提案するならば，たとえば管理施策VI．について，氷や散水機などの使用による品質向上効果を検討することは有効であろう[13]．また，加工については，現在では組合作成のマニュアルに従い，各漁業者が各自で所有する加工場で乾燥処理を行っている場合が多い．今後は科学的な評価に基づいて，各漁業者が散在的に有している加工法を評価・共有することにより，組合の全体的な加工技術の底上げを図ることを通じて，乾燥ナマコの品質のばらつきを小さくすることも有効である．また，上記の船上処理や加工法の改善について，成果に応じた奨励金や課徴金の導入など，経済的な手法の導入も検討できる．加工品の品質を組合や第三者機関が評価し，その認証をラベルとして製品に添付するといった手法や，製品のトレーサビリティーの確保なども有効であろう．

一方，大村湾型のナマコ漁業では，漁獲計画1（動的計画法）によってナマコからの期待利潤の最大化を優先することにより，総収入を高めることが有効であろう．総収入における漁業依存度が低いこと，および，ナマコからの収入の絶対額が小さいことを勘案すれば，なるべく費用のかからないものを管理施策Vまたはから選んで，単価向上とコスト低下のための取り組みを中心に行うことが効果的である．たとえば管理施策Vについて，公的資金の活用も視野にいれながら，漁業資本の共有やグループ操業などによるコストの削減も有効であると思われる．また管理施策VIについては，大村湾産ナマコの場合は生食としての需要が大きいことから，公的試験研究機関とも連携して，鮮度維持技術の改善，衛生基準やトレーサビリティー・システムの導入などが考えられるだろう[14]．

---

[13] 漁獲後の保存法や加工法が乾燥製品の品質に与える影響に関しては成田（本書9章§2．）の分析を参照．

[14] 実際に青森県野辺地漁協では2007年より生鮮ナマコにトレーサビリティーシステムを導入し，QRコードにより生産者の氏名，顔写真，船名，漁法などが表示可能となっている．

一方で陸奥湾型のナマコ漁業では，効率性と安定性のバランスが重要である．貨幣的効率性の高い漁獲計画1を採用しつつ，安定性を高める管理施策（諸リスクを小さくする管理施策）を実施するか，あるいは，安定性の高い漁獲計画4の採用と同時に，$E(Y)$を高める効果のある管理施策（たとえば管理施策ⅤまたはⅥなど）を導入することが有効である．副業漁業種の性質を踏まえて，収入の拡大を志向するのであれば前者，後継者確保を優先するのであれば後者を採用すべきであろう．なお，陸奥湾の川内町漁協では2003年，2010年に突発的なホタテ大量斃死が発生した．また，本年（2013年）も同様の被害が懸念されている．川内町漁協では，ホタテ大量斃死による損害を埋めるため，緊急避難的にその年だけナマコ総漁獲量を増加させたことにより，多くの漁業者が経営的窮地をしのぐことができた．つまり，ナマコ資源量の維持と操業の多角化という施策により，気候変動下の経営安定性が高まっているという効果にもに注目すべきである．

## §5. まとめ

　以上，本章では，水産総合研究センター「管理のあり方」[1]に即し，ナマコ漁業管理のための多様な管理施策と多様な管理目的を考慮した，「総合的管理」の分析方法を整理した．

　まず，ナマコ漁業の多様な管理施策については，ナマコ資源が海の中で再生産し，漁獲され，流通し，消費されるまでの各段階に応じた管理施策の選択肢を「ナマコ漁業管理ツール・ボックス」として整理した結果を紹介した．また，各現場で現状評価や認識共有といった活用方法についても概要を紹介した．なお，この漁業管理ツール・ボックスについては，現場サイドより，現場漁業者にもう少しわかりやすいものにしてほしい，という要望を受けている．よって現在筆者らは，認知心理学の知見も活用しつつ，現場漁業者にわかりやすい言葉やポンチ絵を用いた現場普及版ツール・ボックスの作成をすすめている．また，全国津々浦々の多様な生態系において，多数の水産資源が古くから利用されてきた我が国では，理論的に整理・把握されていない漁業管理の貴重な経験・知恵がまだまだ全国各地に散在しているだろう．よって，この現場普及版ツール・ボッ

クスを用いて，全国各地に散在している漁業管理の知恵を集積・整理する作業を進める予定である．

　本章後半では，数理モデルを用いて，ナマコ漁業管理の多様な目的を考慮した管理施策の組み合わせ方を考察した．そして，各地の漁業経営のタイプに即した改善策の方向性を提示した．しかし，脚注[*10]で述べたように，本章で使用したナマコ資源動態モデルは年齢構成を考慮しない，単純なモデルである．現在筆者らは，資源学者らと協力しながら，これを齢構成モデルに改良することにより，サイズ別の管理施策の効果を定量的に考察できるか否かを検討している．また，データの制約により漁業生産関数が推定できなかったため，施策ⅢとⅣの違い，すなわち入口管理（漁獲圧の管理）と出口管理（漁獲物の管理）の効果の違いも明示的に分析できなかった．この違いは，今後の日本の沿岸漁業管理を国際的文脈で比較・検討する際に特に重要な分析視点になると考える．特に，単純な種構成の生態系を対象にした漁業の管理と，多様な生物学的性質や市場価値を有する多数の種を対象にした漁業の管理について，管理の効率性や有効性，さらには生態系に及ぼす影響などの定量的分析を進めたい．

　同様に，各施策とパラメータとの関係についても，自然科学的知見に基づき，さらに細かい検討が必要である．各管理施策の効果予測に関する自然科学的知見が整備されれば，コストと効果の比較など，「管理の評価」に関する検討も可能となる．ナマコ単価についても，需給分析などより詳しい考察が必要である．最後に，陸奥湾型ナマコ漁業の管理の部分で触れたように，気候変動下の漁業管理として，望ましい漁獲対象種と管理施策の組合せについても，さらなる科学的検討が重要となるだろう．

文　　献

1) 水産総合研究センター，我が国における総合的な水産資源・漁業の管理のあり方，2009．
   (http://www.fra.affrc.go.jp/kseika/GDesign_FRM/GDesign.html)
2) 松尾みどり，廣田将仁，山田嘉暢，桐原慎二，なまこの計画的生産安定技術研究開発（要約），青森県水産総合研究センター増養殖研究所事業報告 2008；39：89-90．
3) 牧野光琢，順応的漁業管理のリスク分析試論，漁業経済研究 2007；52（2）：49-67．
4) 牧野光琢，ナマコ漁業の地域特性と管理目的に適合した施策の選択—シミュレーションを用いた考察，漁業経済研究 2011；55（1）：149-165．
5) 牧野光琢，廣田将仁，町口裕二，管理ツール・ボックスを用いた沿岸漁業管理の考察—ナマ

コ漁業の場合,黒潮の資源海洋研究 2011;12:25-39.
6) Grafton R Q, *et al*. Handbook of Marine Fisheries Conservation and Management. Oxford University Press. 2010.
7) 牧野光琢,「我が国における総合的な水産資源・漁業の管理のあり方」について,水産振興 2009;504:1-51.
8) 牧野光琢,「我が国における総合的な水産資源・漁業の管理のあり方」について,海洋水産エンジニアリング 2009;88:35-44.
9) 牧野光琢,我が国における総合的な水産資源・漁業の管理のあり方(上・中・下),水産界 2010;6-8月号.
10) 赤嶺達郎,「水産資源解析の基礎」恒星社厚生閣,2007.
11) Dixit A K, Pindyck R S. Investment under Uncertainty. Princeton University Press. 1994.
12) Conrad J M, Clark C W. Natural Resource Economics. Cambridge University Press. 2002.
13) Clark C W. Mathematical Bioeconomics (Second Edition). Wiley Inter-Science. 2005.
14) Holland D S. Management Strategy Evaluation and Management Procedures: Tools for Rebuilding and Sustaining Fisheries. OECD Food, Agriculture and Fisheries Working Papers, No.25. OECD Publishing. 2010.

付章 近代日本におけるナマコ研究の歩み

――――――――――――――――山名裕介

　今日までに至る近代日本におけるナマコ研究の歴史は興味深いものである．日本で最も古い起源をもつ研究の1つであるにもかかわらず，まだ未解明のまま残されている部分も多い．その理由としては，もちろん，ナマコという生物が捉えどころのない，非常に難しい研究対象であることが最大であるが，ほかにも，数少ない研究が散発的だったり，対象分野に偏りがあったりしたことがあげられる．そのようなナマコ研究の歴史を振り返り，今後に活かすための反省材料を探ることは無駄ではないだろう．

　筆者の見る限り，ナマコ研究には今日までに5つの大きなピークが数えられる．これらのピークといわゆる学術論文数の推移は必ずしも一致しない．それぞれのピークは極めて近接していたり大きく離れていたりするため，ブームの時期と以外の時期に分ける方がわかりやすいかもしれないが，ここでは研究対象の変化も考慮に入れ，各ピークの前後で区切って近代日本におけるナマコ研究の歩みを解説する．

## §1. 研究の歩み

### 1-1　1880〜1910年（黎明期）

　古来，中華料理用の乾燥ナマコは重要な輸出商品であり，すでに江戸時代には柴漬けや築磯による資源増殖，輪採による資源管理が行われる地域もあった．近代日本におけるナマコ研究は，外貨獲得のために，このような資源増殖技術をより効率的なものに改良して，広く普及させることを目的に始まったと考えられる．1893〜1896年にかけて，明治政府は水産振興施策の一環として，マナマコの生態研究を日本における動物学の始祖である東京大学の箕作佳吉に託した．箕作は神奈川県を拠点に調査を行い，1896年には成長に伴う骨片の形態

変化に関する英語論文[1]，1903年には生態に関する英語論文[2]をまとめ，これらの研究が近代日本におけるマナマコの生態研究の第一歩となった．1903年の論文では，幼稚仔の出現状況やその成長，成体のおおよその成長，夏眠，消化管や生殖腺の消長，産卵期など生活史の広い範囲に言及しつつ相当に精確な論文となっており，その評価は今日でも非常に高い．なお，生態研究に先駆け，箕作による分類研究の材料となる標本の収集は1885頃にはすでに始まっていたと見られる．

箕作については，多方面に才能を発揮したことが語り継がれているが，それはナマコ研究においても例外ではない．ナマコ類の皮膚に含まれる微小な骨片は，ナマコ類の分類研究の要であるが，箕作の報告したマナマコの骨片の形態変化は，その近縁種との混同を避けるために，サイズの異なる複数個体の骨片を観察する必要性を初めて指摘したものであった[1]．また，マナマコの体サイズの比較に箕作が初めて用いた指標である体長×体幅は[2]，100年以上が経った最近になって改めてその有効性が評価されるようになった[3]．ナマコ類の分類研究の場では，古くから標本の体型を示すために体長と体幅の併記が常用されていたが，箕作は体型が変化しやすいマナマコの場合にはこれがサイズの指標として利用可能とすでに見抜いていた．

### 1-2　1910〜1950年（生物学研究発展期）

箕作は研究の途上，1907年に病に倒れ1909年には早世してしまう．その遺稿を整理して日本で最初のナマコ類のモノグラフである「Studies on Actinopodous Holothurioidea[4]」として世に出したのは，東京大学大学院に在籍中の大島廣であった．大島が箕作に学んだのは大学1年の途中までの数カ月に過ぎず，ナマコ研究において直接の指導を受けたことはなかったと思われるが，指導的立場にあった飯島魁の勧めにより，大学院の専攻として箕作の遺稿と分類研究を継ぐことになった．大島は驚異的な速度でナマコ類についての理解を深め，1912年，1913年，1914年，1915年と相次いで分類研究に関する論文をまとめている[5-8]．その記載はかなり精確で，今日でもその観察眼に驚かされることが多い．大島の論文は海外の研究者の間でも評価が高く，特に「On the System of Phyllophorinae[5]」などは，今日まで支持されている分類体系の構築に少な

からぬ影響を与えている．また，箕作から引き継いだ標本に基づく 1915 年の大著を「西北太平洋産海鼠類[9]」として邦訳し，1915〜1918 年にかけて動物学雑誌に連載することで，研究の成果の普及を図っている．

このように，分類研究に対する大島の貢献は非常に大きいものであるが，大島の業績は，ナマコ以外の海産動物の行動や発生などにも及んでおり，箕作と同様な柔軟な思考回路を備えた生物学の万能選手だったようである．たとえば，発生の分野では，ナマコではウニなどと違って人工受精が困難である点に早々に気付き，すでに 1910 年代にはナマコ類の産卵誘発の勘所を知り，実験室で得た浮遊幼生の連続切片から初期発生を観察しており[10,11]，そのような分野でも並外れていたことを物語るエピソードとなっている．なお，第二次世界大戦までのナマコ研究の歴史については，大島のまとめた「本邦棘皮動物研究の鳥瞰[12]」に詳しい．

数多ある大島の業績の中では特筆するべきものではないが，水産的な視点から興味深い資料として「沖縄地方産食用海鼠の種類及び学名[13]」があげられる．これは，琉球列島で食用あるいは輸出用となる種，その可能性のある種について，16 種の学名を明らかにし，形態と生態の概要，現地での呼称と海外での呼称，さらに世界的な市場価値を説明する水産的な基礎資料となっている．また，沖縄県の海鼠漁業の統計なども引用し，当時の日本における南方系ナマコ類の水産業の実態を知ることのできる資料にもなっている．

驚くべきことに，第二次世界大戦の期間を含む 1937〜1945 年の最も困難な時代にも，ナマコ研究に取り組んだ幾人かの研究者がおり，それぞれの研究の質は現在から見ても極めて高いものであることが知られている．その中の一人，学術振興会の山内年彦は，当時の日本の委任統治領であったパラオの自然・資源開発施策としてナマコ類の生態研究を手掛けた[14-16]．戦局の拡大により，パラオでの研究はほどなく中止となったが，本土に引き上げてから後，山内はマナマコの日周性の調査なども行っている[17]．同じ時期に水産講習所の稲葉傳三郎は，シロナマコやマナマコの人工受精や初期発生の観察などに取り組んでいる[18,19]．ナマコ類の受精メカニズムの解明が十分でなかった当時，人工受精の成功の裏には並々ならぬ苦労があったと推察されるが，稲葉はマナマコの受精後 15 日間の飼育観察に成功したことを報告している．また，稲葉は，マナマコ

増殖の歴史や漁業者による成功の実例などを「ナマコの増殖[20]」として紹介しており，前後の時代におけるマナマコの資源増殖の実態を知ることができる貴重な資料となっている．

　世界的な戦時下にあって，なお資源増殖が盛んに行われた背景には，欧米の経済と無関係に近いナマコという商品の特殊な事情があるようである[21]．それどころか，輸出国と輸入国が当事者となる日中戦争の最中にあっても，どうやら中国庶民の経済力には幾分かの余力があったようで，大陸への乾燥ナマコの輸出が途絶えることはなかったようである．しかしながら，大戦終結後の内戦と革命では，中国本土において市場経済そのものが否定され，さすがの中国庶民も経済力を失ってしまう．結果，高級品種である日本のマナマコは言うに及ばず，世界全体として乾燥ナマコ産業は縮小する．乾燥ナマコは中国本土を離れた華人社会向けの限られた商品となり，輸出商品であるナマコ類の市場の魅力はそれ以前とは比較にならないほど小さくなった．日本国内では，北海道のような一部のブランド産地や大規模産地では乾燥ナマコの生産が続けられたものの，全体としてみれば，戦後の食糧不足と続く経済成長の下，国民の胃袋を満たすための魚や貝，エビやイカなどの重要性の影に隠れてしまう．資源増殖を目的とした研究のエネルギーは他の魚介類に差し向けられ，食糧増産と言うには無理のあるナマコ類の研究は忘れられてしまう．

### 1-3　1950〜1970年（水産学研究発展期）

　戦後の日本で，最初にナマコ研究に着手したのが誰か，詳細は不明である．おそらく，戦時中にもナマコ研究に取り組んだ稲葉を含む東北大学のグループが最初ではないだろうか．カキ養殖の研究で知られる東北大学の今井丈夫らは，マナマコ浮遊幼生の人工飼育に取り組み，大量培養技術確立の可能性を得た[22]．これは戦前からの研究の不連続な流れの一部であったと言えるが，培養技術の確立そのものを以後の世代に託すことで一区切りを迎えた．同じ頃，資源増殖を目的とするナマコ研究に新たな流れが生まれつつあった．戦後間もない1948年，韓国京城大学予科を修了した崔相（Choe Sang）は東京大学に入学し，後に大島泰雄の指導を受けるようになる．大島泰雄は昭和を代表する沿岸漁業振興の旗振り役であり，沿岸漁業におけるナマコ類の重要性を熟知していた．韓

国出身の崔が潜在的な乾燥ナマコの重要性を知らないわけがなく，研究テーマとして崔にマナマコを与えた大島の見立ては正解であった．崔は 1950～1960 年台のナマコ研究を牽引し，大著「なまこの研究[23]」をまとめる．

当時，わずかに回復しつつあったものの，依然として乾燥ナマコの生産は限られており，ナマコは他の沿岸漁業資源と比べて重要と言えるものではなかった．しかし，それでも崔によれば，1955 年ころには生鮮品やコノワタのための漁穫量は戦前の最盛期に並ぶほどに回復し，他の沿岸漁業資源同様にナマコにも減少の傾向が認められていたとされる[23]．その原因が過剰漁穫か，沿岸開発か，あるいは漁穫努力の低下か，今日となっては詳しいことはわからない．単に，減少したナマコ資源を回復させるというだけでも，資源増殖の研究動機としては十分な理由であったと思われるが，崔と大島の研究の到達点は別のレベルに据えられていたことが「なまこの研究」のはしがきに記されている．それは，当時の沿岸漁業が直面していた最大の問題に対し，解決への一手となることを目指すものであった．すなわち，大量生産・安定供給に不向きな沿岸漁業が，遠洋漁業や養殖漁業の発展にともない，市場から歓迎されにくくなったという今日まで続く問題である．これに対し，少しでも値段の付く種類は「積極的な人工管理のもとに，かつて天然ではみられなかった高度な生産を行おうとする試み」が，大島らの提唱する沿岸漁業振興策であり，そのためにはマナマコを含む「増殖対象種のひとつひとつについて，生態学的な資料を確保しておく必要」があったのである[23]．

崔の研究によって，マナマコに関する基礎生物学的な理解は一定の域に達した．特に生理学的な部分についての研究は以前と比べて飛躍的に進んでおり，塩分耐性，酸素消費，消化酵素，消化管の消長や生殖腺の消長，切断後の再生などについて，初めて詳しい分析結果が提示された．また，愛知県渥美半島周辺において，マナマコの生息環境の条件として，水深，水温，塩分量，酸素量，酸素飽和度，底質中の有機態炭素量，窒素量，C/N 比，粒度組成を分析し，生息密度との関係をマナマコのサイズ別に検討するなど，現在でも極めて難しい課題に取り組んでいる．さらには，実験条件下での底質選択，投石に対する反応など，行動学的な研究にも初めて着手するなど，多様な切り口から研究が進められた．

マナマコの研究の歴史上,「なまこの研究」ほどの大著はなく,崔はこの分野で疑いようなく最大の功績者である．それでも,崔の専門性からかけ離れた分野や,細かい部分で見ればいくつかの課題が残された．例えば,自然条件下での夏眠場所の実態,自然条件下での成長,卵成熟のメカニズムなどである．また,当然ながら,崔の調査対象となった水域以外でのマナマコの生態について,特に北海道のマナマコの生態については,ほぼ手付かずのままであった．崔以降のマナマコの研究は,このような部分の知識を補完する仕事が主になる．そして,当時のナマコ類に対する世間の関心の低さによるものか,崔はあまり熱心に資源増殖技術や資源管理法を提案しなかった．生物学から資源増殖への応用をどうすればよいのか,それを考える作業の多くは後の水産技術者への課題として残される．

　一方,大島泰雄は崔より普及的なスタンスからマナマコの増殖に関する読み物を幾つか記している．中でも「ナマコの増殖に対する投石（築磯）の意義とその効果についての検討[24)]」は,柴漬けや築磯によるマナマコの資源増殖を図る上で,成体と稚ナマコを区別して増殖事業を行う必要性を強調する最も初期の資料となっている．

### 1-4　1970～2000 年（全国展開期）

　柴漬けや築磯などの古来伝統の資源増殖は 1960 年台中頃までは主流だったが,1970 代に入ると他の増殖対象種に倣って種苗放流を行おうとする新たな流れが生まれる．そのような流れを後押しした背景として,マナマコにおいても日本各地で急激な漁穫量の減少が認められるようになっていた．その理由には,漁船の大型化と装備の近代化,さらに土地造成のための埋め立て事業,道路整備のための護岸事業の影響が大きいとする当時の推論に説得力がある．号令一下でスタートしたかのごとく,各県の水産研究機関は 1972 年頃から続々と研究に着手するようになり,1977 年頃には様々な研究成果が発表されるようになった．中でも福岡県の石田雅俊の功績は大きく,難題であった産卵誘発に挑み,意図的な昇温刺激法による産卵誘発を初めて成功させ,さらに,稚ナマコまでの種苗量産を試験的に成功させた[25,26)]．これに続いて他県でも種苗生産技術が盛んに研究されるようになり,種苗放流による資源増殖は一躍して研究の主流と

なる.

　続く 1980～1990 年代には，北海道，青森県，石川県，福井県，愛知県，三重県，兵庫県，岡山県，広島県，山口県，福岡県，大分県，佐賀県，長崎県で積極的なナマコ研究が推し進められた．また，それ以外のいくつかの産地でも試験的な取り組みが報告されている．さらに，水産庁主導の大型プロジェクトの中でマナマコが取り上げられるようにもなった．1987～1989 年には近海漁業資源の家魚化システムの開発に関する総合研究（マリンラーンチング計画）[27]，1988～1992 年には地域特産種増殖技術開発事業[28]，1993～1997 年には地域特産種量産放流技術開発事業[29] でいくつかの産地が分担して研究を行った．

　この時期の代表的な取り組みを紹介すると，青森県における生態調査[30,31]，福井県における育成技術開発[32]，体長測定技術開発[33]，漁穫効率調査[34]，捕食者研究[35]，愛知県における総合的な生態調査や漁業実態調査[36]，育成技術開発[37]，標識技術開発[38]，岡山県における量産技術開発[39,40]，放流技術開発[41,42]，山口県における量産技術開発や生態研究[43,44]，標識技術開発[45]，福岡県における育成技術開発[46]，餌料開発[47]，放流技術開発[48,49]，佐賀県における餌料開発[50]，採苗技術開発[51-54]，量産技術開発[55]，育成技術開発[56,57]，長崎県における天然採苗技術開発[58]，海面式人工採苗技術開発[59,60]，野外生態調査[61] などがある．ここで例としてあげた取り組みは，筆者の手元にある資料の山から抜き出したほんの一部に過ぎない．この時期に活躍した現場の研究者・技術者は非常に多く，とても全てを書き出すことはできないが，それぞれが知識や技術を補完しあいながら，マナマコ増殖のために重要な役割を果たしている．

　このような多大な努力によって，実用的な種苗生産技術と周辺技術が確立したものの，個体群生態学的な研究，特に野外における個体群動態については僅かな取り組みがなされただけで[62,63]，「なまこの研究」の時点から飛躍的に前進することはなかった．そのため，放流後の稚ナマコの生残・成長に関する確固たる知見のないまま，生残するあてもなく漠然と種苗を放流する場合も珍しくなく，また，物理標識による個体識別の難しいマナマコでは短期間の種苗の追跡さえ難しかった．よって，種苗放流の効果を客観的に証明することをできた事業は稀であり，全体として資源の回復にはほど遠いと判断される結果となった．絶対的な放流数が足りないからだとする反論もあったが，大きな投資を必要とする種苗放

流への取り組みは，やがて山口や岡山といった「ナマコ先進県」でも中止されるようになり，次第に全国的に不活発となっていった．

このときの放流効果検証の断念は後々も悔やまれるところとなる．当時は，一部を除いて乾燥ナマコの輸出が長く低迷していたことから，マナマコを需要の先細る国内商品としてしか考えられなかった時代であった．1986～1989年頃の話として，鶴見良行は「ナマコの眼」の中で，インドネシアで乾燥ナマコの規格外品が香港向けに売れ始めたことを記し，もしや中国庶民が乾燥ナマコを求めだしたのではないかと予想している[21]．鶴見の予想は正解であった．このころに僅かながらも中国庶民の手に経済力が戻り始めたのは，中国本土における1978年以来の改革開放路線の成果がようやく庶民にまで波及したことによる．日本各地でマナマコの種苗放流の研究に見切りをつけ出したころ，中国本土における乾燥ナマコの需要がようやく回復の兆しを見せていたのである．

資源増殖を目的としたナマコ研究の歴史とは表裏一体といってよいと思うが，このころまでの乾燥ナマコ産業を取り巻く人々の歴史については，この鶴見の「ナマコの眼[21]」に極めてよくまとめられている．本書は一般的には非常に優れた読み物，民俗学的な資料，あるいは経済学的な資料として評価するべきであろうが，水産的な視点でナマコに関わるものにとっては，過去にナマコ漁業が一体いかなる背景に影響されてきたかを知るため，そして今後を占うために欠かせない必読の書となっている．また，過去の研究が行われるに至った背景，例えば先人たちが南洋でナマコの研究を行っていた当時のナマコ漁業の過酷な労働の実態，日本漁民の海外進出の様子なども詳細に知ることができる．

### 1-5　2000年以降（ナマコバブル期）

水産庁をはじめ，多くの水産研究機関がナマコ研究から手を引きつつあった1999年，状況を見かねた水産大学校（当時）の浜野龍夫は，ナマコ増殖研究会という小規模の集会を立ち上げ，これを2008年まで，再びナマコ研究の重要性が見直されるようになるまで続けた．これは，当時，やや孤独な研究を強いられるようになった現場の研究者・技術者が，日本各地から集まって交流と情報交換を行うことのできる場として，およそ年1回の頻度で開催された．会議は，北から順に各機関の担当者が1年の経過を報告し，これに対して各参加者がそ

れぞれ興味ある部分を質問したりアドバイスしたりする独特の形式で進められた．発表者自身が大きな問題とした部分については，同じような問題に取り組んだ経験のありそうな参加者を議事進行役の浜野が指名して意見を求め，当てられた方は戸惑いながらも皆の期待を裏切ることもできず，なにがしかの成功あるいは失敗の体験談を語らされた．研究というよりは井戸端会議的な雰囲気の集会により，気分的に救われたという意見が多かったことは最も評価すべき点であろう．

　筆者がナマコ研究に参入したのはちょうどこのころで，浜野の指導の下，フィールド研究で必要となるマナマコの体サイズ測定規準の問題について取り組んだことが最初である．その過程ではナマコ増殖研究会で叱咤激励を受けながら，多くの研究協力と実験材料の提供などを賜わり，何とか測定規準を完成させ，さらにそれを使った野外調査にまでこぎつけることができた．今思えば，本当によい研究教育的環境に恵まれたものだと，私事ながらこの研究会には感謝しきれない．

　乾燥ナマコの価格は 1990 年頃から上昇傾向であったが，2005～2007 年にかけて爆発的に高騰し，原材料であるマナマコの浜値も 10 倍近くに跳ね上がる．いわゆるナマコバブルの幕開けである．そもそもの価格上昇の背景には，海外の安価なナマコ資源の枯渇があったようであるが，新たな漁場が開発されたり，ナマコ養殖が盛んになったりしたおかげで，わずかな価格上昇の範囲に抑えられていたように思われる．また，2005 年の急激な価格上昇の背景には，それらの代替品の供給に限界が見えたということではなく，中国本土に急増した富裕層による高級ナマコへのブランド志向，そして投機的な買占めがきっかけとなったと思われる．しかしながら，このような国際市場の研究に取り組んでいる一橋大学の赤嶺淳の解説 [64,65] によれば，ナマコ市場における価格形成には様々な立場の事情や思惑が複雑に作用しているとされ，ナマコバブルに至った因果関係はどうも上記の表面上の流れのごとく単純ではないようである．正確な説明は専門家に任せたい．

　まったく唐突に価格が上がったと形容されることの多いナマコバブルであるが，実際には予兆がなかったわけではない．乾燥ナマコを扱う業者によれば突然来訪するブローカーの急増に驚かされたと聞くし，なぜか筆者にも「日本漁

船団が中東周辺水域でナマコを乱獲して困るから本国で何とかせよ」という見当違いの抗議の電話があって驚かされたことがある（もちろん中国漁船団のことである）．当時の海外産地の様子や香港市場の様子なども Beche-de-mer 誌などで僅かながら知ることができたので，値段が上がること自体に驚くものは少なかった．ただ，これほどまでに上がるのかという点で驚かされたというのが当時の関係者に聞いた共通の感想である．日本国内では折しも燃油価格が高止まりし，あまり燃料を使わないで操業できるナマコ漁は非常に有難がられることになる．稼ぎになるのはナマコだけ，黒いダイヤとまで言われ，暴力団による強引な密漁が盛んになることも大きな社会問題となった．最高級ナマコの産地である北海道では，ナマコ強盗まで現れたことは記憶に新しい．世界的には低賃金で過酷な労働を強いるナマコ漁業が人道問題となり，ワシントン条約による輸出入規制の議論にも上がった．

　ここまでの日本全体のナマコ研究の流れとしては，種苗放流事業が縮小に転じて以来，最小限度の投資により自然の再生産システムを活用する方法として，無効分散する浮遊幼生を資源増殖に利用する方法が提案されるなど[66]，かつての築磯や柴漬けの流れが改めて評価されつつあり，このような方向に主流となる研究方針が定まりそうに見えた．その矢先のナマコバブルであった．漁業者からの種苗放流に期待する声はかつてない高まりを見せ，あらゆる研究方針は 2006 年から急転換を余儀なくされる．種苗生産技術そのものは，各地の現場の研究者・技術者の不断の努力によって以前よりも効率化されており，種苗の供給という点は規模を拡大すれば大きな問題ではなかった．しかし，種苗放流技術はさほど変わっておらず，そのまま繰り返せば前回と同じ轍を踏むことが歴然としていた．

　付け加えておくが，現場の研究者・技術者が放流技術開発を軽んじていたわけではない．そもそも一定の種苗生産事業の範囲内で時間と費用をやりくりして，種苗生産技術を改良したことはすべて現場の自発的努力の成果であり，それだけで賞賛して余りある．予算もなく時間も人手もかけられなかった種苗放流技術の改良，種苗の追跡といった部分に対して研究成果を期待することは間違いである．なお，ナマコ研究が全国的に低調な時期でもある程度の規模の事業を維持してきた佐賀県や長崎県などでは，放流効果の問題を解決するための独自

の取り組みを行っている[67-69].

　もちろん，とりあえず種苗をバラ撒いてしまえという意見も多かったが，以前の経緯を知るものはこれを得策とせず，漁業者に対して研究の必要性を丁寧に説明することに多大な労力を費やしたようである．このような啓蒙の甲斐もあってか，放流技術開発とそれに先立つべき生態研究を求める機運が全国的に高まるようになった．これを受け，乾燥ナマコ輸出のための計画的生産技術の開発と題した事業が，水産総合研究センターを中核機関として2007～2009年にわたって実施されることとなった．その中身を大雑把に説明すると，自然の再生産を上手に利用して現状を凌ぎながら，放流技術開発のための生態解明，放流効果の検証や資源管理のためのモニタリング技術開発を急ぎ，併せて，価格安定のための生産管理法，ブランドを守るための品質管理法を提案しようというものである．なお，養殖技術の開発を期待する声も大きかったが，日本産の天然（放流）ナマコのブランドを堅持し，海外の養殖ナマコとの差別化を図ることが第一とされた．まったく時間に余裕のない事業計画であったが，各研究機関の頑張りによって期限内に一応の研究成果が集められた[70].

　この事業の代表的な取り組みについて例をあげると，国際ナマコ市場の把握（名古屋市立大学など），乾燥ナマコ品質基準・製造基準の確立（北海道），ナマコ分布モニタリング技術開発（北海道など），種苗減耗防止技術開発（佐賀県），成熟制御技術開発（青森県など），北日本における資源添加技術開発（北海道大学など），西日本における資源添加技術開発（山口県など）などがある．これらの成果は目下のところ普及の途上であり，事業が成功であったか失敗であったかの評価は後世に委ねられることになる．

　ナマコバブル以降のナマコ研究における最大の成果は，九州大学の吉国通庸らの研究グループによるマナマコの生殖巣刺激物質の特定[71]と商品化であると断言してよいだろう．クビフリンと名付けられたこのホルモンを体腔内に注射すると，十分に成熟した個体であれば1時間少々で放精放卵を始め，容易に受精卵を得ることができる．クビフリンの登場による現場の労力の軽減，なにより精神的ストレスからの開放は相当なものであった．従来の昇温刺激法による産卵誘発では，わずかなタイミングの違いや個体の違いで誘発に対する応答率は大きくばらつき，現場では目的の量の受精卵を得るために何日も昼夜かかり

きりであった．また，それでも応答が悪いまま産卵期を逃してしまうこともあり，他の施設から余剰の浮遊幼生を融通してもらうことも珍しくはなかった．吉国らの以前，同じマナマコの生殖巣刺激物質の特定に取り組んでいた岡山大学の白井浩子は，このような現場の苦労を見かねて，現場の研究者・技術者に対して成熟メカニズムの講義を行い，さらにはホルモンの粗抽出とアッセイの実習の機会を提供していた．粗抽出ホルモンによる応答率はお世辞にもよいとは言えなかったが，研究が進歩し，ホルモンが構造決定されれば誰も想像しないほど便利になると白井は説明していた．遠い未来の技術だろうと誰もほとんど期待していなかったものが，10年後にはすでに当たり前に使われていることを見ると，白井や吉国らといったホルモン研究者たちの先見性に驚嘆せざるを得ず，また，その努力の積み重ねに頭の下がる思いである．

　クビフリン研究を含む最近の研究成果については，北里大学の高橋明義・奥村誠一らのまとめた成山堂書店の「ナマコ学—生物・産業・文化—」に詳しく，専門的な知識も充実している．水産現場向けの普及書という位置づけの本書と比べると，「ナマコ学」の方は非常に網羅的によくまとめられているため，これからナマコを勉強してみようと思う読者は，先にこちらを読むと，他の書籍を読むときに理解が一層深まるだろう．

　今日，ナマコバブルはすでに終わったとも囁かれ，マナマコの価格は高価な北日本と安価な西日本で二極化傾向にあるという．このような情勢が続けば，一部のブランド産地や大規模産地を除いては，マナマコの資源増殖には，自然の再生産システムの利用と資源管理の実施が一番コストを要しないスタイルとして受け入れられるだろう．それは，過去に本種の資源増殖のたどった経緯を振り返れば明らかである．おそらく西日本の小規模産地では，1960年台中頃まで主流だった柴漬けや築磯のレベルで十分であり，そのために今後は生態的知見に基づく効率化，占有海面の許可制度などが課題になるのではないだろうか．一方の北日本，特に北海道のような輸出向け高級ナマコの産地では，ある程度のコストをかけて高収益を期待する資源増殖の形態が維持されることが見込まれ，基礎研究・技術開発の果たす役割は今後さらに増えるだろう．

## §2. 資源増殖に向けた今後の課題

　海外の報告によれば，乱獲に伴うナマコ類の絶滅の危機は，早ければ漁穫開始から10年程度で訪れる[72]．漁穫された個体群の回復には，数十年という長期間を要する例が報告されており[73]，その間，漁業資源の自然な再生産は期待できなくなる．そこで，北日本，西日本ともに，将来的に予想される資源増殖の形態にかかわらず，今後しばらくは種苗放流による資源添加を行い，資源を再生産可能なレベルに戻すことが急務となる．

　その基礎となる種苗生産技術開発については，親の成熟，産卵，種苗生産，害虫対策に至るまであらゆる段階でよく研究され，すでに安定した種苗生産を行う施設や本格的なコスト回収を行うようになった機関もある．種苗生産の過程ではほとんどの技術的問題が解決している，あるいは解決間近に思われ，特に心配すべき課題は残されていない．あとは一層の技術の向上，効率化を進めるだけに見える．

　一方，種苗生産の後，放流までの間を繋ぐ技術に関しては，そのような技術の必要性という点も含め，まだ十分に研究が行われていない．たとえば，種苗放流を予定する水域にマナマコ幼稚仔の生残に適する環境がなければ，中間育成も視野に入れなくてはならない．過去に試験的に行われた中間育成の結果は全国的に共通しており，少数の個体が早い成長を続ける一方，全体としては成長が頭打ちになり，マイナス成長も認められるなどして生産効率が著しく低くなることから，本種ではコストのかかる中間育成の必要はないとする結論に至ることが多かった．しかし近年，一部の研究では，高密度の飼育条件下でも種苗を足並みよく成長させる技術の実現可能性を見出している[74]．その課題としては，種苗の摂餌機会を均等にし，連続的に十分な量の給餌を行う技術の開発があげられる．また，従来では，水質悪化や害虫の発生を招くとして過度の給餌は避けられていたため，多量の給餌によって顕在化する飼料成分そのものの影響が詳細に検討されたことがない．この問題に取り組む際の順番としては，摂餌誘引効果をもつ飼料の開発や効果的な給餌システムの開発を先に行い，適切な実験条件を整えた上での飼料成分の検証（成長面・健康面）ということにな

るだろう.

　実際の放流にあたっての課題として，放流方法そのものについては過去に十分研究された経緯がある．しかしそれ以外が十分でなかったために，放流効果の検証で失敗し，結果としては事業の中止につながる大きな要因となった．この点に留意して過去の放流事業について反省材料を探すと，放流場所の選定が適確でなかったことがあげられる．近年では，マナマコ幼稚仔の住み場の成立には厳しい制限があること[75]，マナマコ幼稚仔が生残できる環境でも種苗の急激な逸散が起り得ることなどが明らかとなり[76]，そのような点を配慮しなかった過去の放流事業では，種苗は急激に減耗してしまったと推測される．よって，マナマコ幼稚仔の放流に適する生物的・物理的環境条件の究明，そしてそのような環境を再現する技術開発が，放流技術開発における最大の課題であるといえる．また，これまでの種苗放流では，放流時期の選定も行われたことが少なかった．近年，自然条件下でのマナマコ幼稚仔の成長の研究が進むにつれて，成長の季節変化が意外に大きいことがわかってきた[77]．常識的に考えると，成長の停滞期は厳しい環境に耐えるための時期であり，そのような厳しい時期に放流しても成果は期待できない．自然条件下での成長が開始される時期に合わせて放流して，種苗の無駄な減耗を防ぐべきであると考える．また，放流直後の生残率を高めるために，放流前の種苗を予備的環境に収容して馴致させることも必要かもしれない．

　放流効果の検証は非常に難しい課題である．幼稚仔の成長については，適当な生息地があれば自然条件下でも2年程度は問題ないので，ある程度の密度で適当な環境に放流したなら2年程度までは容易に追跡できると思われる．ところが体長100 mm（30 g程度）を超えるサイズになると移動が活発になる場合が多いことから，放流地点から拡散してしまったり，逆にそれ以外の場所からの移入群と混ざってしまったりすることが考えられ，コホート解析などによる古典的手法による追跡には限界を感じる．マナマコの場合，物理標識が困難だったり，蛍光染色標識でも持続期間が短かったりするため，従来では標識放流も難しいとされていた．しかし近年では，DNAフィンガープリント識別などの新しい技術が利用可能になっており，そのような研究も試験的に始まっている．今後，さらに多くの取り組みがあることに期待したい．

さらに資源管理についても現実的で効果的な方法を検討する必要がある．そのためには先ず，それぞれの水域の資源と漁穫の特徴を知ることが重要となる．極端な例をあげると，瀬戸内海の沿岸部の一部では，マナマコ幼稚仔はカキ筏に着底，成長，落下して直接漁場へ加入すると，大きいものは一冬のうちに漁穫サイズに達して漁穫対象となるが，取り残された資源は夏季に貧酸素水塊によって全滅するという説がある．それが正しければ，そのような漁場ではすべての資源を漁穫してよいという意見が出るのは当然であり，1つの合理的な形である．ただし同時に，周辺の水域で親ナマコの個体群を保護する目的での禁漁区の設定が必要である．そのためには先ず，浮遊幼生の動態やメタ個体群間の繋がりの理解が求められることになる．もちろん，他の水域の場合は，このように単純ではない．資源への加入の状況や正確な資源量の推定が必要になるだろう．それには大きな困難が予想されるが，近年になって急速に進歩したモニタリング技術の利用がこのような研究の助けになるかもしれない．

生態学的研究についても，まだ多くの課題が残されている．代表的な例をあげると，幼稚仔と成体のそれぞれについての分布と移動のパターン形成メカニズムの解明，自然条件下における夏眠の実態の解明，浮遊幼生の拡散メカニズムの解明などである．さらに，これまでマナマコの生態系の中での役割についての研究はほとんど行われていない．ナマコ類は底質の浄化者として役立つという程度の認識で，そのような部分がわずかに解明されただけである[78-80]．同じ棘皮動物でも，ウニ類・ヒトデ類などでは，藻場生態系・岩礁生態系の中での役割などが活発に研究されているが，ナマコ類ではあまり研究されていない．マナマコの存在が生態系にどう影響しているのか，他の生物との直接的・間接的関係はあるのか，また，マナマコの漁穫が生態系にどういう形で現れるのかなどは明らかになっていない．このような知見の不足は，将来的にナマコ漁業を含む水域全体の利用をマネジメントする上で大きな課題になることが予想される．

## §3. ナマコ研究の発展に向けた課題

ナマコ類の分類学的研究については，日本において最も古い研究対象の1つ

であるにもかかわらず，目下のところ最も研究が遅れている分類群の代表になってしまっている．通常の場合，生物・植物・化石・鉱物などの自然物の多くには，それ自体のもつ魅力やコレクション性があり，分類研究に対するマニアの貢献には大きいものがある．マニアからの情報や標本の多くは，最終的に博物館や大学などに蓄積され，その有難味こそあまり意識されないものの，他分野の研究もそれらを基礎として成り立っていることが多い．ところが魅力やコレクション性に極めて乏しいナマコの場合，研究現場以外からの蓄積が非常に少ない．ゆえに近年まで研究は立ち遅れていたし，いまさら慌てて高度な研究をしたくても基礎がしっかりしていない部分が目立つ．このような点は他国に比べ純粋な自然科学に関心が低く，基礎分野にあまり投資してこなかった日本の政策としての失敗の露呈であるといえる．

　分類学的研究については，箕作佳吉と大島廣の後は，今岡亨[81,82]による取り組みが知られている程度であり，潮間帯から深海に至るまで，多くの種類が手付かずのままである．四国や九州などで調査を行うと，発見される種類の半分以上，時にはすべてに和名がないなどということも珍しくない．しかしながら，ナマコ類の特徴の乏しさゆえの記載の難しさ，標本作成の難しさ，参照すべきタイプ標本のほとんどが海外にあるといった問題，古い時代の原記載が単純すぎて判断に困るといった問題，他にも多くの問題を抱えており，この分野の研究は容易ではない．それでも最近は，DNA分析などの手法を取り入れた研究者達による挑戦が始まっており，今後の進展に期待したい．

　生態学的研究については，ナマコバブルのおかげで，やりやすくなった面とやりにくくなった面がある．研究の必要性に対する理解が進み，資金や協力が得られやすいなどの反面，研究したいマナマコ個体群は著しい漁穫圧にさらされ，放流も活発に行われるなどしており，自然な個体群の研究は難しくなった．種苗を撒いて回収するという増養殖対象種としてのナマコ研究には有利な状況であるものの，残念ながら，自然の一部であるはずのマナマコという生物本来の生態解明には不利な状況にある．

　また，基礎研究での貢献を重視すべき大学においては，現場への貢献や，次世代の研究のための知識や経験の積み上げという部分が評価されない傾向にある．論文数を至上とする評価基準は，ナマコ研究のような地道な分野の発展を

妨げる．これは過去に大学でナマコ研究が流行らなかった最大の障害である．今日ではナマコ研究に取り組む研究室などは多くなったが，室内実験や分析での研究が多く，論文の出しにくいフィールド研究に取り組んでいる研究室は相変わらず少ない．このような現状を変えない限り，生態研究の自由な発展はほとんど期待できそうもない．

　海外の状況はというと，最大の養殖ナマコ産地へと急成長を遂げた中国において，資源増殖に関連する研究が活発に行われるようになった．特に2000年以降は英語論文なども多く執筆されるようになっている．また，マナマコではないが，やはりナマコ類を輸出資源として研究対象にしているカナダやニュージーランドで，新たな研究者が参入し，着々と研究を進めている．これらの研究の中には，日本のナマコ研究の参考になるような着眼点も多く認められる．さらに，アフリカ周辺などでも資源増殖を目指す研究が盛んになっており，ナマコ研究の発展が期待されている．

　このような新しい研究の中心となりつつある欧米（旧植民地諸国）の研究者の間で，日本の研究の評価はというと，全体としてまったく関心をもたれていないというのが実情である．マナマコに関しての研究の歴史こそ長いが，マナマコだけの話で，ナマコ類全体という視点が欠けている．言ってみれば日本は井の中の蛙である．世界の流れから取り残されないためには，もっと積極的に研究者自身が海外に出る必要があることは明らかだが，この点を指摘されると筆者にも非常に辛いところがある．

## 文　献

1) Mitsukuri K. On changes which are found with advancing age in the calcareous deposits of *Stichopus japonicus*, Selenka. *Annot. Zool. Jap.* 1896; 1: 31-42.
2) Mitsukuri K. Notes on the habits and life-history of *Stichopus japonicus* Selenka. *Annot. Zool. Jap.* 1903; 5: 1-21.
3) Yamana Y, Hamano T. New size measurement for the Japanese sea cucumber *Apostichopus japonicus* (Stichopodidae) estimated from the body length and body breadth. *Fish. Sci.* 2006; 72: 585-589.
4) Mitsukuri K. Studies on Actinopodous holothurioidea. *Jour. Coll. Sci. Imp. Univ. Tokyo* 1912; 29: 1-284.
5) Ohshima H. On the system of Phyllophorinae with descriptions of the species found in Japan. *Annot. Zool. Jap.* 1912; 8: 53-96.
6) 大島　廣，三崎産シナプタ類．動物学雑誌 1913；25：253-262.

7) Ohshima H. The Synaptidae of Japan. *Annot. Zool. Jap.* 1914; 8: 467-482.
8) Ohshima H. Report on the holothurians collected by the United States Fisheries Steamer "ALBATROSS" in the Northwestern Pacific during the summer of 1906. *Proc. U. S. Nat. Mus.* 1915; 48: 213-291.
9) 大島　廣,「アルバトロス」号採集西北太平洋産海鼠類 (1-20), 動物学雑誌 1915-1918.
10) 大島　廣,「研究室の裏窓」内田老鶴圃, 1957.
11) 大島　廣, ナマコ類の卵の成熟及び受精について, 九大農学部学芸雑誌 1925；1：70-102.
12) 大島　廣,「本邦棘皮動物研究の鳥瞰」, (編) 太平洋協会,「南洋諸島：自然と資源」河本書房, 1942.
13) 大島　廣, 沖縄地方産食用海鼠の種類及び学名, 九大農学部学芸雑誌 1935；6：139-154.
14) 山内俊彦, パラオ地方食用ナマコ類, 科学南洋 1938；1：5-8.
15) Yamanouchi T. Ecological and physiological studies on the holothurians in the coral reef of Palao islands. *Palao Trop. Biol. St. Stud.* 1939; 1: 603-635.
16) 山内俊彦, パラオ産有用ナマコ類に関する研究, 科学南洋 1941；2：132-148.
17) 山内俊彦, ナマコ *Stichopus japonicus* Selenka の食性について, 動物学雑誌 1942；54：344-346.
18) Inaba D. Notes on the development of a holothurian, *Caudina chilensis* (J. Müller). *Sci. Rep. Tohoku Imp. Univ.* (Ser. 4, Biology) 1930; 5: 215-248.
19) 稲葉傳三郎, ナマコの人工受精について, 水産研究誌 1937；35：241-246.
20) 稲葉傳三郎, ナマコの増殖, 海洋の科学 1942；2：46-51.
21) 鶴見良行,「ナマコの眼」筑摩書房, 1990.
22) 今井丈夫, 稲葉傳三郎, 佐藤隆平, 畑中正吉, 無色鞭毛虫に依るナマコ (*Stichopus japonicus* Selenka) の人工飼育, 東北大農学研彙報 1950；2：269-277.
23) 崔　相,「なまこの研究」海文堂, 1963.
24) 大島泰雄,「ナマコの増殖に対する投石 (築磯) の意義とその効果についての検討」, (監) 大島泰雄,「浅海増殖事業—その生産効果—」海文堂, 1962.
25) 石田雅俊, マナマコの種苗生産研究, 豊前水試研彙報 1977；1-17.
26) 石田雅俊, マナマコの種苗生産, 栽培技研 1979；8：63-75.
27) 網尾　勝, 林　健一, 濱野龍夫, 造成群落におけるウニ, ナマコの培養技術, 近海漁業資源の家魚化システムの開発に関する総合研究 (マリンラーンチング計画) IV-2-(2) 課題ホンダワラ研究成績報告書, 水産庁南西海区水産研究所 1987-1989.
28) 愛知県, 大分県, 福井県, 山口県, 地域特産種増殖技術開発事業報告書 (棘皮類), 水産庁 1988-1992.
29) 石川県, 大分県, 福井県, 山口県, 地域特産量産放流技術開発事業報告書 (棘皮類), 水産庁 1993-1997.
30) 早川　豊, マナマコ生態調査, 青水増事業概要 1977；5：174-184.
31) 早川　豊, マナマコ増殖試験, 青水増事業概要 1978；6：142-153.
32) 畑中宏之, マナマコ種苗の成長におよぼす飼育密度の影響, 水産増殖 1996；44：141-146.
33) 畑中宏之, 谷村健一, 稚ナマコの体長測定用麻酔剤としての menthol の利用について, 水産増殖 1994；42：221-226.
34) 畑中宏之, ナマコこぎ網の漁獲効率の推定について, 水産増殖 1994；42：227-230.
35) 畑中宏之, 上奥秀樹, 安田　徹, マナマコのイトマキヒトデによる食害に関する実験的研究, 水産増殖 1994；42：563-566.
36) 愛知県水産試験場, 愛知県におけるナマコ増殖 (昭和 58～61 年の試験研究のまとめ), 愛知

水試 B 集 1987；6：1-60.
37) 柳橋茂昭，柳沢豊重，河崎　憲，マナマコ種苗生産における浮遊幼生の着底以後の幼若個体の餌料と飼育方法について，水産増殖 1984；32：6-14.
38) 柳沢豊重，柳橋茂昭，河崎　憲，焼印によるマナマコの標識法，水産増殖 1984；32：15-19.
39) 池田善平，片山勝介，マナマコの種苗生産と稚ナマコの飼育について，岡山水試報 1986；1：71-75.
40) 池田善平，近藤正美，マナマコの種苗生産，岡山水試報 1996；11：176-179.
41) 池田善平，片山勝介，マナマコの種苗生産と放流，岡山水試報 1987；2：90-98.
42) 草加耕司，泉川晃一，池田善平，マナマコ種苗の放流方法の検討，岡山水試報 1995；10：30-36.
43) 山本　翠，渡辺憲一郎，ナマコ幼生の初期飼育について，山口内海水試報 1981；8：51-62.
44) 山口県内海水産試験場，マナマコの増殖技術開発に関する研究，昭和 56-58 年度指定調査研究事業総合助成事業報告書 1982-1984.
45) 松野　進，テトラサイクリンによる稚ナマコ囲食道骨の標識，山口水セ研報 2002；1：65-71.
46) 小林　信，鵜島治市，マナマコの増殖に関する研究 (I-III)，豊前水試研業報 1981-1983.
47) 山本千裕，マナマコの養殖に関する基礎的研究 (I, II)，福岡水試研業報 1983-1984.
48) 藤本敏昭，有江康章，上妻智行，ナマコの試験礁について，豊前水試研報 1992；5：129-135.
49) 桑村勝士，小林　信，栽培漁業推進事業，平成 6 年度福岡県水産海洋技術センター事業報告 1995：307-315.
50) 伊藤史郎，川原逸朗，マナマコの養成餌料に関する研究，佐栽セ研報 1994；3：15-17.
51) 伊藤史郎，小早川淳，谷　雄策，マナマコ（アオナマコ）浮遊幼生の飼育適水温について，水産増殖 1987；34：257-259.
52) 伊藤史郎，川原逸朗，マナマコ浮遊幼生の飼育餌料に関する研究，佐栽セ研報 1994；3：39-50.
53) 伊藤史郎，川原逸朗，平山和次，マナマコ浮遊幼生の採苗ステージの検討，水産増殖 1994；42：287-297.
54) 伊藤史郎，川原逸朗，青戸逸朗，平山和次，マナマコ（アオナマコ）Doliolaria 幼生から稚ナマコへの変態促進，水産増殖 1994；42：299-306.
55) 伊藤史郎，川原逸朗，平山和次，マナマコ種苗の大量生産技術開発に関する研究，栽培技研 1994；22：83-91.
56) 伊藤史郎，川原逸朗，広瀬　茂，海上筏におけるマナマコ大型種苗の飼育について，佐栽セ研報 1994；3：51-56.
57) 伊藤史郎，川原逸朗，広瀬　茂，築堤式育成場におけるマナマコ大型種苗の飼育について，佐栽セ研報 1994；3：57-63.
58) 酒井克己，小川七朗，池田修二，大村湾におけるナマコの天然採苗，栽培技研 1980；9：1-20.
59) 藤井明彦，最上泰秀，平野聖治，四井敏雄，大村湾におけるマナマコの野外人工採苗，長水試研報 1989；15：25-27.
60) 前迫信彦，多比良恒夫，平野聖治，四井敏雄，幼生を補給するマナマコの海面式人工採苗，長水試研報 1991；17：35-37.
61) 前迫信彦，最上泰秀，平野聖治，四井敏雄，大村湾における幼ナマコの生息場所，長水試研報 1991；17：31-34.
62) 松宮義晴，長崎県大村湾におけるマナマコ資源の解析，長大研報 1984；55：1-8.

63) 浜野龍夫, 網尾　勝, 林　健一, 潮間帯および人工藻礁域におけるマナマコ個体群の動態, 水産増殖 1989；37：179-186.
64) 赤嶺　淳,「干ナマコ市場にみられるグローバリゼーションとローカリティ」,（編）岸上伸啓「先住民による海洋資源利用と管理：漁業権と管理をめぐる人類学的研究」国立民族学博物館 2002.
65) 赤嶺　淳, 干ナマコ市場の個別性, 民博調報 2003；46：265-297.
66) 浜野龍夫, 漁場環境を考える―幼生を集めて落とす―, 日本水産資源保護協会月報 2006；489：4-7.
67) 光永直樹, 松村靖治, サイズ別に放流した人工稚ナマコの成長と生残, 長水試研報 2004；30：7-13.
68) 真崎邦彦, 山浦啓治, 青戸　泉, 大隈　斉, マナマコ種苗の放流後の発見率低下要因について, 水産増殖 2007；55：347-354.
69) 真崎邦彦, 山浦啓治, 青戸　泉, 大隈　斉, 金丸彦一郎, 伊東義信, 人工礁へ放流したマナマコ種苗の移動, 分散および成長, 水産増殖 2007；55：355-366.
70) （編）北海道区水産研究所,「乾燥ナマコ輸出のための計画的生産技術の開発（平成21年度報告書）」水産総合研究センター 2010.
71) 吉国通庸,「成熟・産卵」,（編）髙橋明義, 奥村誠一,「ナマコ学―生物・産業・文化―」, 成山堂書店, 2012.
72) Shepherd SA, Martinez P, Toral-Granda MV, Edgar GJ. The Galapagos sea cucumber fishery: management improves as stocks decline. *Environmental Conservation* 2004; 31: 102-110.
73) Uthicke S, Welch D, Benzie JAH. Slow growth and lack of recovery in overfished holothurians on the Great Barrier Reef: evidence from DNA fingerprints and repeated large-scale surveys. *Conservation Biology* 2004; 18: 1395-1404.
74) Yamana Y, Hamano T, Niiyama H, Goshima S. Feeding characteristics of juvenile Japanese sea cucumber *Apostichopus japonicus*（Stichopodidae）in a nursery culture tank. *J. Nat. Fish. Univ.* 2008; 57: 9-20.
75) 山名裕介, 浜野龍夫, 三木浩一, 山口県東部平生湾の潮間帯におけるマナマコの分布―稚ナマコの成育適地の環境条件, 水大研報 2006；54：111-120.
76) 山名裕介, マナマコの資源生物学的研究, 博士論文, 北海道大学, 2009.
77) Yamana Y, Hamano T, Goshima S. Natural growth of juveniles of the sea cucumber *Apostichopus japonicus*: studying juveniles in the intertidal habitat in Hirao Bay, eastern Yamaguchi prefecture, Japan. *Fish. Sci.* 2010; 76: 585-593.
78) 村上仁士, 上月康則, 鎌倉浩二, 岩村俊平, 豊田祐作, ナマコを活用した底質改善効果の定量化に関する検討, 海岸工学 1999；46：1226-1230.
79) 倉田健悟, 上月康則, 村上仁士, 仁木秀典, 豊田裕作, 北野倫生, 内湾性水域におけるマナマコを利用した底質改善手法, 海岸工学 2000；47：1086-1090.
80) Kitano M, Kurata K, Kozuki Y, Murakami H, Yamasaki T, Yoshida H, Sasayama H. Effects of deposit feeder *Stichopus japonicus* on algal bloom and organic matter contents of bottom sediments of the enclosed sea. *Mar. Pol. Bull.* 2003; 47: 118-125.
81) 今岡　亨,「ナマコ綱」,（編）日本水産資源保護協会,「日本陸棚周辺の棘皮動物（上，下）」図書印刷 1990，1991.
82) 今岡　亨,「ナマコ綱」,（編著）西村三郎,「原色検索日本海岸動物図鑑〔Ⅱ〕」保育社 1995.

あ と が き

　本書は2007年度から2009年度までの3年間，水産総合研究センターと公設水産試験場および大学，漁業団体の共同研究で実施された農林水産技術会議の研究プロジェクトである．新たな農林水産政策を推進する実用技術開発事業「乾燥ナマコ輸出のための計画的生産技術の開発」の成果を中心にその後の成果も含めて取り纏めたものである．本プロジェクトは，これまで加工・流通段階，漁業生産段階，生物・生態段階それぞれで自己完結的に行われていた調査研究を，ナマコに焦点をあてながら一連の過程として捉えることを試みた．具体的には日本および中国におけるナマコを巡る社会的経済的視点をベースに，乾燥ナマコ消費国である中国（本土および香港）におけるニーズや消費動向の把握，それを踏まえて日本国内での乾燥ナマコ加工技術や流通実態の把握，ナマコ漁が行われている地域における漁業実態の把握，ナマコ資源の維持や効果的な添加を図るための生理・生態情報の収集と実際の資源管理手法や資源増産手法の開発に取り組んだ．その結果，乾燥ナマコ市場や流通に関する情報はかつてない程の精度で蓄積と解析がなされ，乾燥ナマコ製造に係る科学的な知見や，資源の添加や管理方策について幾つかの実用的な技術が開発された．特にプロジェクトに社会的経済的視点を取り入れたことにより，漁獲から加工流通まですべての段階でそれぞれの取り組みの共通認識が得られ，結果として資源管理方策の提示まで研究のベクトルが一致した．

　ところが，国内外のナマコを巡る情勢は，漁獲から加工・流通に至る過程のすべてにおいて大きくしかも素早く変化しており，事態は相当に複雑であった．2007年の乾燥ナマコ輸出は数量で344トン，金額では166億円と我が国の水産物輸出（金額）の第2位へと躍進し各地では浜値が急騰しナマコバブルの様相を呈したが，翌2008年には数量・金額ともに前年の20％減，2009年はさらに20％減と，ナマコ熱は急速に醒めたかに見えた．その一方で，中国本土や香港では乾燥ナマコ需要は堅調で，良質な日本産乾燥ナマコが品薄で市場価格は高値を維持していたし，乾燥歩留まりを調整した粗悪品も多く流通し始めた．中国の大連を中心としたナマコ養殖の台頭は，広大な養殖池と安価な労働力を背

景に公称数万トンのナマコ生産を可能にし，わずか数年で日本の国内産地の二極化を引き起こした．その結果，北海道・青森を中心とした棘の立ったナマコ産地では引き続き高値が期待できるものの，西日本を中心に生産されていたいわゆる関西ナマコは極めて厳しい状況に追い込まれた．また，ナマコを巡る急激な社会情勢の変化とは裏腹に，各地のナマコ資源には明らかに減少の兆しが見えており，漁業現場では資源管理より積極的な増産策に要望が高まってきた．さらに，2007年からナマコの漁獲統計がなくなり，日本国内におけるナマコの生産状況が把握できなくなった．これは持続的な漁業を行う上で不可欠な，適正な資源管理の実施を極めて困難なものにしてしまった．そして，プロジェクト終了から5年を経た今，マナマコを含む6種類のナマコがIUCN（国際自然保護連合）のレッドリストに掲載された．今後はCITES（ワシントン条約）など国際的な野生動物の取引を規制する場でナマコ漁業が議論される可能性が高く，もし付属書に掲載されるようなことになれば乾燥ナマコの輸出入に際して国際的な規制が設けられることになる．

　しかし，本書において強調したいことは，日本産乾燥ナマコは世界各地で生産される他の乾燥ナマコに対して高い優位性を有していること，適正な需要の把握とそれに向けた安定供給並びに品質が確保されれば，乾燥ナマコはこれからも我が国の主要な輸出品として地位を保ち続けることが可能なことである．また，乾燥ナマコ生産に一定の安定感が伴えば，国内の生食需要に向けた供給も可能となり，安定した地域産業としてのナマコ漁業が再興することが期待できる．本書の第10章で示されたように，国内の慣習が通用しない国際貿易の中で取引される乾燥ナマコであっても，生産現場に正確な情報を提供することとそれを理解して自らの活動に取り入れることで漁業のあり方を改善することが可能である．同様にナマコ漁業において先進的な取り組みを行っている地域は全国にあり，今後はこれらの取り組みを地方の一事例とすることなく，全国的な取り組みへと広がっていくことを期待したい．そうなれば，責任ある漁業として最低限の条件である漁獲統計の復活も可能であろう．ナマコは持続的で責任ある漁業を行うことで，またそのことを広く世界に示すことで，地域を支える産業としてこれからも長く機能することが可能なのである．本書では，そのために何が必要なのか示したつもりである．各章それぞれの執筆者はそれぞれの思い

で筆を進めているが，その思いはひとつでそれは地域を支える産業としてナマコ漁業の継続である．ナマコ漁業の適正な資源管理と効果的な増産手法の確立までには多くの時間が必要であるが，現場の人々には投機的な目先の利益にとらわれず地道な取り組みを期待したいし，我々研究者は一層の努力を約束したい．

　最後に，本書を纏めるにあたって多くの方々にお世話になりました．研究プロジェクトの共同研究機関および担当者各位，現地調査を快く受け入れて頂き貴重な情報を提供して頂いた普及指導機関ならびに漁業協同組合の関係各位，ナマコ漁業の操業や乾燥ナマコ製造の実際をご教示頂いた漁業者，加工業者の関係各位をはじめすべてのナマコ関係者に篤くお礼申しあげます．また，我々の力だけでは難しいと思われた香港における乾燥ナマコ流通調査に快く協力頂いた乾物問屋の方々をはじめ，中国調査の際，通訳として正確に言葉を伝えてくれた童琳氏にもこの場を借りてお礼申し上げます．

　　　2014年7月

廣田将仁
町口裕二

# 索　引

〈あ行〉

アオ型　48, 120
アカ型　48, 120
アゴハゼ　107
アマモ場　124
アワビ　2, 13
あん蒸　232
安全安心　270
　　——な製品　270
安定性　287
塩干海参　9, 10
塩漬海参　10, 12
石田雅俊　302
移植　175
伊勢　2
板こんにゃく　206
1塩基多型　141
一次触手　49
一次生産量　58
遺伝的要素　135
移動　151, 154
　　——速度　153
稲葉傳三郎　299
疣足　48
　　——数　224, 225
疣立ち　268
今井丈夫　300
入口管理　277
ウミトラノオ　183
沿海州　5
沿岸漁業　301
　　——経営のタイプ　292
塩蔵ナマコ　230
塩蔵ボイル　27
塩分　230
　　——濃度　165
縁辺　124
欧米　313
応用編　201

〈か行〉

大島廣　298
大島泰雄　300
オーリクラリア幼生　49
隠岐　2
オキナマコ　8, 17
鬼脇版ナマコ加工マニュアル　255

海外　313
貝殻　171
回収率　216
海水交換　52
海藻粉末　97
海底耕耘　276
海底のそうじ屋　56
回転率　55
加温刺激　64
化学成分　226
価格暴落　248
カキ棚　128
嵩上げ　41
可塑的　135
活動期　125
加入制限　66
貨幣効率性　287
夏眠　61, 75, 117, 156
　　——場所　155, 191
体サイズ　298
ガラモ　134
　　——場　117, 124
カリウム　229
カルシウム　229
環境収容力　120
環境条件　148
環境への影響　206
関西産　43
岩礁帯　172
間接発生型　64
乾燥温度調整　263

乾燥条件　*236, 240*
乾燥ナマコ　*223*
管足　*48*
関中産　*43*
広東省　*4, 22*
広東人　*4*
広東料理　*3, 6, 8*
乾貨　*12*
管理施策の選択肢　*275*
管理のあり方　*273*
管理の目的（理念）　*273*
キートセロス・ネオグラシーレ Chaetoceros neogracile　*84*
気候変動　*294, 295*
基質選択　*51, 116*
疑似ナマコ　*199*
　　——回収数　*218*
　　——の材料　*205*
　　——法　*199, 200*
　　——法の実例　*219*
季節的な移動　*155*
基礎研究　*312*
北日本　*148*
究極要因　*121*
給餌システム　*309*
漁獲計画　*287*
漁獲効率の比較　*202*
漁獲効率の補正　*202*
漁獲サイズ　*210*
漁獲率一定計画　*287*
漁獲量一定計画　*287*
漁業権行使規則　*282*
漁業特性　*292*
局所個体群　*115*
棘皮動物　*48*
魚礁　*179*
漁場造成　*276*
漁場面積　*209*
亀裂　*234, 241*
キンコナマコ　*18, 19*
近接接合法　*136*
金融引き締め政策　*253*

禁漁　*121, 169*
　　——区　*170, 311*
　　——区の設置　*277*
クビフリン　*78, 307*
グループ操業　*277*
クロ型　*48, 120*
クロナマコ　*72*
　　——科　*54*
光参　*5, 8, 225*
　　——文化　*1, 4, 5, 7*
経営指標　*39*
経営リスク　*284*
経済価値　*120*
慶尚北道　*14*
桁曳網　*199*
結氷　*165*
原価指標　*39*
建材ブロック　*183, 195*
懸濁物食　*53*
原腸胚　*49*
減耗　*91*
高回転ビジネスモデル　*34*
後継者リスク　*284*
鋼製杭　*190*
後天的　*121, 132*
小売りマージン　*35*
港湾　*149*
小型底引き船　*121*
国際市場　*305*
個体差　*159*
骨片　*298*
個別割当　*277*
5 放射相称　*48*
コラーゲン　*228, 239*
こんにゃく　*199*

〈さ行〉
再加工段階　*41*
裁割部　*260, 263*
再乾燥歩留まり　*41*
サイズ　*226*
最大成長　*159*

栽培漁業　72
採苗　87
　　——器　127
財務省貿易統計　38
採卵　78
逆さ竹林　67
作業計画　211
砂泥型　115
砂泥底　114
三次元構造　128
三鮮　15, 16, 19
産地加工業者　35
山東省　4, 5
散布　215
　　——位置　216
　　——間隔　210
　　——計画　209
　　——に要する時間　211
　　——ライン　215
産卵　168
　　——期　65, 74
　　——誘発ホルモン剤　64
飼育　160
　　——環境　132
死因　164
参鮑翅肚　2
塩辛　14
シオダマリミジンコ　93
塩戻し加工製造業　41
塩戻し乾燥　36
紫外線殺菌海水　88
自家加工　265
シカクナマコ　6, 54
　　——科　54
色彩型　117
色彩形質　118, 121
至近要因　121
資源回復計画　282
資源管理　169, 311
　　——規定　282
　　——計画　282
資源経済学　287

資源添加　171
資源リスク　284
資源量　201
　　——推定　199
　　——推定結果　220
　　——の補正　219
自然科学　312
自然と生活のリズム　45
四川料理　3
視認性　206
資本の高速回転モデル　34
蝦子大烏参　7
煮熟条件　233, 240
山東料理　3
上海　1, 4, 7
　　——料理　3, 7
集散拠点　28
縦走筋　48, 226
周知　216
自由遊泳胚　49
主原材料比率　40
受精卵　82
出芽　64
受動的　119
種苗　131, 174
　　——生産　72
　　——生産サプライヤー　31
　　——放流　302
馴致　167
昇温抑制効果　183
消化管　163
照度　89
上皮細胞成長因子　142
消費者ニーズ　244
情報　245
正味現在価値　283
ショットガンライブラリ法　138
白井浩子　308
餌料　76, 161
シロナマコ　55
シンガポール　1, 8, 9, 20
人工種苗　60

人工礁　173
新中国料理　8
随意契約　247
水温　156, 161
水深　154
　　――選択　130
垂直分布　152
推定精度　219
スクーチカ　91
砂噛み　251
砂出し　251
生活史　115
　　――初期　114, 119
　　――特性　115
生産リスク　284
成熟促進　74
生鮮ナマコ　11, 14
生鮮マナマコ　19
生息地特性　52
生息地利用パターン　53
生息場所選択　116
生態　148
成体　151
成長　59, 157
　　――曲線　158
　　――速度　157
製品相場の基準　37
製品評価　262
生物撹乱　57
生物季節　115
生分解性　208
世界経済の環境　45
浙江省　5
摂餌　162
　　――量　163
摂食量　55
ゼラチン　238
先天的　121
選抜育種　170
全羅南道　14
洗卵　81
早期採卵　74

操業範囲　219
総合的な管理　273
贈答品　29
ソウル　14, 16, 17, 19, 20, 22, 24

〈た行〉
大鳥参　7, 8
第三者認証　279
第3種（なまこけた）漁業　250
堆積物食　53
体長　157
体表のびらん　78
台北　8
大量生産・高回転ビジネスモデル　44
大連　1, 5, 8, 9, 12, 22
　　――市　4, 22
台湾海峡危機　28
タマナマコ　16, 17, 18, 19
たもあみ　249
単位漁労時間の制限　277
淡干海参　9, 10, 11
地域経済への貢献　45
地域特産種　303
即食海参　10, 11, 12
崔相　300
竹林魚礁　180
竹林礁　276
チブサナマコ　6
稚ナマコ　49
着底基質　130, 134, 152
注意喚起　216
中間育成　309
中層堆積物食者　56
潮位レベル　183
朝鮮半島　5, 13
調理したときの戻り率　29
直接発生型　64
青島市　22
刺参　4, 5, 6, 8, 9, 17, 22, 224
　　――信仰　10, 11, 13, 22
　　――文化　1, 4, 5, 7, 8, 11, 12, 22
葱焼海参　16, 23

突き刺し　227
　――強度　226, 241
　――強度の測定　227
鶴見良行　304
出口管理　277
添加物重量操作　36
転石　114
　――帯　149, 173
伝統的な食文化　37
天然採苗　176
天然発生資源　179
糖干海参　9, 10
凍干海参　10, 12
島しょ部　115
同調　168
動的計画法　287
逃避場所　115
トゲクリイロナマコ　7
トラップ効果　128, 134
ドリオラリア幼生　49
トレーサビリティー・システムの導入　278
泥はき　251

〈な行〉

内臓吐出　75
夏操業　254, 266
ナトリウム　229
生原料価格　37
ナマコ価格の暴落　247
ナマコ漁業管理ツール・ボックス　274
なまこけた　249
ナマコ増殖研究会　304
ナマコ添加物の流通規制　253
なまこの研究　301
ナマコの重量組成調査結果　258
ナマコの品質規格表　263
ナマコの眼　304
ナマコバブル　247, 305
南限　120
二次触手　49
ニッチ　120
二番煮熟　232

入札方式　247
能登　2
　――島　1, 23, 24
能動的　119
海苔養殖網　192

〈は行〉

バイカナマコ　6
海参絲　18, 24
バキューム装置　46
ハネジナマコ　6, 51
針金　208
　――の長さ　212
春漁　267
波浪　51, 164
半干海参　9, 10, 12
番号札　212
バンコク　8
繁殖　64, 167
半閉鎖性海域　114
判別得点　122
判別分析　122
干潟　180
曳網回数の制限　277
被食　166
非選択的堆積物食　54
ヒドロキシプロリン　228
避難場所　67
標識採捕法　204
標準体長　59
表層堆積物食者　53
品質規格　262
　――表　266
品質評価　260, 262
フェノロジー　115
孵化　82
不確実性　275
フカヒレ　2, 9, 20
不完全優性　118
フジコ　18
フスクスナマコ　6
付着珪藻　86

付着場所　150
付着力　128
福建省　4, 22
福建人　4
歩留まり操作　37
浮遊幼生　115, 151
　——飼育　82
ブランド　241, 242
文化　29
　——の守り人　45
分業　253
分類学　311
分裂　64
平均歩留まり率　40
北京料理　3, 6, 8
変形　233
　——個体　236
ペンタクチュラ幼生　49
放卵放精型　64
放流　174
　——効果　310
　——時期　310
　——種苗　158
　——適地　66
　——場所　310
捕食　127, 166
北海道　172
　——漁業調整規則　254
　——産ブランド　268
渤海湾　5
ポッド　131
　——飼育　135
本乾　28
香港　1, 8, 9, 20
　——返還　28
紅焼海参　16, 23
本草綱目拾遺　5, 6

〈ま行〉
マイナス成長　160
マグネシウム　229
マクロ　150

マニュアル　266
　——の作成　278, 279
マニラ　8
間引き　175
マリンラーンチング　303
ミクロ　150
水戻し時間　225, 227
水戻り率　233, 235, 237
箕作佳吉　297
密度　174
密漁　306
無効分散　130
無性生殖発生型　64
陸奥湾　171
面積密度法　205
メンデル遺伝　118
潜り　121
藻場　124

〈や行〉
山内年彦　299
優性遺伝子　118
有性生殖発生型　64
優先順位　275
養成方法　75
幼稚仔　148
ヨコスジナマコ　8, 16
吉国通庸　307
与信　262, 269

〈ら行〉
乱獲　306
離岸堤　172
リサイクル魚礁　180
利尻漁業協同組合鬼脇支所ナマコ桁曳部会
　　244
利尻島鬼脇産ナマコブランド　262
流通経費率　40
流通マージン　35
流氷　166
遼海　5
遼東　5, 6

——海域　5, 6
　　——地域　22
遼寧省　5
輪採制　277
累積疑似ナマコ回収数　218
累積漁獲量　218

〈わ行〉
我が国における総合的な水産資源・漁業の管理のあり方　273
脇屋友詞　7
枠取り法　205

〈アルファベット〉
*Apostichopus japonicus*　48
*Apostichopus parvimensis*　17
DeLury 法　204
D-loop 領域　140
*Isostichopus badionotus*　17
LAMP 法　143
NPV　283
primerwalking 法　138
Refuge　115
RGB　122
tRNA　139

| | |
|---|---|
| 水産総合研究センター叢書 | 編 者　廣田 将仁 |
| ナマコ漁業とその管理 | 　　　　町口 裕二 |
| 資源・生産・市場 | 発行者　片岡 一成 |
| 2014年9月20日　初版第1刷発行 | 発行所　恒星社厚生閣 |
| | 〒160-0008　東京都新宿区三栄町8 |
| 定価はカバーに表示してあります | 電話 03 (3359) 7371 (代) |
| | http://www.kouseisha.com／ |
| | 印刷・製本　シナノ |

ISBN978-4-7699-1482-2

Ⓒ　独立行政法人　水産総合研究センター

JCOPY　<(社)出版者著作権管理機構　委託出版物>

本書の無断複写は著作権上での例外を除き禁じられています。複写される場合は、その都度事前に、(社)出版社著作権管理機構（電話 03-3513-6969、FAX03-3513-6979、e-maili:info@jcopy.or.jp）の許諾を得て下さい。

## 好評発売中！

### 水産総合研究センター叢書
### 日本漁業の制度分析
#### 漁業管理と生態系保全

牧野光琢 著
A5判/260頁/定価(本体3,300円＋税)

日本の漁業管理の沿革，漁業権の法的性格，漁業管理の制度，漁業権と漁業許可など基本的な事柄をコンパクトにまとめ，そのうえで，現在問題となっている生態系保全，海洋性レクリエーションとの関係について具体的事例に即して考察．改善すべき点を明らかにする．漁業と生態系保全の両立について解説する大学教育用テキスト．

### 水産総合研究センター叢書
### 水産資源のデータ解析入門

赤嶺達郎 著
B5判/180頁/定価(本体3,200円＋税)

本書は水産資源のみならず，生物資源管理を十全に行うための基礎となるデータ解析について，対話形式で平易に解説した入門書．これまであまり紹介されていない水産資源解析の歴史や，確率分布を用いた数値計算・モデル構築の基本を丁寧に説明．前著「水産資源解析の基礎」と併用することで，資源解析の全てをマスターできる．

### あぁ, そういうことか！ 漁業のしくみ

亀井まさのり著
A5判/144頁/(本体2,200円＋税)

漁師になりたい！　漁業権があればすぐ漁ができる？　漁業権は自由に売買できる？　遊漁と漁業の違いは？　実際の問い合わせを元に，海や川での漁業に関する疑問・質問にわかりやすくお答えします．法律が細かくて面倒という漁業従事者にも現場で役立つ情報がもりだくさん．そして，漁業のしくみを手早く理解するには最適な入門書．

### 増補改訂版　養殖の餌と水
#### 陰の主役たち

杉田治男 編
A5判/214頁/定価(本体2,700円＋税)

今日，水産資源の枯渇が危惧され，養殖は今後の水産業において重要な課題となっている．そこで，本書では，近年魚類の栄養や生理において重要な役割を果たしていると言われているタウリンそしてDHAの機能に関する章を新たに加え，餌料生物学のテキストとしての内容充実をはかるとともに，養殖に関する基礎をしっかりと解説した．

### 魚介類の微生物感染症の治療と予防

青木宙 編
B5判/504頁/定価(本体12,000円＋税)

魚介類のウイルスおよび細菌感染症，診断法，水産用抗菌剤，治療法，ワクチンによる予防，水産用医薬品の投与法，消毒法などの最新情報を総括的に網羅し，魚介類の治療と予防を多角的に紹介．基礎を学ぶ学生から専門分野で活躍する研究者，現場での対応を行っている指導者にまで幅広く参考にしてもらえる魚病対策ハンドブックの決定版．

恒星社厚生閣